Heike Bruch/Sumantra Ghoshal

Entschlossen führen und handeln

Heike Bruch/Sumantra Ghoshal

Entschlossen führen und handeln

Wie erfolgreiche Manager ihre Willenskraft nutzen und Dinge bewegen

GABLER

Bibliografische Information Der Deutschen Nationalbibliothek
Die Deutsche Nationalbibliothek verzeichnet diese Publikation in der Deutschen Nationalbibliografie; detaillierte bibliografische Daten sind im Internet über <http://dnb.d-nb.de> abrufbar.

Aus dem Englischen von Renate Schilling. Die Originalausgabe erschien unter dem Titel „A Bias for Action" bei Harvard Business School Press, Boston, Massachusetts.

Mitglieder der SGO (Schweizerische Gesellschaft für Organisation und Management) erhalten auf diesen Titel einen Nachlass in Höhe von 10 % auf den Ladenpreis.

1. Auflage September 2006

Lektorat: Ulrike Lörcher / Katharina Harsdorf

Der Gabler Verlag ist ein Unternehmen von Springer Science+Business Media.
www.gabler.de

Umschlaggestaltung: Nina Faber de.sign, Wiesbaden
Umschlaggrafik: Giovanni Huber, Künstler, Embrach, Schweiz
Druck und buchbinderische Verarbeitung: Wilhelm & Adam, Heusenstamm
Gedruckt auf säurefreiem und chlorfrei gebleichtem Papier
Printed in Germany

ISBN-10 3-8349-0234-9
ISBN-13 978-3-8349-0234-0

Geleitwort

Das viel beachtete Werk "A Bias for Action" von Bruch/Ghoshal ist 2004 erschienen. In der Zwischenzeit wurde das Buch in zahlreiche Sprachen (Japanisch, Koreanisch, Mandarin, Kantonesisch, Portugiesisch, Spanisch, Polnisch und Estländisch) übersetzt und hat damit über den Englisch sprechenden Sprachraum hinaus weitere Verbreitung erfahren. Für Indien gibt es sogar eine gesonderte englischsprachige Ausgabe des Buches.

Eine deutsche Version lag bisher noch nicht vor. Diese Lücke kann nun – man ist versucht, "endlich" beizufügen – geschlossen werden.

Das Werk "Entschlossen führen und handeln. Wie erfolgreiche Manager ihre Willenskraft nutzen und Dinge bewegen" geht der erfolgsentscheidenden Frage nach, wie die Effektivität der Leistung von Managern und Leadern gesteigert werden kann. Was ist notwendig, um eine Vision und entsprechende Ziele in Unternehmen wirklich umzusetzen? Die Autoren geben die Antwort, dass zielgerichtetes Handeln, welches durch Fokus und Energie ermöglicht wird, erforderlich ist. Die notwendige Basis hierzu ist die Willenskraft, ein Faktor, der über die reine Motivation weit hinausgeht. Die Aussagen und Erkenntnisse werden mit zahlreichen Beispielen und spannenden Erläuterungen historischer Parallelen verdeutlicht. Darüber hinaus unterstützen kurze und prägnante Zusammenfassungen den Leser in der praktischen Anwendung und Umsetzung.

Die Stiftung der SGO (Schweizerische Gesellschaft für Organisation und Management) hat diese Übersetzung unterstützt. Das Buch ist eine sehr wertvolle Ergänzung der Schriftenreihe der SGO-Stiftung (uniscope). Thematisch vertieft das Werk prioritäre Forschungsschwerpunkte im Umfeld neuer Führungsansätze, organisationaler Energie und Leadership.

Das Buch richtet sich an Leader, Manager, Wissenschaftler und Praktiker.

Frau Professor Dr. Heike Bruch, der Übersetzerin Frau Renate Schilling sowie dem Verlag danke ich sehr herzlich für die vorbildliche Arbeit für diese Ausgabe. Dem Werk wünsche ich die verdiente weite Verbreitung.

Zürich, im Juli 2006

Dr. Markus Sulzberger

Präsident der Stiftung der Schweizerischen Gesellschaft für Organisation und Management (SGO-Stiftung)

Vorwort

Manche Aspekte des menschlichen Lebens sind kontextspezifisch; sie tauchen zu einer bestimmten Zeit und an einem bestimmten Ort auf, als ein einmaliges Ereignis oder eine einzigartige Herausforderung. Andere dagegen sind dauerhaft und bleiben immer gleich. In diesem Buch geht es um eine Herausforderung im menschlichen Leben, die es schon immer gab und die es immer geben wird – die Herausforderung, energisch und konsequent zu handeln, um ein bestimmtes Ziel zu erreichen.

Vor ungefähr zweitausend Jahren schrieb Lucius Annäus Seneca, der Staatsmann und Philosoph, den Caligula ins Exil sandte und den Nero zum Selbstmord zwingen ließ, in seinen philosophischen Schriften:

Es gilt dieses ewige Hin- und Herrennen einzuschränken, dem so viele Menschen frönen, während sie unentwegt in Häusern, Theatern und auf Marktplätzen umhereilen. Sie mischen sich in die Angelegenheiten anderer ein und machen ständig einen sehr beschäftigten Eindruck. Fragt man einen von ihnen, wenn er aus dem Haus tritt: „Wohin gehst du? Was hast du vor?", so wird man zur Antwort bekommen: „Ich weiß es noch nicht; aber ich werde schon jemanden treffen und etwas zu tun bekommen." Sie wandern ziellos auf der Suche nach Beschäftigung umher, und sie widmen sich nicht einem konkreten Vorhaben, sondern dem, worüber sie gerade zufällig stolpern. Ihr Herumrennen ist müßig und sinnlos, wie das von Ameisen, die ziellos auf Bäumen krabbeln, bis hoch zum alleroberster Zweig und dann den ganzen Weg wieder zurück. Viele Menschen leben wie diese Kreaturen, und es wäre hier durchaus gerechtfertigt, von geschäftigem Nichtstun zu sprechen.

In diesem Buch geht es um geschäftiges Nichtstun. Wir schreiben über Manager, weil Management der Bereich unserer professionellen Tätigkeit ist und weil wir diesen Aspekt menschlichen Verhaltens im Kontext von Managementtätigkeiten untersucht haben, doch das Problem ist keineswegs auf diesen Kontext begrenzt. Geschäftiges Nichtstun ist eine Krankheit, die jeden betrifft und die sich durch alle Aspekte des Lebens zieht – Akademiker erliegen ihr ebenso wie Manager, und wir alle sind in unserem persönlichen

Leben ebenso sehr wie in unserer professionellen Tätigkeit dafür anfällig. Active Nonaction oder unproduktiver Aktionismus, wie wir geschäftiges Nichtstun in unserer Forschung nennen, hindert uns nicht nur an geistiger Ruhe – worum es Seneca ging –, sondern auch daran, wirklich etwas aus unserem Leben und aus uns selbst zu machen.

„Jede Aktivität muss also einem bestimmten Zweck dienen, muss auf ein Ziel ausgerichtet sein", schrieb Seneca. In diesem Buch werden wir diesen recht nahe liegenden, doch überaus wichtigen Ratschlag wiederholen. Wir sind der Ansicht, dass Menschen durchaus zu zielgerichtetem Handeln in der Lage sind, und wir haben solches Verhalten auch vorgefunden. Natürlich kann niemand die ganze Zeit hindurch und in jeder Situation zielgerichtet handeln. Wir müssen gelegentlich auch eine Pause einlegen und den Duft der Rosen genießen. Doch wir können zumindest zeitweise und in einem Teil unserer Aktivitäten zielgerichtet handeln. In diesen Phasen und durch diese Handlungen können wir Sinn im Leben finden, oft gerade dann, wenn wir es am wenigsten erwarten. Jeder Mensch kann seinen Teil beitragen, nicht nur zu seinem eigenen Leben, sondern auch zu dem seiner Familie, seiner Gemeinde, seiner Firma, seines Landes und der ganzen Welt – einfach nur, indem er zielgerichtet handelt.

Das soll zum Inhalt dieses Buches genügen. Falls das Thema Sie interessiert, sollten Sie weiterlesen, um herauszufinden, warum und wie Menschen wie Sie absichtsvoll handeln und dann auch anderen dazu verhelfen können, dies ebenfalls zu tun.

Für dauerhafte Probleme wie dieses gibt es leider niemals eine endgültige Lösung. Man kann sich ihnen nur immer wieder widmen, und unser Buch ist ein Versuch, sich diesem Thema, über das Seneca bereits im Jahre 60 n. Chr. nachgedacht hatte, erneut zuzuwenden. Während uns Senecas Klarheit im Denken und seine wunderbare Prosa abgehen, teilen wir doch eine Qualität mit ihm: Wir versuchen, ebenso praktische und anwendungsbezogene Ratschläge zu geben wie er. Wir hoffen, dass alle unsere Leser, seien sie nun CEOs, Manager, Ärzte, Künstler, Studenten, Lehrer, Gärtner, Priester, Beamte oder in sonstigen Berufen tätig, in diesem Buch zumindest eine oder zwei Ideen finden, die ihnen helfen, ein wenig häufiger und effektiver als zuvor eine Neigung zum gezielten Handeln zu entwickeln.

Niemand kann ein Buch schreiben, ohne dass viele andere Menschen daran beteiligt sind. Unter all jenen, die uns unterstützt haben, sticht ein Mensch besonders hervor, aus dem einfachen Grund, weil unser Forschungsvorhaben, das zu diesem Buch führte, ohne seinen Beitrag eine vollkommen andere Richtung genommen hätte – Thomas Sattelberger. Er unterstützte uns während des gesamten Prozesses, nicht nur bei der Forschung, die wir in seinem Unternehmensbereich bei der Lufthansa durchführten, sondern auch bei der Suche nach der Formulierung unserer Vorstellungen und Interpretationen. Wir möchten ihm unseren herzlichen Dank dafür aussprechen.

Eine weitere Person, die eine ähnlich wichtige Rolle spielte, ist Sharon Wilson, Assistentin und Freundin. Sie sorgte für einen reibungslosen Ablauf im Hintergrund – nicht nur in der Logistik des Forschens und Schreibens, sondern auch in der Interaktion zwischen zwei sehr beschäftigten Kollegen.

Wir sind außerdem all den Firmen und Managern zu Dank verpflichtet, die an der Studie teilnahmen und uns großzügig ihre Zeit, aber auch ihr Wissen und ihre Gedanken zur Verfügung stellten. Einige von ihnen sind in diesem Buch namentlich erwähnt, doch viele von denen, die uns wichtige Dinge aufzeigten, bleiben ungenannt. Manchmal ist es möglich, Ameisen oder Tauben zu studieren und von ihnen auf Menschen zu schließen. Doch wenn es um menschliche Vorstellungskraft und menschlichen Willen geht, kann nur die Beobachtung menschlichen Verhaltens zu aussagekräftigen Einsichten führen. Ohne die zahlreichen Menschen, die uns erlaubten, ihr Verhalten zu beobachten, und jene, die uns halfen, dieses Verhalten zu interpretieren und zu abstrahieren, wäre es uns nicht möglich gewesen, die neuen Einsichten über Handeln und Willenskraft zu gewinnen, die wir hier vorstellen – so bescheiden und begrenzt sie auch sein mögen. Wir möchten ihnen allen unseren aufrichtigen Dank aussprechen und hoffen, dass dieses Buch ein Beleg dafür ist, dass die Zeit, die sie mit uns verbracht haben, nicht vergeblich war.

Die London Business School (LBS), die für einen von uns eine dauerhafte geistige Heimat und für die andere ein zeitweiliger Aufenthaltsort war, hat unsere Arbeit enorm gefördert. In diesem Buch beschreiben wir die verführerischen Sirenen des organisationalen Lebens – den beständigen Strom von Ablenkungen und „Lärm", der in den meisten Organisationen die Aufmerksamkeit der Mitarbeiter in Anspruch nimmt und sie davon abhält, zielgerichtet zu handeln. Die LBS unterstützte uns, indem sie alle Ablenkungen von uns fern hielt und es uns erlaubte, uns auf unsere Forschung und das Schreiben zu konzentrieren. Ebenso verdient auch die Universität St. Gallen, die ein hochenergetisches Arbeitsumfeld bietet und damit ein wunderbarer Platz zum Denken und Arbeiten ist, unseren aufrichtigen Dank.

Wir danken außerdem dem Advanced Institute of Management Research (AIM) in Großbritannien, das dem zweiten Autor ein großzügiges Stipendium zur Verfügung stellte, sowie eine Gemeinschaft von Kollegen, deren Unterstützung und Rat der Qualität unserer Forschung zugute kam.

Kirsten Sandberg, unsere Lektorin bei Harvard Business School Press, begleitete uns durch den gesamten Veröffentlichungsprozess der amerikanischen Originalausgabe und trug enorm zur Qualität und Verständlichkeit des Manuskripts bei. Frau Renate Schilling danken wir herzlich für ihre professionelle Übersetzung; sie hat durch besonderes Sprachgeschick und Verständnis für die Inhalte eine außergewöhnliche Kompetenz gezeigt. Frau Claudia Splittgerber vom Gabler Verlag und Herrn Markus Sulzberger von der Schweizer Gesellschaft für Organisation gilt unser herzlicher Dank für die Zusammenarbeit bei diesem Projekt – ihr Engagement machte es möglich, das Buch in die vorliegende Form zu bringen.

Heike Bruch, St. Gallen, Schweiz

Sumantra Ghoshal, London, Großbritannien († 3. März 2004)

Inhaltsverzeichnis

Kapitel 8

Kapitel 9

Anhang

Teil I
Mit Willenskraft Ziele erreichen

Management als Kunst des Handelns

Kapitel 1

Wenn Sie an die letzten drei Jahre zurückdenken, gab es dann in dieser Zeit irgendwann einmal eine Möglichkeit, etwas Wichtiges für Ihre Firma zu tun – ein Projekt, das wirklich etwas bewegt und verändert hätte –, die Sie, aus welchen Gründen auch immer, nicht weiter verfolgt haben? Vielleicht kamen Sie einfach nicht in die Gänge, oder Sie haben das Projekt zwar in Angriff genommen, es aber wieder aufgegeben, als Sie auf die ersten Hindernisse stießen?

Falls Sie diese Erfahrung gemacht haben, stehen Sie damit keineswegs allein. Unsere Forschungsarbeit hat vielmehr gezeigt, dass solche Untätigkeit tatsächlich die Regel ist. Trotz all ihres Wissens und ihrer Kompetenzen, trotz ihres Einflusses und der ihnen zur Verfügung stehenden Ressourcen verbringen die meisten Manager ihre Zeit eher damit, das Notwendige zu verwirklichen – statt ihre Energie in jene außergewöhnlichen Projekte zu investieren, die dazu geeignet wären, aktiv die Zukunft ihrer Firma zu gestalten. Den meisten Managern gelingt es nicht, solche Gelegenheiten zu ergreifen, sich über die Alltagsroutine zu erheben und etwas ganz Besonderes zu leisten.

Warum nicht? Diese Manager können dafür in der Regel „gute Gründe" anführen – ein ablehnend reagierender Chef oder ein zu knappes Budget. Doch das ist selten die ganze Wahrheit. Der Grund für das Versagen der meisten Manager liegt vielmehr in ihnen selbst. Der folgende Fall ist beispielhaft dafür.[1]

1.1 Der Fall Laura McCormick

Laura McCormick hatte gerade die aufregendste Aufgabe ihrer Karriere übernommen.[2] IBG, ein 7-Milliarden-Dollar-Konglomerat, hatte ihren Arbeitgeber Delta Technologies, einen Zulieferer der Telekommunikationsindustrie, akquiriert – und sie war im Alter von 33 Jahren Trainerin im Rahmen von IBGs groß angekündigtem Total-Quality-Programm geworden. Wer wäre besser für diese Aufgabe geeignet gewesen als Laura McCormick? Schließlich war sie re-

1 Bei zahlreichen Fallbeispielen wurden die Namen der Personen geändert.

2 Fallbeispiel übernommen aus Rosegrant (1990).

degewandt, enthusiastisch und voller Energie und hatte in ihren sieben Jahren bei Delta rasch die Karriereleiter erklommen. Tim Dermott, ihr Vorgesetzter und Mentor sowie Deltas Vizepräsident im Bereich Engineering, schätzte sie sehr, sodass er sie ohne Bedenken für diese anspruchsvolle Führungsaufgabe vorschlug.

Dermott hatte dabei aber auch noch andere, hintergründige Motive. Seine Beziehung zu Alan Sartora, Deltas Vizepräsident im Bereich Operations und der neu ernannte Leiter des Total-Quality-Programms, spiegelte die schon länger währende Kluft zwischen Engineering und Operations wider. Auch ihre Managementstile unterschieden sich; Sartora war der Meinung, Dermott sei seinen Mitarbeitern gegenüber „zu nachgiebig und zu wenig fordernd" und nicht sensibel genug für den Kostendruck bei Delta. Sartora schätzte harte Typen wie Sam Butler, einen Manager, der sich aus dem Produktionsbereich hochgearbeitet hatte und den er zum zweiten Trainer machte.

Als Leiter des Total-Quality-Programms war Sartora ganz klar dabei, sich für die Rolle als Deltas neuer CEO zu positionieren. Da Dermott selbst sich ebenfalls für die Position als Leiter des Total-Quality-Programms interessiert hatte, suchte er nun jemanden für dieses Projekt, der diese Aufgabe erfüllen konnte, ohne dabei die Beziehung zu ihm aufs Spiel zu setzen. Laura McCormick schien für diese Rolle bestens geeignet.

Schon bald kam sie jedoch in ihrer neuen Position ins Stocken. Da sie zuvor bereits mit Sam Butler aneinander geraten war, betrachtete sie ihn als völlig ungeeignet für Trainingsaufgaben und mied ihn so weit wie möglich. Nach einer langweiligen dreiwöchigen Trainer-Ausbildung verlief ihr erstes gemeinsames Trainingsprogramm wider Erwarten gut. Laura war von den Trainingsunterlagen angetan und freute sich über den Enthusiasmus der Teilnehmer, die auch eine ganze Reihe von Verbesserungsvorschlägen einbrachten.

Sehr rasch entdeckte sie jedoch, dass das Programm zwar theoretisch eine stärkere Beteiligung der Mitarbeiter fördern sollte, dass die höheren Vorgesetzten in der Regel jedoch Mitarbeiter, die Veränderungen zu initiieren versuchten, ignorierten oder ausgrenzten. Selbst ein ganz einfaches Verbesserungsprojekt, das sie als raschen Sieg für das Total-Quality-Programm vorgesehen hatte, geriet ins Stocken. Obwohl sie das Projekt mit Nachdruck verfolgte, waren bald vier Monate vergangen, ohne dass etwas passierte. „Als das Problem endlich gelöst war, hatten die bürokratischen Hürden unseren Enthusiasmus längst gedämpft, und uns war nicht mehr nach Feiern zumute", klagte sie. Eine ganze Reihe solcher Vorfälle ließ sie bald daran zweifeln, ob irgendeiner der leitenden Manager, einschließlich Sartora, wirklich an Veränderungen interessiert war.

In dieser Zeit des Zweifels trat Dave Croft, Deltas früherer Präsident, mit dem Dermott und McCormick eng verbündet gewesen waren, aus Altersgründen zurück, und IBG kündigte an, dass Sartora an seine Stelle nachrücken würde. Sartora konsolidierte seine Machtposition, indem er Engineering in zwei Bereiche teilte und Dermott den kleineren Bereich zuwies – womit er ihn in der Tat degradierte.

Trotzdem machte Laura McCormick drei Monate lang unverdrossen weiter, nahm ein Trainingsprogramm nach dem anderen in Angriff, ging zu Meetings, kümmerte sich um die auftauchenden Probleme und verbrachte täglich viele Stunden mit dem Beantworten von E-Mails und Telefonanrufen. Sie war ständig mit dem Total-Quality-Programm beschäftigt, machte sogar Überstunden, und doch konnte sie keine greifbaren Fortschritte erzielen. Stattdessen kam es zu drei Entlassungswellen, jede massiver als die vorangegangene. Die Stimmung der Mitarbeiter bewegte sich auf einen Tiefpunkt zu und Delta auf sein erstes negatives Quartalsergebnis. „Ich war so weit, dass ich die Angestellten belog, ihnen Hoffnungen machte und falsche Erwartungen weckte, während die Firma sich tatsächlich in eine ganz andere Richtung bewegte", reflektierte Laura McCormick.

Als Laura schließlich ankündigte, dass sie ihre Rolle als Trainerin aufgeben wolle, sagte Sartora zu ihr: „Die Leute mögen Sie. Sie sind glaubwürdig, und Sie sind gut. Ich möchte Sie nicht verlieren." Doch sie hatte aus den Gegebenheiten bereits ihre Schlüsse gezogen. Dermott besaß keine Macht mehr, Croft war ausgeschieden, und das höhere Management unterstützte sie nicht. Laura aktualisierte ihren Lebenslauf und kündigte einen Monat später.

Wie konnte es dazu kommen, dass eine kompetente Managerin mit so viel Potential wie Laura McCormick an einer so wichtigen Aufgabe scheiterte? Was hinderte sie tatsächlich daran, das Total-Quality-Programm zum Erfolg zu führen?

1.2 Die Wahrheit über „vielbeschäftigte" Manager

Laura McCormicks Fall ist in keiner Hinsicht außergewöhnlich. Jeder hat vermutlich schon hunderte oder tausende solcher Geschichten in Firmen rund um die Welt erlebt oder von ihnen gehört. Wir waren alle schon einmal in einer Situation, in der Bürokratie und finanzielle Engpässe alle unsere Anstrengungen in Richtung Veränderung zunichte machten. Wir haben alle schon einmal erlebt, wie politisches Dominanzstreben die Überhand gewinnt über wirkliche, dauerhafte positive Veränderungen. Zweifellos führte der Konflikt zwischen Alan Sartora und Tim Dermott zu einer Politisierung der Atmosphäre. Offensichtlich waren die Organisation und die Prozesse nicht reif für ein Total Quality Management, insbesondere da das höhere Management nicht den nötigen Druck ausübte. Total Quality war nur Rhetorik, und Laura McCormick war zwischen dieser Rhetorik und der Realität im Unternehmen gefangen.

Doch ist das bereits die ganze Wahrheit? Wohin hätte es zum Beispiel geführt, wenn Laura McCormick versucht hätte, von Anfang an eine gute Beziehung zu Sam Butler aufzubauen, statt ihn zu meiden? Er stand Alan Sartora nahe. Vielleicht wäre es beiden zusammen gelungen, die Kluft zwischen Sartora und Dermott zu überbrücken. Doch noch entscheidender ist, dass Laura zwar sehr damit beschäftigt war, Trainingsprogramme in die Wege zu leiten, dass sie sich aber anscheinend nicht viel Zeit nahm, über das Total Quality Programm insgesamt nachzudenken und eine klare Vorstellung davon zu entwickeln, wie es ihrer Ansicht nach aussehen sollte. Tatsächlich schien sie überrascht, als Probleme auftauchten. Was wäre geschehen, wenn sie sich mehr damit beschäftigt hätte, mögliche Probleme und Lösungen zu identifizieren, statt ihre Energie aus dem Projekt herauszuziehen? Was wäre passiert, wenn sie ihre eigene Rolle beim Scheitern des Projekts genauer analysiert hätte, statt einfach nur das Management dafür verantwortlich zu machen?

Laura McCormick verhielt sich nicht passiv, dumm oder faul. Im Gegenteil, ihre Tage waren – wie die der meisten Manager – gefüllt mit Terminen, Konferenzen, E-Mails, Telefonaten und so weiter, und ließen ihr keine Zeit zum Nachdenken.

Und genau das ist das Problem. Der Job eines Managers lässt von Natur aus wenig Raum für Reflexion. Und was ist das Ergebnis? Im Gegensatz zu dem, was wir uns erhoffen würden, tendieren Manager dazu, die wichtigsten Probleme ihrer Organisation zu ignorieren oder hintanzustellen. Schließlich erfordern diese Probleme in der Regel eine Vogelperspektive – das bedeutet Reflexion, systematische Planung, kreatives Denken und vor allem Zeit. Stattdessen passiert es häufig, dass die unmittelbaren operativen Aufgaben, welche sofortige Aufmerksamkeit erfordern, die wichtigeren Probleme in den Hintergrund drängen. Alltagsroutine, oberflächliches Verhalten, schlecht priorisierte oder unklare Aufgaben zehren an der Energie der Manager – und machen unproduktiven Aktionismus möglicherweise zum kritischsten Verhaltensproblem in großen Unternehmen.

Wie kommt es dazu? Wie kann es passieren, dass intelligente, talentierte Manager wertvolle Zeit und Energie verschwenden, statt auf wirklich produktive Weise zu handeln? Situative Faktoren können diesen Mangel an absichtsvollem, zielgerichtetem Handeln nicht vollständig erklären. In der Regel gewährt ihre Stellung den Managern tatsächlich ausreichend Freiraum zum Handeln – so wie es bei Laura McCormicks Position eindeutig der Fall war. Doch nur relativ wenige Manager sind sich bewusst, dass sie diese Handlungsfreiheit besitzen, und von denen, die sich dessen bewusst sind, nutzen nur wenige ihre Möglichkeiten zum Handeln bewusst aus. Stattdessen verlieren sie sich im Strom ihrer eigenen Aktivitäten und verbringen ihre Zeit damit, das zuwege zu bringen, was sowieso passiert wäre – statt aktiv das in die Wege zu leiten, was wirklich zu neuen Resultaten führen könnte.

Das Problem dieser Führungskräfte ist also nicht ein Mangel an Wissen oder Ressourcen. Laura McCormick hatte zum Beispiel die erforderliche Ausbildung, um Total Quality zum Erfolg zu führen – und Sartora machte ihr klar, dass er absolut hinter ihr stand. Das wirkliche Problem besteht darin, dass McCormick und andere Manager in ähnlichen Positionen zwar wissen, was zu tun ist, es aber einfach nicht tun. Stattdessen verbringen sie ihre Zeit, wie Laura McCormick, im Hamsterrad, gehen zu jedem Meeting, greifen jedes kleine Problem und jede Anfrage auf – und tun alles, außer tatsächlich die wesentlichen Dinge anzupacken.

Und doch hängt ihr Erfolg als Manager davon ab, ob sie ihre Ziele erreichen können. „Management war, ist und wird immer das eine bleiben: die Kunst, Dinge in Angriff zu nehmen und zu Ende zu bringen", schrieben Bob Eccles und Nitin Nohria, beide Professoren an der Harvard Business School, in ihrem erfolgreichen Buch „Beyond the Hype"[3]. „Und um Dinge zu Ende zu bringen, müssen Manager selbst handeln sowie andere Menschen zu gemeinsamem Handeln mobilisieren." Allerdings ist die Kluft zwischen Wissen und Handeln groß – und nur wenige Manager scheinen in der Lage zu sein, sie zu überbrücken.

Das alles ist natürlich nicht neu. Wir sind nicht die ersten, die ein Verhalten, wie Laura McCormick es zeigte – unproduktiven Aktionismus, wie wir es nannten – als Managementrisiko identifizierten. Forscher wie Jeffrey Pfeffer und Robert Sutton von der Stanford University haben bereits Untersuchungen dazu durchgeführt. Pfeffer und Sutton klagen über die von ihnen beschriebene, weit verbreitete „Kluft zwischen Wissen und Handeln" und stellen die Frage: „Warum haben so viel Ausbildung und Training, Managementberatung und Forschung, Bücher und Artikel zu so wenig Veränderung bei dem geführt, was Manager und Organisationen tatsächlich tun? ... Warum führt das Wissen um das, was getan werden muss, so häufig nicht zu entsprechenden Handlungen oder angemessenem Verhalten?"[4] Auch Manager klagen schon lange über das Problem des unproduktiven Aktionismus, ohne jedoch die zugrunde liegende Dynamik vollständig durchdrungen zu haben.

Was können Manager wie Laura McCormick tun, um zielgerichteter zu handeln? Wie können höhere Vorgesetzte wie Alan Sartora Organisationen so gestalten, dass sie selbst – und andere – ihren Freiraum zum Handeln besser wahrnehmen? Dieses Buch beschäftigt sich mit den Formen und Ursachen des unproduktiven Aktionismus, auf der Basis einer zehnjährigen Untersuchung des Verhaltens vielbeschäftigter Manager in mehr als zehn großen Unternehmen (zu näheren Details unserer Forschungsarbeit siehe Anhang). Doch vor allem soll es Führungskräften zeigen, wie sie nicht nur ihre eigene Effektivität verbessern können, sondern auch die ihrer Mana-

3 Vgl. Eccles/Nohria (1992, S. 39).
4 Pfeffer/Sutton (2000, S. 4).

ger – und wie sie alle Beschäftigten unterstützen können, sich mehr in Richtung absichtsvollen und zielgerichteten Handelns zu bewegen.

1.3 Das Potenzial zielgerichteten Handelns

Was genau meinen wir mit dem Ausdruck „zielgerichtetes Handeln"? Nachdrückliches, bewusstes und entschlossenes Verhalten, das eine konsequente Ausrichtung auf ein Ziel aufweist. Das ist auch die Qualität, die von Tom Peters und Robert Waterman als Basis für alle sonstigen Erfolgsfaktoren in Unternehmen identifiziert wurde.[5] Doch gleichzeitig unterscheidet sich zielgerichtetes Handeln sehr von Peters' und Watermans Rezept „Zielen – fertig – Feuer". Die Essenz des Handelns in Unternehmungen besteht für sie darin, zu experimentieren, immer nur wenig zu produzieren und zu verkaufen, ständig flexibel genug zu bleiben, um sich rasch wieder zurückziehen zu können.

Während Experimentierfreudigkeit und Flexibilität durchaus wichtige Qualitäten für Firmen sind, besteht aber nach unserer Beobachtung die schwierigste Herausforderung für Unternehmen im genauen Gegenteil: im entschlossenen, ausdauernden und hartnäckigen Handeln, um ein angestrebtes Ziel zu erreichen, auch gegen Widerstände und Hindernisse. Zielgerichtetes Handeln ist geprägt von einer tiefen persönlichen Identifikation mit dem Ziel, die Ablenkungen ausschaltet und Schwierigkeiten überwindet, und nicht von einem schnellen Spiel oder Flirt mit Ideen. Es ist kein oberflächlicher Versuch, etwas zu tun. Es ist ein unnachgiebiges, entschlossenes Handeln, um bestimmte Ziele zu erreichen. Auch wenn äußere Probleme in einer Organisation diese Art von Handeln schwierig machen können – wie es in Laura McCormicks Firma ganz klar der Fall war –, liegen die größten Hindernisse oft nicht im Außen, sondern im Inneren des Betreffenden selbst.

---

5 Vgl. Peters/Waterman, Jr. (1982).

Wie hätte Laura McCormick ihre Aufgabe erledigt, wenn sie mit zielgerichtetem Handeln an sie herangegangen wäre? Man hat nicht den Eindruck, dass sie sich tatsächlich jemals voll einsetzt – dass sie persönliche Verantwortung für den Erfolg des Total-Quality-Programms übernimmt. Was, wenn sie das Programm von Anfang an mit einem Gefühl absoluter Verantwortung durchdacht, geplant, durchgeführt und vorangetrieben hätte? Was, wenn sie vor der Einwilligung in diese Aufgabe mit Dermott die Voraussetzungen diskutiert hätte, die es ihr erlaubt hätten, das Programm zum Erfolg zu führen? Was, wenn sie innegehalten und darüber reflektiert hätte, was sie mit dem Projekt insgesamt erreichen will – und wie sie diese Ziele erreichen kann –, statt ihre Arbeitszeit mit Routineaufgaben zu überfrachten?

Wir können uns vielleicht vorstellen, wie anders die Ergebnisse hätten ausfallen können, wenn Laura diese Art von zielgerichtetem Handeln an den Tag gelegt hätte. Tatsächlich haben wir bei unserer Untersuchung dramatische Veränderungen in Unternehmen wie Lufthansa, British Petroleum, Hilti, Sony und Oracle beobachten können, wenn Manager genau dieses zielgerichtete Handeln zeigen – und wenn die Organisations- und Führungsstruktur die Handlungsfähigkeit der Manager unterstützt (siehe Anhang). Im gesamten Buch werden wir immer wieder auf diese Beispiele zurückkommen und Vorschläge machen, wie Führungskräfte sich selbst und andere in ihrem Unternehmen dazu bringen können, keine vorschnellen Verpflichtungen einzugehen und sich nicht von Alltagsroutine auffressen zu lassen.

Zunächst wollen wir jedoch einen Blick darauf werfen, was zielgerichtetes Handeln ist und wie es wirkt.

1.3.1 Handeln versus Aktionismus: Energie und Fokus

Menschen, die zielgerichtetes Handeln zeigen, besitzen zwei wichtige Eigenschaften: Energie und Fokus.

Energie impliziert dabei ein Ausmaß persönlichen Engagements, das sich nicht einfach nur damit zufrieden gibt, etwas zu erledigen, sondern der Handlung eine besondere Bedeutung gibt; das Ergebnis spielt für den Handelnden eine wichtige Rolle. Energie impliziert außerdem Anstrengung. Die Handlung erfordert ein gewisses Maß an Anstrengung, wobei diese nicht einfach nur aufgrund äußeren Drucks aufgebracht wird, sondern aufgrund persönlicher innerer Motivation. Zielgerichtetes Handeln ist also intrinsisch motiviertes, engagiertes Handeln. Laura McCormick ließ in der Art, wie sie ihre Rolle im Total-Quality-Projekt ausfüllte, genau diese Energie vermissen: An ihrem Verhalten ließ sich nie erkennen, dass das Projekt für sie persönlich wichtig war. Es scheint vielmehr, als hätte sie einfach nur die Alltagsaufgaben erledigt, die mit dem Programm verbunden waren.

Zielgerichtetes Handeln ist außerdem *fokussiert*. Es ist bewusst und gerichtet, gelenkt von der persönlichen Entscheidung, ein bestimmtes Ziel zu erreichen. Es braucht Disziplin, um Ablenkungen auszuschalten, Probleme zu überwinden und auch angesichts unerwarteter Hindernisse weiterzumachen. Mit anderen Worten: Zielgerichtetes Handeln ist kein impulsives Verhalten; es entsteht nicht aus dem Moment heraus, sondern umfasst Nachdenken, Analyse und Planung. Laura McCormick gelang es nicht, mit dieser Art von *Fokus* zu handeln; sie schien einfach immer nur auf Probleme zu reagieren, statt auf klare Ziele hinzuarbeiten.

Leider ist es bei den alltäglichen Managementaufgaben besonders schwierig, den Fokus zu halten. Warum? Wie es Henry Mintzberg in seinem bahnbrechenden Werk „The Nature of Managerial Work" so glänzend beschreibt, müssen Manager – im Gegensatz zum Beispiel zu Bauern, Gelehrten oder sogar Softwarespezialisten – üblicherweise gleichzeitig eine Vielzahl von Aufgaben bearbeiten, und dabei sind sie auf die Mitarbeit anderer im Unternehmen angewiesen – häufig ohne sichtbare Meilensteine oder klar definierte Prozesse oder Ziele. Außerdem sind Manager laufend mit Unterbrechungen und unerwarteten Ansprüchen an ihre Zeit konfrontiert – und gleichzeitig meist mit äußerst engen Zeitvorgaben.[6]

Daher ist es kein Wunder, dass wir nach unserer zehnjährigen Untersuchung von Managern bei mehr als zehn Unternehmen zu der beunruhigenden Schlussfolgerung kamen, dass es trotz all ihrer

6 Vgl. Kotter (1982).

Aktivitäten nur einem kleinen Teil der Manager gelingt, wirklich etwas zu bewegen oder ihr Unternehmen einen entscheidenden Schritt voranzubringen. Mit anderen Worten: Die meisten Manager handeln nicht zielgerichtet.

1.3.2 Vier Arten von Managementverhalten

Wenn die meisten Manager bei ihrer alltäglichen Arbeit nicht zielgerichtet handeln, was machen sie dann und wie erledigen sie ihre Aufgaben? Wie bereits erwähnt, beruht zielgerichtetes Management auf Energie und Fokus. In unserer Forschung identifizierten wir vier Arten von Managerverhalten, die sich nach dem im Verhalten der Manager beobachtbaren Level von Energie und Fokus einteilen lassen.

- *Die Hyperaktiven*: 40 Prozent aller Manager lassen sich von den unzähligen Aufgaben ablenken, mit denen sie täglich konfrontiert werden. Sie sind voller Energie und Elan, aber unfokussiert, und wirken auf andere häufig hektisch, aufgeregt und überhastet.
- *Die Zauderer*: 30 Prozent schieben die Aufgaben, die für das Unternehmen wirklich wichtig sind, immer wieder vor sich her, weil es ihnen sowohl an Energie als auch an Fokus mangelt. Sie fühlen sich häufig unsicher und leiden unter Versagensängsten.
- *Die Distanzierten*: 20 Prozent der Manager sind mit ihrer Arbeit nicht wirklich verbunden. Sie sind fokussiert, doch es fehlt ihnen an Energie, und sie wirken häufig abgehoben, angespannt oder apathisch.
- *Die Zielgerichteten*: Nur 10 Prozent führen ihre Aufgaben tatsächlich zu Ende. Sie sind stark fokussiert und voller Energie, und sie bleiben auch in chaotischen Situationen ruhig und fähig zu Reflexion.

Bevor wir die Qualitäten des zielgerichteten Managers untersuchen, wollen wir zunächst die Art von Managementverhalten betrachten, die bei weitem am häufigsten auftritt – und am gefährlichsten ist für den Manager selbst wie auch für die Organisation: das hyperaktive Managementverhalten. Diese Menschen sind in der Regel hoch motiviert und voll bester Absichten. Sie sind mit Elan bei der Arbeit und identifizieren sich stark mit ihrer Aufgabe – und sie könnten viel erreichen, wenn sie ihre Anstrengungen in dem Wirbel an Aktivitäten, mit denen sie jonglieren, bewusst konzentrieren würden. Die Betonung von Schnelligkeit, die in den meisten Organisationen vorherrscht, verstärkt noch den blinden Aktionismus dieser Manager und verleitet sie dazu, endlos zu schuften und vor allem immer ohne jedes Zögern zu handeln.

Der Preis dieses Verhaltens ist für die Manager selbst wie auch für die Unternehmen sehr hoch. Unreflektierte Aktivität ist teuer für den einzelnen, denn sie ist nicht effektiv und daher im Endeffekt unbefriedigend. Da sich diese Manager sehr mit ihrer Arbeit identifizieren, neigen sie dazu, sich schnell frustriert oder verletzt zu fühlen, wenn sie mit Rückschlägen, Kritik oder mittelmäßigen Ergebnissen konfrontiert sind. Oft fällt es ihnen schwer, mit der höheren Effektivität und schließlich dem größeren Erfolg ihrer stärker reflektierenden und zielgerichteter agierenden Kollegen umzugehen.

Unternehmen zahlen ebenfalls einen hohen Preis für die Beschäftigung hyperaktiver Manager. Menschen, die hektisch reagieren – und dies vor allem unter Druck oder in Krisenzeiten –, sind meist zerstreut und handeln häufig extrem kurzsichtig. Weil sie sich keine Zeit zum Reflektieren nehmen, gehen sie in der Regel nur die unmittelbaren Probleme an und vernachlässigen darüber die langfristigen Themen. Sie unterschätzen die Zeit, die für die Implementierung einer Strategie notwendig ist, oder nehmen Dinge in Angriff, ohne die Risiken und langfristigen Auswirkungen zu bedenken.[7] Hyperaktive Manager haben das wohlgemeinte, doch dringende Bedürfnis, immer etwas zu tun – irgendetwas –, was sie so potenziell zerstörerisch macht wie den sprichwörtlichen Elefanten im Porzellanladen.

Es überrascht nicht besonders, dass chronisch zaudernde und immer alles aufschiebende Manager häufig vorher hyperaktiv waren. Das gilt auch für Laura McCormick. Bevor sie die Aufgabe in Total Quality übernahm, war sie eine klassische hyperaktive Managerin, die ihre Arbeit voll Eifer ausführte und schon fast zwanghaft die Aufgaben auf ihrer To-Do-Liste abhakte. Ihre neue Aufgabe brachte

---

7 Vgl. Dörner (1998).

sie jedoch dazu, ins Feld der Zauderer überzuwechseln. Sie beschäftigte sich nur noch mit den alltäglichen Details ihres Jobs und schob es immer wieder hinaus, über das zu reflektieren, was sie wirklich tun musste, um Total Quality zum Erfolg zu führen. Es fehlte ihr an Energie wie auch an Fokus, und es gelang ihr nicht, sich jemals wirklich für das Projekt zu begeistern. Es war für sie persönlich nicht von Bedeutung – was dazu führte, dass sie sich von Rückschlägen und Hindernissen rasch entmutigen ließ.

Lassen Sie uns nun den zielgerichteten Manager betrachten und wie diese seltene Spezies die Aufgaben zu Ende führt, die andere nicht erledigt bekommen.

1.3.3 Willenskraft: Was hinter zielgerichtetem Handeln steckt

Warum sind manche Manager voller Energie und Fokus, während andere zögern, sich zurückziehen oder ihre Energie in blindem Aktionismus vergeuden? Was unterscheidet Manager, die zielgerichtet handeln, von anderen? Die meisten Führungskräfte würden diesen Unterschied darauf zurückführen, wie viel oder wenig Motivation die jeweiligen Manager aufweisen. Laura McCormicks Chef, Alan Sartora, war zum Beispiel ganz klar der Ansicht, dass es sich um eine Frage der Motivation handelte, als er sie zu ermutigen versuchte, das Projekt weiterzuführen („Die Leute mögen Sie“, sagte er zu ihr, „und Sie sind gut.“). Doch unsere Untersuchung deutet darauf hin, dass es mehr braucht als nur Motivation, um Menschen zu zielgerichtetem Handeln anzuspornen.

Motivation allein reicht zwar aus, um Manager bei der Abwicklung ihrer Routineaufgaben zu unterstützen, doch in der Regel werden Manager nicht dafür bezahlt, dass sie einfach nur die Routineprozesse am Laufen halten. Ihre Aufgaben sind vielmehr komplex und erfordern Kreativität und Innovation. Häufig müssen sie gleichzeitig mehrere und widersprüchliche Ziele im Auge behalten, bei denen es sich meist um langfristige Projekte handelt, die ständige Anstrengung erfordern. Ehrgeizige Ziele, hohe Unsicherheit, extreme Widerstände – all diese Faktoren führen sehr rasch an die Grenzen der Motivation. Manager, die unter solchen Bedingungen Dinge in Bewegung setzen und zu Ende führen – die also konsistent zielgerichtetes Handeln zeigen –, bedienen sich dabei einer anderen Kraft: ihrer *Willenskraft*.[8]

Willenskraft – die Kraft, die hinter Energie und Fokus steckt – geht einen entscheidenden Schritt über Motivation hinaus. Sie ermöglicht es Menschen, diszipliniert zu handeln, selbst wenn sie keine Lust dazu verspüren, etwas zu tun, sich von der Aufgabe nicht inspiriert fühlen oder von anderen Möglichkeiten angezogen werden. Manager mit Willenskraft besitzen ein unstillbares Bedürfnis, Dinge zu Ende zu führen.[9] Sie überwinden Hindernisse und Rückschläge und bleiben bis zu ihrem Ziel unbeirrt auf Kurs. Für Manager mit Willenskraft kommt Aufgeben nicht in Frage; es gibt keinen Weg zurück. Manager mit Willenskraft beschließen, ihr Ziel auf jeden Fall zu erreichen. Jack Welch spielte auf genau diese Hartnäckigkeit an, als er schrieb: „Das wichtigste Prinzip im Leben habe ich von meiner Mutter gelernt: Du musst es nur wollen."[10]

Laura McCormick gelang es zu keinem Zeitpunkt, den Schlüsselfaktor Willenskraft für sich nutzbar zu machen. Niemals tauchte bei ihr in Bezug auf das Total-Quality-Projekt ein klarer Augenblick der Entscheidung auf, sie hatte kein geistiges Bild davon, was sie erreichen wollte, und sie ließ sich selbst die Option des Ausstiegs offen, als es schwierig wurde. Das Resultat? Ihre Zweifel und Unsicherheiten überwältigten sie schließlich, sodass sie nicht herausfinden konnte, was sie tatsächlich zu leisten imstande gewesen wäre.

Die gute Nachricht ist, dass alle Manager – auch Zauderer wie Laura McCormick – prinzipiell in der Lage sind, mit Willenskraft zu handeln. Unsere Beobachtungen zeigen, dass Willenskraft nicht auf ein bestimmtes Muster an Persönlichkeitsmerkmalen oder eine besondere Arbeitssituation beschränkt ist. Wie also können Manager diesen kraftvollen Faktor in ihrem eigenen Leben aktivieren und einsetzen? Wir können kein magisches Rezept liefern, doch wir können einen wirksamen Prozess beschreiben: Willenskraft entsteht, wenn Menschen eine klare geistige Vorstellung von ihrem Ziel entwickeln, eine bewusste Entscheidung treffen, dieses Ziel zu verfol-

---

8 Vgl. Heckhausen/Gollwitzer (1987).
9 Vgl. Collins (2001).
10 Vgl. Welch (2001).

gen, und Strategien entwickeln, um ihre Ausrichtung vor Ablenkungen, Langeweile oder Frustration zu schützen.

Mehr als alle anderen müssen Führungskräfte in Spitzenpositionen Willenskraft aufweisen. Wie sollten sie sonst andere führen und ermutigen und ihren Untergebenen den Sinn ihrer Arbeit vermitteln können? Das Problem besteht darin, dass die meisten Top-Führungskräfte die Willenskraft ihrer Manager tatsächlich eher zerstören, indem sie von ihnen eine oberflächliche Identifikation mit Aufgaben verlangen, statt sie spezifischen Zielen zu verpflichten.[11]

Führungskräfte, die ihre eigene Willenskraft aktiviert haben, können anschließend bei anderen Willenskraft wecken, indem sie genau das Gegenteil von dem tun, was Führungskräfte üblicherweise tun. Statt ihre Mitarbeiter einfach nur zu motivieren, wie Laura McCormicks Chef es versuchte, müssen Vorgesetzte eine Ausrichtung auf zielgerichtetes Handeln schaffen, ohne dabei Oberflächlichkeit zu ermutigen. Sie müssen ihre Mitarbeiter zum Träumen inspirieren, aber sie gleichzeitig davon abhalten, vorschnelle Versprechungen zu machen. Sie müssen dafür sorgen, dass Verpflichtungen ernst genommen werden, statt nur rasch nach Mitläufern zu suchen. Bevor ihre Mitarbeiter Vorhaben beginnen, müssen Führungskräfte sie dazu zwingen, sich mit Konflikten, Zweifeln, Ängsten und Unsicherheiten auseinander zu setzen, und sie müssen die Probleme, den Aufwand und die Kosten deutlich machen, statt ein rosiges Bild zu malen.

Ist Führung mit Willenskraft einfach oder intuitiv? Nein. Doch sie ist wirksamer und im Endeffekt weniger riskant, als Manager einfach nur zu motivieren und ihre halbherzige Zustimmung zu erreichen. Führung, die die Willenskraft der Menschen aktiviert, bedeutet aber mehr als nur eine Beeinflussung von Personen. Es gilt außerdem einen Kontext in der Organisation zu schaffen, der intrinsische Motivation nicht unterdrückt, sondern ihr vielmehr Gelegenheit gibt, an die Oberfläche zu treten, und ausreichend Raum schafft, sich zu entfalten.

---

11 Vgl. Bass/Avolio (1994).

1.4 Organisationsstrukturen, die zielgerichtetes Handeln fördern

Führungskräfte, die die Willenskraft ihrer Manager ernsthaft fördern wollen, müssen für drei unerlässliche Voraussetzungen in ihrer Organisation sorgen: Freiraum für autonomes Handeln, ein System professioneller, sozialer und emotionaler Unterstützung sowie eine Kultur, die verantwortungsbewusste Willenskraft fördert. Lassen Sie uns jede dieser Voraussetzungen einzeln betrachten.

Um ihre Willenskraft einsetzen zu können, müssen Manager zunächst einmal ausreichend Handlungsspielraum besitzen. Damit ein Gefühl persönlicher Verantwortung entstehen kann, ist nicht nur Raum zum Manövrieren erforderlich, sondern auch eine konkrete Nutzung dieses Raumes. Offensichtlich versuchte Alan Sartora Laura McCormick diese Art von Freiheit zu geben. Leider waren die Prozesse in der Organisation aber nicht so aufgebaut, dass sie zielgerichtetes Handeln unterstützten. Tatsächlich fördern die meisten organisatorischen Prozesse in der Regel unreflektierten Aktionismus.

Dies führt uns zu der zweiten Voraussetzung: Manager brauchen organisatorische Systeme, die zielgerichtetes Handeln unterstützen. Unter *Unterstützung* verstehen wir dabei nicht nur professionellen Rückhalt, sondern auch soziale und emotionale Hilfe. Idealerweise sollten Manager Supervisoren haben, die ihnen inspirierend und ermutigend zur Seite stehen, sowie informelle Beziehungen zu Kollegen und Mentoren, die ihnen professionelle Unterstützung zukommen lassen – all die Informationen und Ressourcen, die Manager benötigen, um ihre Aufgaben auszuführen. Ebenso brauchen sie aber emotionale Unterstützung – einen Kontext, in dem Menschen in der Organisation sich gegenseitig darin unterstützen, mit Stress umzugehen und mit emotionalen Belastungen fertig zu werden.[12]

Organisationsstrukturen und Managementprozesse allein sind jedoch nicht ausreichend, um dauerhaft zielgerichtetes Handeln her-

---

12 Zur Unterscheidung von problembezogener und emotionsbezogener Unterstützung siehe Lazarus (1993).

vorzubringen oder aufrechtzuerhalten. In den meisten Unternehmen ist zu beobachten, dass die Rhetorik des Top-Managements Entscheidungsfreiheit und autonomes Handeln der Manager befürwortet, während sich die Realität meist vollkommen anders darstellt. Solche Unternehmen müssen eine unterstützende Kultur entwickeln – die letzte Voraussetzung für den Aufbau einer Organisation, die zielgerichtetes Handeln unterstützt. Genau das war es, was Laura McCormick bei IBG fehlte – statt sich unterstützt zu fühlen, hatte sie das Gefühl, ein Opfer interner Machtkämpfe und politischer Intrigen zu sein. Um die Willenskraft ihrer Manager freizusetzen, müssen Vorgesetzte also zielgerichtetes Verhalten zum absolut zentralen Element im Wertesystem und in der Kultur ihres Unternehmens machen. Nur diese Art von Organisationskultur kann die Manager letztlich wirklich dazu ermutigen, Entscheidungen zu fällen, und sie dazu befähigen, diese Freiheit zu genießen.

Während die genannten Voraussetzungen, wie Autonomie, Unterstützung und eine Unternehmenskultur, die die Willenskraft fördert, klar verständlich sind, ist die Frage, wie sich diese Qualitäten wirksam entwickeln lassen, weniger leicht zu beantworten. Persönliche Freiheit und gegenseitige Unterstützung sind schwierig zu vereinbaren. Autonome Manager neigen dazu, sich nur auf ihre eigenen Aufgaben zu konzentrieren und ihr Wissen nicht mit anderen zu teilen oder gar Energie darin zu investieren, anderen zum Erfolg zu verhelfen. Daher kann es keine einfachen Rezepte dafür geben, wie man eine Kultur nachhaltigen zielgerichteten Handelns in einer Organisation schaffen kann; sie ist vielmehr das Ergebnis eines langen Prozesses, bei dem kontinuierlich der Wert zielgerichteten Handelns und persönlicher Verantwortung betont wird. Doch Führung, die mutig, ausdauernd und geduldig ist, kann diese Gegensätze vereinen. Wie wir in Teil 2 dieses Buches zeigen werden, gibt es verschiedene Strategien, um individuelle Manager wie auch die Organisation als Ganzes auf zielgerichtetes Handeln auszurichten.

Doch zunächst einmal muss der einzelne Manager lernen, die Fallen von unproduktivem Aktionismus zu erkennen und zu verstehen, um seine Willenskraft bewusster einzusetzen und zielgerichteter zu handeln. Wir wollen nun unsere Auseinandersetzung mit dem Managementverhalten in Teil I des Buches damit fortsetzen, dass wir die zwei zentralen Faktoren zielgerichteten Handelns – Energie und Fokus – genauer beschreiben und zeigen, wie sie mit den vier Arten des Managementverhaltens in Beziehung stehen.

Zielgerichtetes Handeln versus unproduktiver Aktionismus

Kapitel 2

Manager erklären häufig, dass es ihre wichtigste Aufgabe sei, das Gesamtbild zu sehen – sich mit strategischen Fragen auseinander zu setzen, Kosten zu reduzieren, neue Märkte zu erschließen oder Wettbewerber zu schlagen. Warum hasten genau diese Manager dann ständig von Meeting zu Meeting, rufen laufend ihre E-Mails ab und sind dauernd am Telefon, wie in einem Hamsterrad niemals endender Aktivitäten?

Zweifellos stehen Manager unter enormem Erfolgsdruck und haben viel zu viel zu tun. Tatsache ist jedoch, dass nur sehr wenige Manager ihre Zeit so effektiv nutzen, wie es möglich wäre. Während manche unter ihnen vielleicht der Meinung sind, dass sie sich drängenden Aufgaben widmen – und dabei in Wahrheit doch nur ständig irgendwelche Brandherde bekämpfen –, sind sich die meisten ihres unproduktiven Aktionismus durchaus bewusst und beklagen das Problem.

Was ist der Unterschied zwischen Aktionismus und zielgerichtetem Handeln? Manager, die zielgerichtet und wirksam handeln – jene, die das scheinbar Unmögliche möglich machen –, bedienen sich dabei einer Kombination aus zwei entscheidenden Aspekten jeder Managementtätigkeit: Energie und Fokus. Unter Energie verstehen wir dabei eine Tatkraft, die aus intensivem persönlichem Engagement entsteht, und unter Fokus eine konzentrierte Aufmerksamkeit. Wenn wir mit den beiden Dimensionen Energie und Fokus ein Koordinatensystem aufspannen, entsteht ein interessanter Rahmen, in dem sich die vier Typen von Managern einordnen lassen: Hyperaktive, Zauderer, Distanzierte und Zielgerichtete. So lassen sich die jeweiligen Grundbedingungen für unproduktiven Aktionismus und zielgerichtetes Handeln leichter verstehen (siehe Abb. 2-1).

Auch wenn wir uns natürlich in allen Unternehmen nur zielgerichtete Manager wünschen würden, liegt der Hauptanteil des Managementverhaltens doch in den restlichen drei Quadranten. Betrachtet man dieses Verhalten in dem hier aufgezeigten Kontext, können Manager die allgemeine Dynamik verstehen, die ihrem eigenen unproduktiven Aktionismus zugrunde liegt, das entsprechende Verhalten identifizieren, wenn sie es bei anderen oder sich selbst bemerken, und die Ursachen dafür erkennen.

Bevor wir jeden Verhaltenstyp einzeln untersuchen, wollen wir zunächst erforschen, wie die Kombination von Energie und Fokus zu zielgerichtetem Handeln führt – der effektivsten Form von Managementverhalten.

Abbildung 2-1 *Fokus, Energie und die vier Arten von Managementverhalten*

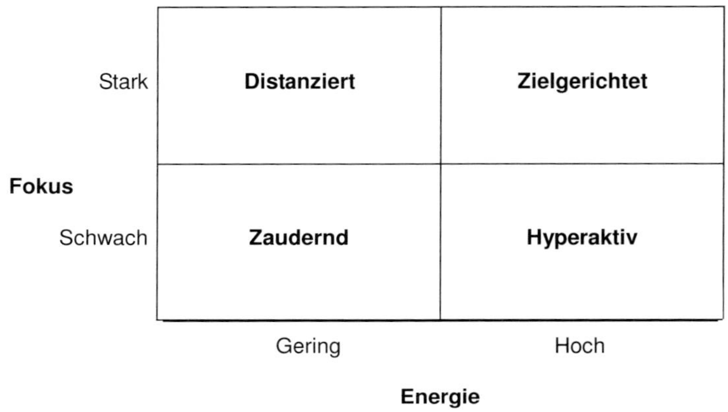

2.1 Energie und Fokus

Energie ist Tatkraft, die durch intensives persönliches Engagement und Interesse entsteht. Energie sorgt dafür, dass Dinge in Bewegung kommen. Wie jeder weiß, der schon einmal an sportlichen Wettkämpfen teilgenommen hat, ist Energie ein emotionales Durchhaltevermögen, das enorme innere Ressourcen freisetzen kann, wenn es um wichtige Ziele geht.[13] Im Geschäftsleben ermöglicht Energie rasches und effektives Handeln unter hohem Druck.

[13] Der Ursprung des Begriffs „Emotion" lässt sich auf das lateinische Wort emovere zurückverfolgen – mit der Bedeutung „bewegen, bewegt werden". Die Begriffe „Gefühl" und „Emotion" werden in der Literatur häufig austauschbar eingesetzt. Vgl. z.B. Batson/Shaw/Oleson (1992). Wir beziehen uns hier jedoch auf Konzepte, die eine Differenzierung der Begriffe vorschlagen und Emotionen als spezifisch, intensiv und auf ein bestimmtes Objekt bezogen definieren (z.B. Begeisterung für etwas oder Freude in einer bestimmten Situation), während Gefühle eher ver-

Das Team, das den VAIO-Computer von Sony entwickelte, demonstrierte genau diese Art von Energie, als es den ersten PC konfigurierte, mit dem eine Kombination der verschiedensten Sony-Produkte und -Services, wie Digitalkameras, Camcorder und mobile Musikabspielgeräte, möglich war.[14] Als CEO Nobuyuki Idei die Idee aufbrachte, eine integrierte Home-Entertainment-Plattform für die Zielgruppe der gerade heranwachsenden „digitalen Generation“ zu entwickeln, schufteten Hiroshi Nakagawa und sein Team 100 Stunden pro Woche, um jenes bahnbrechende Produkt zu entwickeln, das Idei sich vorgestellt hatte. Einer der Manager, Kazumasa Sato, engagierte sich so stark für das Projekt, dass er drei Jahre lang jedes Wochenende damit verbrachte, Kunden in den Elektronik-Shoppingcentern von Tokios Akihabara-Distrikt zu beobachten. Die Erkenntnisse, die er dabei in Bezug auf die Einkaufsgewohnheiten der Kunden gewann, ermöglichten es Sony, ein Verkaufsflächen-Layout zu entwickeln, das den Kundendurchfluss verbesserte und damit im Endeffekt die Verkaufszahlen erhöhte. Dadurch konnte der VAIO schließlich einen bedeutenden Anteil an Japans stark umkämpftem PC-Markt erobern.

Am Verhalten des Sony-Teams lassen sich drei entscheidende Elemente energiegeladenen Verhaltens illustrieren:

- Erstens muss die Aktivität subjektiv von Bedeutung sein.[15] Manager tun viele Dinge, doch sie investieren nur in diejenigen Projekte Energie, die ihnen persönlich etwas bedeuten – so wie es beim VAIO-Projekt für die Sony-Mitarbeiter eindeutig der Fall war.
- Zweitens bedeutet Energie proaktives Handeln und Initiative. Die Motivation zum Handeln kommt von innen heraus – wie bei Kazumasa Sato während all jener Wochenenden, die er in Elekt-

---

schwommen und unfokussiert sind (z.B. ein Gefühl von Glück). Vgl. George/Brief (1996).

14 Vgl. Fallstudien von Kida/Yamaguchi (2002).

15 Weber (1922) unterscheidet Handeln von allgemeinem Verhalten, wobei er jede Form menschlichen Verhaltens als „Handlung“ bezeichnet, falls und insoweit sie eine subjektive „Bedeutung“ für den einzelnen besitzt. Der theoretische Unterschied zwischen Handeln und allgemeinem Verhalten wird deutlich, wenn man berücksichtigt, dass Weber (1922) sogar ein „Tolerieren“ oder „Unterlassen“ als Handlung bezeichnete, falls es sich dabei um ein subjektiv bedeutungsvolles Verhalten handelt.

ronik-Shops verbrachte.[16] Energie bringt Manager dazu, Ziele zu entwickeln und die Initiative zu ergreifen, statt sich von situativen Gegebenheiten und Erfordernissen einschränken zu lassen. Mit dieser Energie gestalten Manager aktiv ihre Umgebung und erschaffen den Kontext, der erforderlich ist, um ihre Ziele zu erreichen.

- Und drittens ist Energie das, was Manager zu außergewöhnlichen Leistungen befähigt, wenn es darum geht, mit hoher Arbeitsbelastung oder knappen Zeitbudgets umzugehen. Diese Art von Energie ermöglichte es dem VAIO-Team, 100 Stunden pro Woche zu arbeiten, bis sie ihr Ziel erreicht hatten. Energie ist für den Manager, der ehrgeizige Ziele verfolgt, die Quelle seiner Ausdauer, und sie ermöglicht ihm eine erhöhte Arbeitsgeschwindigkeit und -intensität. Energiegeladene Manager sind präsenter – ihr erhöhtes Aufmerksamkeitsniveau aktiviert mehr ihrer physischen, intellektuellen und emotionalen Ressourcen, was es ihnen wiederum ermöglicht, Außergewöhnliches zu leisten. Energie ist außerdem die Quelle der Ausdauer, die es Managern ermöglicht, langfristige Ziele zu erreichen.

Das zweite entscheidende Element zielgerichteten Handelns – *Fokus* – ist nichts anderes als die Ausrichtung der Energie auf ein spezifisches Ziel. Manager mit Fokus sind in der Lage, sich auch inmitten der zahlreichen Ablenkungen des Alltags auf ihr Ziel zu konzentrieren.

Nehmen wir als Beispiel die eiserne Disziplin und fokussierte Ausrichtung von Thomas Sattelberger. Sattelberger, inzwischen Vorstandsmitglied der Continental AG, gelang es in den 90er Jahren, als er in leitender Funktion in der Personalabteilung der Lufthansa AG tätig war, seinen Traum zu verwirklichen und die erste deutsche Corporate University zu gründen, die Lufthansa School of Business. Seine Geschichte illustriert die drei Voraussetzungen, die Manager mitbringen müssen, um fokussiertes Verhalten zu entwickeln.

- Erstens sind fokussierte Manager immer zielorientiert, statt einfach nur auf auftauchende Entwicklungen zu reagieren oder die Routineanforderungen zu erledigen. Sie haben klare Vorstellun-

---

16 Vgl. Fallstudien von Kida/Yamaguchi (2002).

gen von dem, was sie erreichen möchten.[17] Bereits in den späten 1980er Jahren entwickelte Thomas Sattelberger die Vorstellung von einer Corporate University als einem Ort, wo Manager den Status Quo in Frage stellen und Techniken erlernen können, um die operativen Abläufe ihrer Organisation zu verändern. Als unüberbrückbare Gegensätze zwischen der strategischen Ausrichtung des CEO bei seinem vorherigen Arbeitgeber – einem der größten Industrieunternehmen des Landes – und seinen eigenen Vorstellungen deutlich wurden, wechselte Thomas Sattelberger zur Lufthansa. Dort gelang es ihm trotz der hohen Anforderungen seiner Position als Personalleiter, ausreichend Zeit und Kraft zu investieren, um sein Projekt dem Top Management zu präsentieren. Das entspricht der Zielorientierung, die mit einem starken Fokus verbunden ist: Alle Aktivitäten sind auf ein klares Ziel ausgerichtet.

- Zweitens bedeutet Fokus, die Verwirklichung des angestrebten Ziels bei allen Handlungen im Auge zu behalten.[18] Das erfordert auch, dass man sich regelmäßig Zeit nimmt, über das eigene Verhalten nachzudenken, und bewusst entscheidet, was jeden Tag zu tun oder zu lassen ist. Fokussiertes Verhalten ist kein Zufall und taucht nicht spontan aus dem Augenblick auf.[19] Es erfordert Planung und strategische Voraussicht. Thomas Sattelberger träumte nicht einfach nur von einer Lufthansa School of Business. Er erarbeitete einen detaillierten Businessplan, der das

---

17 Im Grundsatz stimmen unsere Ergebnisse mit den Hypothesen der deutschen Handlungstheorie überein, die bereits auf den eigeninitiativen Charakter der Handlung hingewiesen hat. Vgl. Frese et al. (1996). Crant und Mitarbeiter haben die besondere Bedeutung von Energie als Element proaktiven Verhaltens betont. Vgl. Crant (1996) sowie Bateman/Crant (1993).

18 Auch wenn es sich bei zielgerichtetem Handeln um ein individuelles Konstrukt handelt, bei dem die Übereinstimmung mit den persönlichen Zielen von hauptsächlicher Bedeutung ist, beziehen wir uns hier auf „Handeln" als ein Verhalten innerhalb von Organisationen, das auch im Einklang mit den Zielen der Organisation steht. Diese Art von Handeln umfasst – aus Sicht des Unternehmens – konstruktive Anstrengungen zum Erreichen eines bestimmten Ziels. Ein ähnliches Verständnis findet sich bei Morrison/Phelps (1999). Natürlich können Manager auch gegen das Unternehmen gerichtet Initiative ergreifen, doch um diese Art von Verhalten geht es hier nicht. Vgl. Frese (1996).

19 Vgl. Hockey (1996) und Frese/van Gelderen/Ombach (2000).

Projekt in die umfassenderen Strategien und Ziele des Unternehmens einband, und arbeitete systematisch auf sein Ziel hin.

- Drittens erfordert Fokus persönliche Disziplin. Das bedeutet, sich gegen den üblichen Ansturm der täglichen Anforderungen – oder verlockenden Möglichkeiten – abzuschirmen, die unvermeidlich die Aufmerksamkeit in Anspruch nehmen. Es bedeutet auch, sich von Widerständen nicht von seinem Ziel abbringen zu lassen. Thomas Sattelberger war, nachdem er zu Lufthansa gewechselt war, anfangs mit sehr viel Widerstand konfrontiert. Erstens befand sich das Unternehmen mitten in einem Kostenreduzierungsprogramm; eine langfristige Investition zum Aufbau einer Corporate University besaß für das Top Management einfach keine Priorität. Außerdem waren die Strukturen und Prozesse der Lufthansa-Personalabteilung nicht gut organisiert. Thomas Sattelberger war sich bewusst, dass er zunächst einmal die notwendigen Strukturen aufbauen musste, bevor er seinen Traum realisieren konnte. Zwei Jahre lang arbeitete er also an der Umstrukturierung der Personalabteilung, wobei er sein Ziel jedoch niemals aus den Augen verlor. Mit Ausdauer arbeitete er daran, die Vorbehalte des Managements aufzulösen – und sein Fokus zahlte sich aus: 1998, vier Jahre, nachdem Thomas Sattelberger bei Lufthansa eingestiegen war, startete die Lufthansa School of Business als Deutschlands erste Corporate University.

Ein starker Fokus hat natürlich auch Nachteile. Entschlossenheit kann zu Halsstarrigkeit werden. Manager mit starkem Fokus können blind werden für die Konsequenzen ihrer eigenen Handlungen – und unsensibel für die Ziele anderer. Ein zu starker Fokus – ohne ein entsprechend hohes Energieniveau – kann zu Inflexibilität, Engstirnigkeit oder Borniertheit führen. Fokus kann sich auch schädlich auswirken: Manager, die auf bestimmte Ziele fokussiert sind, aber nicht ausreichend Energie besitzen, um diese zu verfolgen, sind besonders anfällig für Burnout.[20] Andererseits führt ein hohes Energieniveau ohne Fokus meist zu unproduktivem Aktionismus. Im

20 Vor allem bei geringer intrinsischer Motivation führt die ständige Anstrengung, die mit der Aufrechterhaltung von Disziplin und Fokus verbunden ist, mit großer Wahrscheinlichkeit zu Stress, Entfremdung und Burnout. Vgl. Kehr (2004), Kuhl/Eisenbeiser (1986) und Hallsten (1993).

ungünstigsten Fall können Manager mit viel Energie, aber ohne Fokus dem Unternehmen durch ihre eifrigen – aber wenig durchdachten – Aktivitäten enorm schaden.[21]

Bei unserer Untersuchung, die eine Vielzahl von Unternehmen umfasste, trafen wir auf Manager mit unterschiedlichen Kombinationen dieser beiden Faktoren: Manager mit einem niedrigen Niveau von Energie und Fokus – die Zauderer –, Manager mit einem hohen Niveau in einem Bereich und einem niedrigen Niveau im anderen – die Distanzierten und Hyperaktiven – sowie jene mit einem hohen Niveau von Energie und Fokus – die Zielgerichteten.

Glücklicherweise deuten unsere Beobachtungen darauf hin, dass sich jedes Managementverhalten durch gewisse Modifikationen in Richtung jenes zielgerichteten Handelns bewegen lässt, das für das Wohl des Unternehmens förderlich ist. Doch zunächst wollen wir einen ausführlicheren Blick auf die vier Arten von Managementverhalten werfen.

2.2 Die Zauderer: Wenig Energie, schwacher Fokus

Beth Brown, eine junge Rechtsanwältin bei einer großen US-amerikanischen Ölfirma, hatte eben eine wichtige Rolle in einem innovativen Merger-Projekt übernommen, das für das Unternehmen von großer Bedeutung war. Dementsprechend würden bei ihrer ersten Präsentation vor dem Vorstand alle Augen auf sie gerichtet sein. Doch statt an ihrer Präsentation zu arbeiten, fand Beth Brown immer wieder Ausflüchte, um ihre Energie auf Alltagsaufgaben umzulenken. Es lag nicht daran, dass sie sich von der Aufgabe nicht inspiriert fühlte; tatsächlich war sie von dem Projekt begeistert und empfand ihre Rolle dabei als spannende Herausforderung. Doch

---

21 Bass hat darauf hingewiesen, dass Manager vor allem in schwierigen Situationen zu wenig reflektiertem, obsessiv hyperaktiven Verhalten neigen, das mit einem Mangel an Zielorientierung, geringer Berücksichtigung der vorhandenen Informationen und oberflächlicher oder reduzierter Planung verbunden ist. Vgl. Bass (1990).

wann immer sie Zeit reservierte, um daran zu arbeiten, wurde sie von negativen Gefühlen überwältigt und machte sich Sorgen, dass ihre Ideen und Vorstellungen nicht ankommen könnten und dass ihre Präsentation ein Misserfolg werden könnte. In der Nacht vor der Sitzung, als sie es wirklich nicht länger aufschieben konnte, gelang es ihr schließlich, eine Präsentation zu entwerfen – und wenn diese auch nicht zu dem Misserfolg wurde, den sie befürchtet hatte, war sie doch auf jeden Fall weniger gut ausgearbeitet, als sie hätte sein können, wenn sie früher damit begonnen hätte.

Etwa 30 Prozent der von uns untersuchten Manager verhielten sich wie Beth Brown: Sie handelten nicht zielgerichtet, sondern zögerten – weil es ihnen sowohl an Energie wie auch an Fokus fehlte, um Veränderungen in Angriff zu nehmen. Diese Zauderer erledigten zwar ihre Routineaufgaben – sie nahmen an Meetings teil, verfassten Aktennotizen, erledigten Telefonanrufe usw. –, doch es gelang ihnen nicht, die Initiative zu ergreifen, wenn es darum ging, neue Projekte zu starten, operative Leistungen zu verbessern oder strategische Veränderungen in Angriff zu nehmen. Stattdessen widmeten sie sich weiter ihren Routineaufgaben.

Wie wir feststellen konnten, gibt es verschiedene Varianten dieser Verhaltensweise.[22] Beth Brown ist ein klassisches Beispiel für den Fall, dass jemand zwar persönlich von einem Projekt begeistert ist, aber nicht ausreichend Energie und Fokus aufbringt, weil es an Klarheit in Bezug auf den ersten Schritt fehlt. Außerdem befürchtete Beth, dass sie ihre eigenen perfektionistischen Erwartungen niemals würde erfüllen können. Also ließ sie die Vorbereitung ihrer Präsentation so lange liegen, bis sie sie wirklich nicht mehr aufschieben konnte.[23] Andere schoben Projekte aus genau dem entgegengesetzten Grund auf: Ihre Arbeit war nicht anregend oder spannend genug. Üblicherweise zögerten sie bei einer günstigen Gelegenheit – ähnlich wie Hamlet – so lange, bis diese sich nicht mehr bot.

---

22 Zaudern, im Englischen als *Procrastination* bezeichnet, beschreibt das Phänomen, dass jemand weiß, was er tun möchte, es im Prinzip auch tun kann und versucht, es zu tun – und es doch nicht tut. Vgl. Tuckman (1991).

23 Ferrari und Emmons beschrieben diese beiden grundsätzlich unterschiedlichen Typen zaudernden Verhaltens. Vgl. Ferrari/Emmons (1995).

Eine dritte Gruppe von Managern zaudert, weil die Betreffenden unter einem Zustand leiden, den der Psychologe Martin Seligman als „erlernte Hilflosigkeit" bezeichnet hat – das durchgängige Gefühl, dass jede Anstrengung umsonst ist, weil sie schließlich doch nur ins Leere läuft.[24] Diese Art von Zaudern, die auf der tief internalisierten Wahrnehmung eines Mangels an Kontrolle beruht (häufig das Ergebnis wiederholter negativer Erfahrungen), ist eine der negativsten und schädlichsten Formen unproduktiven Verhaltens in Unternehmen. Manager, die das Gefühl haben, dass nichts, was sie unternehmen, irgendwelche Veränderungen bewirkt, fühlen sich frustriert und ziehen ihre Energie und ihren Fokus allmählich immer mehr zurück – denn sie sagen sich irgendwann: „Wozu das Ganze?" Das Ergebnis ist ein Kader von Angestellten, die nur noch ihre Arbeit erledigen, dabei aber niemals wirklich etwas in Bewegung setzen.

2.3 Die Distanzierten: Wenig Energie, starker Fokus

Charles Wagner arbeitete bereits seit zehn Jahren als Quality-Control-Manager bei einem größeren Hersteller und wusste, dass das Unternehmen mit ernsthaften finanziellen Problemen zu kämpfen hatte. Für das Überleben der Firma waren radikale Veränderungen in der gesamten Organisation notwendig – unter anderem auch ein Personalabbau in Wagners eigener Abteilung. Doch während er an den Meetings zum Change Management teilnahm und auch Vorschläge zur Erhöhung der Produktivität einbrachte, ließ Charles Wagner die Diskussion niemals wirklich an sich herankommen; er

---

24 Seligmann führte den Begriff der *erlernten Hilflosigkeit* ein, um ein subjektives Gefühl mangelnder Kontrolle zu beschreiben. Vgl. Seligmann (1975). Manager, die unter erlernter Hilflosigkeit leiden, wurden an irgendeinem Punkt in ihrem Leben bestraft oder mit negativen Konsequenzen konfrontiert, wenn sie die Initiative ergriffen. Nun glauben sie, dass jede Anstrengung von ihrer Seite ergebnislos bleiben wird. Folglich nehmen diese Manager Hindernisse als unüberwindbar wahr und konzentrieren ihre Aufmerksamkeit und Energie immer stärker auf potenzielle Probleme. Sie glauben, dass sie keine Kontrolle oder Macht über die Ereignisse haben, also ziehen sie es vor, gar nichts zu tun – was für das Unternehmen letzten Endes sehr negativ sein kann.

vermied es, sich mit den Konsequenzen dieser Konzepte und Ideen wirklich auseinander zu setzen. Es gelang ihm nicht, eine gefühlsmäßige Verbindung zwischen den insgesamt erforderlichen Veränderungen und den Auswirkungen für seine eigene Abteilung herzustellen. Tatsächlich war Wagner tief im Inneren der Überzeugung, dass es seine Aufgabe war, seine Angestellten zu beschützen. Auch wenn er intellektuell die Notwendigkeit von Veränderungen erkannte, konnte er doch emotional nicht dahinterstehen. Als schließlich deutlich wurde, dass Entlassungen in allen Abteilungen unvermeidbar waren, stimmte Wagner zu, die erforderlichen Maßnahmen durchzuführen. Doch obwohl er die Veränderungsmaßnahmen verantwortungsbewusst und fokussiert ausführte, war sein persönliches Unbehagen dabei für alle offensichtlich. Sein Verhalten war extrem energielos, beinahe schon teilnahmslos.

Ungefähr 20 Prozent der von uns untersuchten Manager zeigten bei ihrer Arbeit wie Wagner ein niedriges Energieniveau in Verbindung mit einem starken Fokus. Manche waren einfach nur erschöpft und besaßen nicht genügend innere Ressourcen, um ihre Energie wieder aufzubauen. Bei anderen bezog sich das niedrige Energieniveau auf bestimmte Projekte, die ihnen aus unterschiedlichen Gründen nicht sinnvoll erschienen. Weil diese Manager gegen das, wozu sie beauftragt waren, Bedenken oder Vorbehalte hatten, führten sie ihre Aufgaben nur halbherzig aus.

Ein Ausdruck dieses Geisteszustands ist eine defensive Vermeidungsstrategie, die es Managern erlaubt, bestimmte Verhaltensmuster beizubehalten, die sie über einen längeren Zeitraum aufgebaut haben.[25] Statt ein Problem anzuerkennen und Schritte zu seiner Überwindung zu unternehmen, machen sie sich selbst vor, dass das Problem nicht existiert. Sie konzentrieren sich ausschließlich darauf,

25 Eine defensive Vermeidungshaltung beinhaltet eine funktionale Blindheit, d.h. die Notwendigkeit von Veränderungen wird geleugnet. Vgl. Bibeault (1982). Sie kann in verschiedenen Formen auftreten, wie zum Beispiel einer ständigen Zukunftsorientierung, dem Ausblenden oder Vernichten von Informationen, die mit dem aktuellen Paradigma im Widerspruch stehen, dem Festhalten am alten Paradigma oder dem Ruf nach einer Rückkehr zu den Grundlagen. Vgl. Miller/Friesen (1980). Janis und Mann identifizieren diese Verhaltenstendenzen als Symptome psychologischer Mechanismen, die eine Abwehr gegen den aktiven Umgang mit der wahrgenommenen Bedrohung ermöglichen. Vgl. Janis/Mann (1977).

ihre Position zu verteidigen, und setzen alle ihre inneren Ressourcen dafür ein, Rechtfertigungen für dieses Leugnen der Realität zu finden.

Die Kombination von starkem Fokus und schwacher Energie zeigt sich aber auch in einem distanzierten Verhalten – in dem Versuch, sich von der eigenen Handlungsweise zu distanzieren –, so wie bei Charles Wagner, als er Entlassungen in seinem Bereich nicht länger vermeiden konnte.

Distanzierte Manager neigen dazu, ihre Energie noch mehr zu erschöpfen, indem sie versuchen, den Status Quo aufrechtzuerhalten. Das kann sehr anstrengend sein, und zwar aus zwei Gründen. Erstens ist das distanzierte Verhalten auf die Unfähigkeit zurückzuführen, mit starken Emotionen umzugehen – Angst, Unsicherheit, Wut, Frustration, Entfremdung –, und es ist mit einem inneren Rückzug von produktiven Handlungsmöglichkeiten verbunden. Distanzierte Manager befinden sich in einer Abwehrhaltung und identifizieren sich weder mit den Anforderungen ihres Jobs noch mit den für diese Anforderungen notwendigen Maßnahmen. Der größte Teil ihrer Energie fließt in die Auseinandersetzung mit ihren Gefühlen und in die Rechtfertigung ihrer Tatenlosigkeit sich selbst und anderen gegenüber, was zu sehr viel Spannung führt. Zweitens schaffen sich distanzierte Manager zusätzlich Stress, da sie in der Regel reagieren, statt zu handeln. Im Gegensatz zu zielgerichteten Managern, die ihre Energie dazu nutzen, ihre Handlungen proaktiv selbst zu initiieren, können distanzierte Manager als Reagierende ihre Handlungen nicht frei planen und ausführen. Sie neigen dazu, nur das zu tun, was andere von ihnen verlangen, und fühlen sich von unerwarteten Anforderungen leicht überwältigt. Trotz ihres niedrigen Energieniveaus leiden distanzierte Manager daher weitaus häufiger unter Burnout als ihre Kollegen mit mehr Energie.

2.4 Die Hyperaktiven: Viel Energie, schwacher Fokus

Als das Top-Management einer global agierenden High-Tech-Firma entschied, dass das Unternehmen dringend Kosten reduzieren müsse, stürzten sich einige Manager sofort in frenetische Aktivität. Janet Hill, eine IT-Managerin, die seit acht Jahren in der Firma arbeitete, begann entschlossen die Einsparungsziele zu verfolgen, doch – wie sie selbst zugab – „nicht immer mit Verstand". Nachdem sie alle Mitarbeiter entlassen hatte, die nur zuarbeitend tätig und für den Arbeitsablauf nicht entscheidend notwendig waren, machte sie hier nicht Halt. Sie entließ weitere Angestellte, darunter auch Leute, die für die Zukunft der Firma von entscheidender Bedeutung waren, Experten, die im Ausarbeiten von Lösungen erfahren waren oder wichtige Einkaufsentscheidungen treffen konnten. „Wir mussten anschließend einige dieser Leute wieder neu einstellen", gestand Hill, „und noch dazu zu einem höheren Gehalt. Ich hatte das überwältigende Gefühl, dass schnell etwas passieren musste, und sah nur noch das eine Ziel vor mir – und nicht mehr das Gesamtbild."

Bei weitem die größte Gruppe der von uns untersuchten Manager – mehr als 40 Prozent – waren Hyperaktive wie Janet Hill, die hektische Aktivität mit konstruktivem Handeln verwechseln. Vor allem wenn sie unter Druck stehen oder während einer Krise sind ihre Handlungen häufig unwirksam, fehlgeleitet oder führen sogar zu negativen Ergebnissen.

Eine Ausdrucksform von Hyperaktivität ist eine gewohnheitsmäßige, hektische Kurzsichtigkeit.[26] Manager mit solcher Kurzsichtigkeit entwickeln zwar neue Verhaltensstrategien, doch ohne entsprechende Reflexion und Verinnerlichung können sie dabei kostspielige Fehler begehen. Zwar ist die Tendenz zu dieser Art von gedankenlosem Aktivismus in einer Krisensituation stärker ausgeprägt, doch ist dieses Verhalten durchaus nicht auf Krisenzeiten beschränkt.[27] Selbst wenn eine Organisation relativ stabil ist, produzieren manche Manager ihre eigene Krise, treiben sich und andere zum Wahnsinn und schaffen sich ohne guten Grund einen enormen Druck. Diese Manager fühlen sich ständig unter Zeitdruck. Da sie alles als dringend betrachten, gelingt es ihnen nicht, Prioritäten zu setzen. Das Ergebnis sind kurzsichtige Strategien und impulsive Handlungen,

---

26 Vgl. Frese/Zapf (1994).

27 Verschiedene Forscher betonen die Tatsache, dass vor allem Krisen ein Bedürfnis nach raschem und entschiedenem Handeln wecken, das aber häufig schlecht durchdacht ist. Vgl. z.B. Kotter (1995).

die zwar die unmittelbaren Probleme lösen, dabei aber die langfristigen Fragen außer Acht lassen.

Hyperaktive Manager neigen außerdem dazu, eingefahrene Verhaltensmuster beizubehalten, auch wenn sie unwirksam sind.[28] Vor allem in Krisenzeiten handeln sie intuitiv auf die gewohnte Art und Weise – indem sie zum Beispiel Prozesse einsetzen, die den neuen Bedürfnissen des Unternehmens nicht mehr gerecht werden –, statt sich Zeit zu nehmen und darüber zu reflektieren, wie man die Dinge anders machen könnte. Und selbst wenn sie nachdenken und neue Strategien entwickeln, vergessen sie diese häufig wieder, wenn die nächste Krise auftaucht.

Eine besonders verführerische Art von Aktivismus ist schließlich das thematische Streunen, auch als Grasshopping bezeichnet.[29] In der Begeisterung des Augenblicks lassen sich manche Manager auf mehrere verschiedene Projekte gleichzeitig ein, ohne sich über ihre Prioritäten klar zu sein. Dieses Phänomen taucht häufig dann auf, wenn sich ein Manager keine Zeit nimmt, gründlich über die einzelnen Projekte nachzudenken, und sich auf ein bestimmtes Ergebnis und seine Vorteile konzentriert, ohne die entsprechenden Kosten in Betracht zu ziehen. Bei anderen ist dieses Verhalten einfach nur ein Ergebnis ihrer Unfähigkeit, nein zu sagen. Wer sich auf diese Weise mit Projekten übernimmt, wird unvermeidlich irgendwann den Fokus oder das Interesse verlieren und schließlich nur noch damit beschäftigt sein, Brandherde zu bekämpfen, oder aber die Projekte aufgeben, die in der ersten Euphorie entstanden sind.

---

28 Die deutsche Handlungspsychologie führte den Begriff der „Handlungsmuster" für Verhaltensweisen ein, bei denen jemand auf gewohnte Verhaltensmuster zurückgreift, statt durch rationales Überlegen neue Pläne für sein Handeln zu entwickeln. Vgl. Dörner/Stäudel (1990).

29 *Grasshopping* beschreibt ein Verhaltensphänomen, das durch oberflächliches Handeln und eine geteilte Aufmerksamkeit gekennzeichnet ist. Es kann vor allem dann auftreten, wenn jemand viele verschiedene Ziele mit etwa gleichen Prioritäten verfolgt. Die Betroffenen neigen zu intensiven inneren Diskussionen über die Vorteile und Nachteile der verschiedenen Alternativen. Vgl. Dörner et al. (1989).

2.5 Die Zielgerichteten: Viel Energie, starker Fokus

Als die Lufthansa AG in den frühen 1990er Jahren am Rande des Bankrotts stand, wurde einem mittleren Manager aus der Personalabteilung, den wir hier Gerhard Schneider nennen wollen, die unangenehme, aber wichtige Aufgabe angeboten, als Mitglied einer Arbeitsgruppe zum Change Management 132 Projekte zu koordinieren und zu überwachen, die den Turnaround des Unternehmens bewirken sollten.[30] Gerhard Schneider, der seit 15 Jahren bei der Lufthansa arbeitete, war als begabter und kreativer Personalleiter bekannt, der sich voll für seine Arbeit einsetzte und bei Bedarf auch Überstunden machte. Doch es war absehbar, dass die Teilnahme an dieser Arbeitsgruppe und die Überwachung der Change-Projekte zu starken Machtkämpfen mit denjenigen führen konnte, die für die Implementierung dieser Projekte verantwortlich waren. Schneiders Aufgabe war es unter anderem, Druck auf die Linienmanager auszuüben, sodass sie ihre Aufgaben innerhalb des Zeitlimits ausführten, und auf alle dabei auftauchenden Probleme hinzuweisen. Der Vorgesetzte, der ihm den Job anbot, machte deutlich: „Wenn Sie diese Aufgabe erfolgreich ausführen, könnten Sie sich damit so viele Feinde schaffen, dass Sie die Firma anschließend verlassen müssen." Die Frage war, ob er den Job trotzdem übernehmen wollte. Einige Tage lang rang Gerhard Schneider mit der Entscheidung. „Aber dann war es klar", erzählte er uns. „Ich musste einfach Mitglied dieser Arbeitsgruppe werden. Das Unternehmen musste gerettet werden, und ich hatte keine andere Wahl, als daran mitzuarbeiten." Der erfolgreiche Turnaround der Fluggesellschaft zwei Jahre später sollte seine Überzeugung bestätigen.

Solche bewussten Entscheidungen können oft ein schwieriger und schmerzhafter Prozess sein, doch zielgerichtete Manager – ungefähr 10 Prozent der von uns untersuchten Personengruppe – nehmen ihn oft ganz selbstverständlich auf sich. Im Gegensatz zu jenen, die zaudern, sich distanzieren oder überreagieren, verkörpern zielgerichtete Manager eine ganz spezielle Kombination der beiden Faktoren Fokus und Energie. Nicht nur ist ihr Energieniveau höher als

30 Vgl. Bruch/Ghoshal (2000).

das der meisten Menschen, sie sind auch extrem auf das Erreichen ihrer Ziele fokussiert. Außerdem weisen diese Menschen, wie Gerhard Schneider, in der Regel ein ausgeprägtes Gefühl für ihre persönliche Bedeutung auf sowie die Fähigkeit, mit chaotischen Situationen umzugehen und dabei regelmäßig einen Schritt zurückzutreten und zu reflektieren.

Während es anderen Managern oft schwer fiel, die Ziele ihrer Handlungen zu formulieren, maßen die zielgerichteten Manager, die wir bei Lufthansa interviewten, ihrer individuellen Arbeit große Bedeutung bei, auch wenn ihre Ziele nicht strikt definiert waren. Sie waren davon überzeugt, dass sie gebraucht wurden und zu etwas Wichtigem und Sinnvollem beitrugen. Sie hatten ein Gefühl der persönlichen Verantwortung für das Schicksal ihrer Firma, und dieses Gefühl machte ihre Handlungen für sie bedeutsam. Tatsächlich verwendeten diese Manager in Bezug auf ihren Beitrag zum Turnaround des Unternehmens ein Vokabular, das implizierte, dass es um Leben oder Tod ging: Sie „kämpften ums Überleben", „stoppten den Blutverlust" oder ließen dem Unternehmen „erste Hilfe" zukommen.

Zielgerichtete Manager scheinen sich ihrer selbst stärker bewusst zu sein als die meisten Menschen. Ihre Klarheit in Bezug auf ihre Ziele und ihre Disziplin lässt sie sorgfältig abgewogene, gute Entscheidungen darüber treffen, wofür und wie sie ihre Zeit einsetzen möchten. Sie wählen ihre Ziele – und ihre Kampfschauplätze – mit sehr viel mehr Bedacht als die übrigen von uns untersuchten Manager. Außerdem scheuen zielgerichtete Manager nicht vor Herausforderungen zurück und verstecken sich nicht hinter Aktionismus; vielmehr übernehmen sie gern Verantwortung. Für die von uns untersuchten Manager waren unklare Anforderungen und drängende Probleme eine willkommene Gelegenheit, Initiative zu ergreifen, Innovationen in Angriff zu nehmen und ihre Projekte rasch voranzubringen.[31] Ein Lufthansa-Manager, dessen Aufgabe es war, die Abschaffung der Reisebüro-Provisionen durchzusetzen, erklärte uns: „Ich entwickelte die Philosophie: ‚Wenn niemand dafür zuständig ist, bin ich zuständig. Ich kann mich der Aufgabe annehmen

31 Vgl. Frese et al. (1996).

und das tun, was ich für notwendig erachte.' Und dann handelte ich entsprechend – außer wenn (CEO) Jürgen Weber mich zurückpfiff."

Der Fall Lufthansa könnte den Eindruck entstehen lassen, dass zielgerichtete Manager nur dann entsprechend reagieren, wenn sie mit einer Krise konfrontiert sind, oder dass es erst Krisen sind, die zielgerichtetes Handeln auslösen. Wir stellten jedoch fest, dass viele dieser Manager ihren Einsatz nicht reduzierten, nachdem die Turbulenzen der Krise vorbei waren. Ein Manager beispielsweise spielte eine wichtige Rolle im Programm 15, einem strategischen Kosteneinsparungsplan, der 1996 gestartet wurde, kurz nachdem die Presse die erfolgreiche Krisenbewältigung gemeldet hatte. Im Einklang mit seiner Überzeugung, dass das Unternehmen weiter Kosten einsparen müsse, um dauerhaft erfolgreich zu sein, führte er dieses anfangs unpopuläre Programm weiter fort, mit dem Ergebnis, dass es schließlich in einer Reduzierung der Kosten pro Sitzkilometer um insgesamt 20 Prozent, von 17,7 Pfennig (9 Cent) im Jahr 1996 auf 15 Pfennig (7,7 Cent) im Jahr 2001, resultierte.

Warum gelingt es manchen Managern, zielgerichtet zu handeln, und anderen nicht? Die Antwort auf diese Frage ist zum Teil auf die persönliche Veranlagung zurückzuführen. Manche Menschen besitzen einfach mehr Energie als andere; manchen Menschen fehlt es an Fokus, während andere von Natur aus disziplinierter zu sein scheinen.[32] Doch das ist nur ein Teil der Wahrheit. Jeder Mensch ist fähig, seine Handlungsfähigkeit zu verbessern. Im nächsten Kapitel werden wir uns mit Beispielen befassen, wie Menschen ihr persönliches Verhalten bewusst veränderten, indem sie neue Energie aufbauten oder ihren Fokus stärkten.

---

32 Unsere Untersuchung konzentrierte sich auf Faktoren, die zum so genannten Action Hub gerechnet werden, d.h. mehr spezifische persönliche Eigenschaften (kognitive, emotionale und volitionale Faktoren), die direkten Einfluss auf das Managementverhalten haben. Diese Variablen können einen größeren Anteil der Unterschiede im Managementverhalten erklären als die mehr allgemeinen Persönlichkeitsmerkmale, deren Einfluss auf das Handeln durch eine Reihe intervenierender Variablen modifiziert wird. Vgl. Locke (1991).

Mehr Energie und Fokus entwickeln

Kapitel 3

Einen zielgerichteten Manager zu erkennen ist weitaus einfacher, als selbst einer zu werden, vor allem wenn man sich bereits zu einem hyperaktiven Macher oder einem chronischen Zauderer entwickelt oder sich vollständig von seiner Arbeit distanziert hat.

Wie können Manager die Energie und den Fokus aufbringen, die notwendig sind, um Erfolg zu haben und – was ebenso wichtig ist – sich voll für ihre Arbeit zu engagieren? Sie müssen eine wirksame Kombination verschiedener Strategien und Techniken entwickeln und erlernen, die es ihnen ermöglichen, ihre Ziele zu definieren und Negativität zu überwinden (mehr Energie) sowie ihre Ziele zu visualisieren (mehr Fokus). In diesem Kapitel werden wir detailliert erläutern, wie man sich in Richtung zielgerichteten Handelns bewegen kann, und zwei Manager vorstellen, die genau das geschafft haben.

Die erste wichtige Voraussetzung besteht darin, sich selbst und die eigene Arbeit mit mehr Energie aufzuladen. Damit wollen wir zunächst beginnen.

3.1 Energie: Das Ziel definieren und Negativität überwinden

Was benötigt ein Manager, um Energie für zielgerichtetes Handeln aufzubauen und aufrechtzuerhalten? Im Rahmen unserer Untersuchung stellten wir fest, dass Manager über zwei wichtige Prozesse ihre persönliche Energie zurückgewinnen konnten: indem sie sich ein klares, ehrgeiziges Ziel setzten, dessen Bewältigung sie sich zutrauten, und dann aktiv ihre Gefühle in Bezug auf die für das Erreichen des Ziels notwendigen Aufgaben managten.[33] Dieses emotio-

33 Kognitive Faktoren wie ehrgeizige Ziele und Vertrauen in die eigene Kompetenz, eine Aufgabe erfolgreich zu bewältigen (Selbstwirksamkeitsüberzeugung), geben dem Einzelnen Energie und haben vermutlich Einfluss auf seinen Willen, eine bestimmte Absicht auch tatsächlich auszuführen. Vgl. Locke et al. (1984).

nale Management umfasst ein bewusstes Beenden kontraproduktiver und ein bewusstes Pflegen positiver Verhaltensweisen.[34]

3.1.1 Das Ziel festlegen

Ziele haben eine enorm energetisierende Wirkung auf Menschen, vor allem wenn sie klar und gut definiert sind und wenn sie hoch genug gesteckt sind, um eine Herausforderung zu sein, aber wiederum nicht so hoch, dass sie lähmend wirken.[35] Klare Ziele, die eine Herausforderung darstellen, geben Menschen ein Gefühl von Sinn und Ausrichtung, und vermitteln ihnen gleichzeitig auch die Energie, die zum Erreichen des Ziels notwendig ist.

Man kann sich aber nicht einfach irgendein Ziel stecken; man muss auch wirklich daran glauben, dass man es erreichen kann. Dieser Glaube an sich selbst hat nichts mit den dafür notwendigen Fähigkeiten und Kompetenzen zu tun. Viele fähige Menschen entwickeln niemals ausreichend Energie, um wirklich zielgerichtet zu handeln. Er bedeutet vielmehr das Vertrauen, dass man den mit dem Ziel verbundenen Herausforderungen und Anforderungen gerecht werden und die eigenen Erwartungen sowie die der anderen in Bezug auf das Projekt erfüllen kann. Dieses Vertrauen kann aus vielen verschiedenen Quellen stammen.[36] Zum Beispiel kann man bei einem Trainingsprogramm lernen, das größere Bild zu erkennen. Oder man kann auch einfach nur die eigenen Interessensbereiche erforschen und ausreichend Informationen sammeln, um eine wohl überlegte Entscheidung zu treffen. Meistens stammt dieser subjektive Glaube an die eigene Fähigkeit, eine Aufgabe zu bewältigen, aber von einem Rollenmodell oder aus vergangenen Experimenten und

---

34 Sozialpsychologen argumentieren schon lange, dass der Gefühlszustand und die emotionale Veranlagung des Einzelnen für die Ausführung seiner Absichten von entscheidender Bedeutung sind. Vgl. Mischel/Cantor/Feldman (1996). Verschiedene Untersuchungen zeigen, dass negative Gefühle in Verbindung mit einer Aufgabe die Ausführung einer Absicht verhindern. Vgl. Huy (2002). Dementsprechend gibt es auch zahlreiche empirische Beweise dafür, dass positive Gefühle im Zusammenhang mit einer Aufgabe einen stark positiven Einfluss auf das Handeln haben. Vgl. Isen/Baron (1991). Ein Überblick über die relevante Literatur findet sich in Bruch (2003a).

35 Vgl. Locke/Latham (1990).

36 Vgl. Bandura (1997).

Erfahrungen, die einem halfen, Klarheit über die eigenen Stärken und Schwächen zu gewinnen.

Wenn Sie versuchen, ein geeignetes Ziel zu finden und zu definieren, sollten Sie folgende Richtlinien beachten:

- *Wählen Sie ein klar definiertes und konkretes Ziel.* Sie sollten sich bis ins Detail darüber im Klaren sein, welche Teilaspekte das Ziel umfasst und welche Hindernisse Sie auf dem Weg dorthin überwinden müssen.
- *Wählen Sie ein Ziel, mit dem Sie sich persönlich identifizieren können.* Sie müssen vor dem Hintergrund Ihrer eigenen Werte daran glauben, dass dieses Ziel Ihren Einsatz wert ist, und Sie müssen auch von seiner Bedeutung für das Unternehmen überzeugt sein.
- *Setzen Sie sich ein Ziel, das für Sie persönlich eine Herausforderung darstellt.* Sie sollten sich dadurch in Anspruch genommen fühlen, doch nicht so überwältigt, dass sie nicht mehr in der Lage sind, den ersten Schritt zu tun. Ihr Ziel muss sich erreichbar anfühlen, sonst werden Sie es bald aufgeben.

Das Definieren des eigenen Ziels ist aber nur einer der erforderlichen Faktoren, um mehr Energie für die Arbeit zu gewinnen. Der zweite Faktor ist ebenso wichtig: Sie müssen Ihre negativen Reaktionen auf starke Gefühle erkennen und überwinden und positive Reaktionen entwickeln, die Ihre Absichten und Ziele fördern.

3.1.2 Mit starken Emotionen und negativen Reaktionen umgehen

Vor allem distanzierte Manager leiden häufig unter überwältigend starken Gedanken und Gefühlen. Da sie dazu neigen, diese Gefühle einfach zu unterdrücken – sie buchstäblich in sich hineinzufressen –, statt sich mit ihnen auseinander zu setzen, wirken diese Manager häufig dauerhaft besorgt und angespannt oder sogar ausgebrannt und wie gelähmt. Sie haben kein Ventil für ihre inneren Spannungen – keine Werkzeuge und Techniken, um sie auszudrücken, zu verstehen und damit umzugehen –, und die Anstrengung des Verdrängens raubt ihnen alle Energie, die sie für wirklich konstruktive Arbeit einsetzen könnten.

Sowohl distanzierte als auch zaudernde Manager haben häufig ein weiteres, damit verbundenes Problem: Sie werden von negativen Reaktionen auf ihre Gefühle bestimmt und ihnen fehlt der positive emotionale Antrieb, der für energisches Handeln notwendig ist. Statt mit ihren Gefühlen aktiv umzugehen, werden sie zu Opfern ihrer Emotionen. Was als Besorgnis und Ärger begann, wird dann häufig zu Frustration und Resignation. Irgendwann im Verlauf dieses Prozesses verlieren diese Manager den echten Kontakt zu ihrer Arbeit und erhalten stattdessen nur noch den Schein aufrecht, indem sie die Routineaufgaben erledigen.

Entsprechende Trainingsprogramme können dazu beitragen, gelangweilten und von ihrer Arbeit entfremdeten Managern neuen Enthusiasmus zu vermitteln. Doch ob es sich nun um ein formales Programm handelt oder um ein selbst entwickeltes, immer geht es darum, mit negativen Reaktionen auf die eigenen Gefühle und dem daraus erwachsenden Stress umzugehen.

Während des Transformationsprozesses der Lufthansa in den frühen 1990er Jahren – und ebenso zwischen 2001 und 2003, als das Unternehmen die Krisen im Gefolge des 9. September, des SARS-Virus und des Irakkrieges zu bewältigen hatte – war jeder der Manager unter extremen Bedingungen mit schwierigen Aufgaben konfrontiert.[37] Die meisten standen unter einer deutlich größeren Arbeitsbelastung und langfristigem Stress sowie einem erhöhten Niveau an emotionalen Spannungen und Druck. Bei einigen dieser Manager nahm die emotionale Energie langsam, aber unvermeidlich ab. Andere dagegen fanden Mittel und Wege, sich neu mit Energie aufzuladen, sodass sie ihre Projekte weiterführen konnten.

Wie gelang es diesen Managern, ihre emotionale Energie zu erhalten? Sie nutzten zwei einfache, aber wirksame Mechanismen.[38]

---

37 Bruch (2003b).

38 Die Forschung im Bereich der Emotionspsychologie deutet darauf hin, dass positive und negative Gefühle unabhängige persönliche Zustände sind. Watson, Clark und Tellegen führten einen Maßstab für positive und negative Affekte ein, bei dem der positive Affekt (PA) das Ausmaß wiedergibt, in dem sich jemand enthusiastisch, aktiv und wach fühlt. Ein hoher PA bedeutet einen Zustand hohen Energieniveaus, voller Konzentration und positiven Engagements, während ein niedriger PA durch Trübsinn und Lethargie gekennzeichnet ist. Im Gegensatz dazu steht ein negativer Affekt (NA) für eine Dimension subjektiven Unbehagens

Erstens verfügten sie über ein gewisses Ventil zur Regulierung ihrer Emotionen. Sie wussten genau, wie sie mit problematischen Gefühlen und inneren Spannungen umgehen konnten. Für manche war es eine anstrengende Sportart, die es ihnen erlaubte, emotional „Dampf abzulassen". Andere vertrauten auf eine persönliche „Klagemauer" – Partner, gute Freunde oder Kollegen, denen sie ihre Ängste, Frustrationen und Belastungen anvertrauen konnten. Die meisten von ihnen konnten bestimmte Orte oder Aktivitäten benennen, die ihnen halfen, mit heftigen Emotionen umzugehen. Ein Manager erzählte zum Beispiel von seinem Garten, der eine stark stabilisierende Wirkung auf ihn hatte. Während schwieriger Phasen verbrachte er viele Stunden im Garten und redete dabei häufig mit sich selbst über alles, was ihn belastete. Er wusste, dass die Gartenarbeit sein inneres Gleichgewicht wieder herstellen würde, sodass er seine nächsten Schritte planen konnte.

Zweitens besaßen die meisten dieser Lufthansa-Manager eine bestimmte „persönliche Quelle" positiver Energie, mit deren Hilfe sie regelmäßig auftanken konnten. Solch eine persönliche Energiequelle konnte alles mögliche sein, von einem Hobby bis zu einem bestimmten Ort mit energetisierender Wirkung, doch immer besaß sie zwei Eigenschaften: Sie war mit positiven Erfahrungen sowie einem umfassenden Gefühl von Wohlbefinden – auf körperlicher, emotionaler und geistiger Ebene – verbunden. Manche Manager bereiteten sich auf eine schwierige Aufgabe vor, indem sie mithilfe dieser persönlichen Quelle auftankten. Andere holten sich daraus die Energie für bestimmte wichtige Meilensteine oder um eine schwierige Projektphase zu überwinden. Im Allgemeinen diente diese Quelle zwei Zwecken: Sie stellte zuverlässig positive Energie zur Verfügung und sie ermöglichte es, neue emotionale Kraft aufzutanken.

Wenn Sie feststellen, dass Sie unter einem niedrigen Energieniveau leiden, sollten Sie versuchen, durch regelmäßigen Sport oder Hobbys aufzutanken. Oder bauen Sie sich ein unterstützendes Netzwerk aus Freunden oder sonstigen Bezugspersonen auf, mit denen Sie über Ihre Sorgen und Nöte am Arbeitsplatz sprechen können. In-

---

und unangenehmer Gefühle, die eine Vielzahl aversiver emotionaler Zustände wie Ärger, Verachtung, Ekel, Schuld, Angst und Nervosität umfasst, wobei ein niedriger NA einen Zustand der Ruhe und Heiterkeit bedeutet. Vgl. Watson/Clark/Tellegen (1988).

dem Sie sich bewusst mit Aktivitäten beschäftigen, es die Ihnen ermöglichen, konstruktiv mit Ihren Gefühlen umzugehen, können Sie allmählich alte Gedankens- und Verhaltensmuster überwinden, die Ihre negativen Gefühle verstärken. Sie schaffen sich damit eine persönliche Energiequelle, aus der Sie bei Bedarf schöpfen können. Menschen, die zielgerichtet handeln, sind sich ihrer Quelle positiver Energie jederzeit bewusst. Schon allein das Wissen, dass eine solche Quelle existiert, vermittelt ein Gefühl von Sicherheit und Stabilität. Diese Manager haben außerdem ein Repertoire bestimmter positiver Strategien im Umgang mit schmerzhaften oder unangenehmen Gefühlen entwickelt.

Natürlich bedeutet eine Veränderung im Umgang mit Ihren Gefühlen noch nicht, dass Ihr Arbeitsumfeld sich damit auf magische Art und Weise ebenfalls verändert. Ihr Job ist möglicherweise immer noch so chaotisch und unstrukturiert wie zuvor. Doch wenn Sie negative Reaktionen durch positive ersetzen, entdecken Sie eine neue Energiequelle in sich selbst: Sie entsteht aus der Kombination eines klar definierten, sinnvollen und ehrgeizigen Ziels mit einem verstärkten Vertrauen in Ihre Fähigkeit, dieses Ziel zu erreichen, sowie nährenden, konstruktiven Strategien im Umgang mit schwierigen Gefühlen. Das sind die Voraussetzungen, um die Energie, die für zielgerichtetes Handeln bei der Arbeit erforderlich ist, zu entwickeln und zu erhalten.

Doch wie funktioniert das nun in der Praxis? Um dies zu illustrieren, wollen wir einen Blick auf Klaus Karl werfen, der kurz davor stand, seinen Job zu kündigen, als es ihm gelang, mit einem klaren und ehrgeizigen Ziel neue Energie zu gewinnen und mit seinen Gefühlen besser umzugehen.

3.1.3 Von distanziert zu zielgerichtet: Das Beispiel Klaus Karl

1995 fühlte sich Klaus Karl, ein junger Software-Ingenieur in der Relational-Database-Abteilung der Middleware Division bei Siemens Nixdorf Informationssysteme (SNI), am Ende seiner Kräfte.[39]

[39] Vgl. Filippone/Gastando/Protogirou (1997).

Das Unternehmen stand kurz vor dem Zusammenbruch, mit einem Gesamtverlust von 2,1 Milliarden DM während letzten fünf Jahre und einer zunehmenden Erosion des Marktes. Der Geschäftsbereich Relational Databases machte so viel Minus, dass das Gerücht auftauchte, dass der Bereich komplett an den Hauptzulieferer ausgelagert werden sollte. Intern hatte die extrem unterschiedliche Unternehmenskultur der beiden Merger-Partner (Nixdorf Computer und Siemens-Computerabteilung) zu einem von politischen Grabenkämpfen bestimmten, instabilen Klima geführt – ein perfekter Nährboden für zauderndes und distanziertes Verhalten.

Klaus Karl fühlte sich von den endlosen politischen Machtkämpfen und der offensichtlich hoffnungslosen finanziellen Situation des Unternehmens erschöpft und wurde zusehends apathischer. Schon lange hatte er in seiner Arbeit keine Herausforderung mehr gesehen. In dem turbulenten neuen Geschäftsumfeld konnte er nun auch kein konkretes Ziel mehr ausmachen. Während er weiter darauf hoffte, dass seine Vorgesetzten ihm endlich solch ein Ziel setzen würden – und damit verbunden interessante neue Aufgaben –, blieb die Situation konstant unsicher: Seine Aufgaben – und seine Chefs – wechselten dreimal in neun Monaten. „In der ersten Phase des Mergers war nur eine Staubwolke zu erkennen," beschrieb er seine damalige Situation. „Es herrschte vollkommenes Chaos. Ich hatte keine Vorstellung davon, was meine Ziele oder Prioritäten sein sollten. Ich fühlte mich vollkommen verloren. Ich hoffte immer auf mehr Struktur und mehr Stabilität, doch stattdessen erlebte ich ständig mehr Unsicherheit und Veränderung."

Karl wusste, dass es an ihm gewesen wäre, eine aktivere Rolle in seiner Arbeit einzunehmen, doch angesichts des endlosen Stroms neuer Informationen und Anforderungen konnte er nur noch reagieren und fühlte sich gestresst und überfordert. Wie sollte er, ohne Vertrauensverhältnis zu seinen Kollegen oder Vorgesetzten, in seinem Arbeitsumfeld das Gesamtbild erkennen? Karl fühlte sich gelähmt, wusste nicht, was sein nächster Schritt sein sollte, und hatte das Gefühl, dass es an der Zeit war, die Firma zu verlassen. Als er vom Softwarehersteller Sybase ein gutes Angebot bekam, zögerte er also nicht.

Doch dann geschah etwas, was alles veränderte. Weniger als einen Monat vor seinem geplanten Ausscheiden aus der Firma nahm

Klaus Karl an einem Meeting teil, das von SNIs neuem Geschäftsführer Gerhard Schulmeyer einberufen worden war. In diesem Meeting rief Schulmeyer die Mitarbeiter zum Handeln auf. Er verwies auf die europäischen Wurzeln des Unternehmens und argumentierte, dass es damit für europäische Firmen ein weitaus besserer Technologiepartner sei als jeder amerikanische Wettbewerber. Schulmeyer verkündete, dass die technologiebegeisterten jungen Mitarbeiter eine Gelegenheit bekämen, sich an der neuen strategischen Ausrichtung des Unternehmens zu beteiligen. Die Herausforderung würde sein, das Top-Management darin zu unterstützen, einen neuen Zugang zum Markt, zur Technologie und zu Veränderungen zu entwickeln. Karls Name stand auf der Liste der herausragenden Mitarbeiter, die für dieses neue Team ausgewählt worden waren.

Zum ersten Mal seit Jahren fühlte sich Klaus Karl wirklich herausgefordert und durch Schulmeyers Ansprache aus seiner Apathie gerissen. „Ich stand nun vor einem echten Dilemma", erinnert sich Karl. „Ich hatte ein hervorragendes Angebot, mit besserer Bezahlung und großartigen Perspektiven. Mein Chef (bei SNI) erklärte mir, dass dieser Versuch, eine Wende herbeizuführen, vermutlich scheitern würde, und dass ich dann auf der Straße stehen könnte." Doch Schulmeyer hatte ihm ebenfalls ein interessantes Angebot gemacht: Wenn Karl eine Aufgabe in dem Change-Management-Projekt übernahm, würde er zusammen mit Schulmeyer und anderen Top-Managern an einem dreimonatigen Trainingsprogramm am MIT in den USA teilnehmen – und konnte danach selbst seine Rolle im Rahmen des Umstrukturierungsprozesses definieren. Als Karl seine Optionen gegeneinander abwog, schien ihm die Möglichkeit, eine wichtige Rolle in diesem Veränderungsprozess zu übernehmen, doch zu verlockend, um sie auszuschlagen. Er blieb also bei SNI.

Während des Trainingsprogramms in den USA lernte Karl eine Palette verschiedener Werkzeuge für das strategische Management und das Change Management kennen. Er entwickelte freundschaftliche Beziehungen zu den Teilnehmern und begann enge Kontakte zu knüpfen. Nach Abschluss des Programms waren Karl und seine Kollegen – ebenso wie Schulmeyer – fest entschlossen, das Unternehmen umzustrukturieren. Karl hatte außerdem mehr Sicherheit und Selbstvertrauen gewonnen. Vor dem Training war er auf seinen Verantwortungsbereich fokussiert gewesen und wurde häufig von Entwicklungen in den übrigen Bereichen des Unternehmens überrascht. Das verunsicherte ihn in Bezug auf seine Fähigkeit, die Initiative zu ergreifen und Veränderungen wirkungsvoll umzusetzen.[40] Er konnte seinem eigenen Urteil nicht trauen, und diese Unsicherheit zehrte an ihm. Nach dem Programm hatte sich das verändert: „Ich hatte nun einen vollständigen Überblick über alle Aspekte des Unternehmens. Endlich hatte ich das Gefühl, dass ich das Unternehmen verstand und wusste, warum bestimmte Dinge so und nicht anders liefen … und konnte jetzt meine eigene Agenda entwerfen."

Außerdem entwickelte Klaus Karl während des Programms einen neuen Arbeitsstil. Er lernte, abzuschalten, aufzutanken und mit frischer Energie an seine Arbeit zurückzukehren – eine neue Fähigkeit für jemanden, der sich bisher immer erbarmungslos angetrieben hatte, ohne ein Ventil für die angesammelten Spannungen und den Stress. Zuvor war seine Arbeit häufig von Angst bestimmt gewesen, und ständige Sorgen hatten an seiner Energie gezehrt.[41] Außerdem hatte er keine stabilen persönlichen Kontakte zu Vorgesetzten oder Kollegen, die ihm hätten helfen können, mit Stress und Ängsten umzugehen. Weil diese problematischen Gefühle ihn auch außerhalb der Arbeit belasteten, war sein Privatleben ebenfalls keine Quelle der Regeneration gewesen. Abgesehen von der ständigen Anspannung fehlte Klaus Karl auch ein positiver Anreiz, ein persönliches Ziel, dem er sich emotional verpflichtet fühlte. Seine Arbeit hatte ihm dadurch nie wirklich Spaß gemacht.

Das MIT-Programm zeigte Karl, wie anregend intensives Arbeiten sein kann. Er erkannte, was er leisten und wie viel er erreichen konnte, wenn er sich voll engagierte. Außerdem lernte er, intensive Arbeit mit Entspannung zu verbinden – tatsächlich entdeckte er zum ersten Mal, dass harte Arbeit und Entspannung keine Gegen-

---

40 Zur Bedeutung von Vertrauen in die eigene Kompetenz, eine Aufgabe erfolgreich zu bewältigen (Selbstwirksamkeitsüberzeugung) als Motor für Eigeninitiative vgl. Frese et al. (1996).

41 Die deutsche Handlungstheorie weist darauf hin, dass nicht ausreichende Kontrolle zu erhöhter innerer Orientierungslosigkeit und Angst führen kann. Tritt ein Mangel an Kontrolle in Verbindung mit einer hohen Aufgabenkomplexität oder Druck auf, führt dies mit hoher Wahrscheinlichkeit zu Stress. Vgl. Frese/Zapf (1994). Die Stresstheorie bestätigt diese Beobachtung und stellt fest, dass Distress häufig mit negativen emotionalen Auswirkungen wie Erschöpfung, Angst, Depression oder Unzufriedenheit verbunden ist. Vgl. Lazarus (1993).

sätze sein müssen, sondern sich tatsächlich gegenseitig ergänzen und fördern können. Während er sich vorher vermutlich abends zurückgezogen hätte, um den Stoff für den nächsten Tag durchzugehen, lernte er nun, sich nach einem anstrengenden Tagespensum erst einmal Zeit zum Entspannen zu gönnen. „Abends ging ich mit den übrigen Programmteilnehmern in die Bar – oder wir wagten uns in die bittere Kälte hinaus und machten eine Schneeballschlacht", erzählte er uns. „Nach dem Abendessen ging ich ins Bett und stand am nächsten Morgen früh auf, um meine Unterlagen durchzulesen. Mir wurde klar, dass mir diese Mischung sehr gut tat. Dabei kann ich meine Batterien wieder aufladen. Ich schlafe besser, und ich arbeite am nächsten Tag besser. Inzwischen habe ich diese Kombination in mein Alltagsleben übernommen."

Durch das MIT-Programm gelang es Karl außerdem, ein Netzwerk von Beziehungen aufzubauen, die ihm später halfen, mit negativen Erfahrungen bei der Arbeit besser umzugehen. Während er zuvor immer versucht hatte, seine Probleme alleine zu lösen, besaß er nun eine vertraute Gruppe von Mitstreitern, denen er seine Sorgen und Ängste mitteilen konnte und die ihm helfen konnten, Strategien im Umgang mit Unsicherheit zu entwickeln.[42] Offene Gespräche, gemeinsame Erfahrungen und viel Spaß mit diesen vertrauten Kollegen halfen ihm, neue Energie zu tanken, mehr Abstand zu deprimierenden Vorfällen zu gewinnen und die frühere lähmende Depression zu vermeiden.[43]

Durch die Erfahrung, wie er mit Stress und unklaren Spannungen umgehen und positiv auf alle seine Gefühle reagieren konnte, hatte Karl bereits eine Voraussetzung für den Aufbau neuer Energie erfüllt. Ein Ziel zu finden, das seine neuen Fähigkeiten als Initiator von Veränderungsprozessen wirklich herausforderte, war der nächste Schritt.

---

42 Soziale Unterstützung – vor allem Bindungen mit hohem Vertrauensfaktor – können negative Erfahrungen abpuffern und dem Einzelnen ermöglichen, mit Stress besser umzugehen und die negativen Gefühle zu reduzieren. Vgl. House/Umberson/Landis (1988). Der Umgang mit Gefühlen wird durch informative und emotionale Unterstützung erleichtert, die dem Einzelnen direkt helfen, mit seinen Gefühlen umzugehen. Vgl. Lazarus/Folkman (1984).

43 Zu Strategien, die die Willenskraft generell stärken und im Umgang mit Emotionen die negativen Gefühle reduzieren, vgl. Kuhl (1983).

Hans-Peter Eitel, Leiter der strategischen Planung in der Middleware Division, sah in Klaus Karl jemanden, der ihm helfen konnte, einen wichtigen neuen Prozess der strategischen Planung zu implementieren. Zusammen mit einem dritten Team-Mitglied sollten zwei Aufgabenfelder in Angriff genommen werden: erstens den Prozess zu implementieren und zweitens ganzjährig und auf regelmäßiger Basis eine Supportfunktion für die Middleware Division zu übernehmen. „Hans-Peter machte sofort einen guten Eindruck auf mich", erzählte Karl. „Schon nach den ersten Minuten wusste ich, dass er ein großartiger Kollege sein würde. Und der von ihm angebotene Job, die Implementierung des strategischen Planungsprozesses, war eine Herausforderung für mich und eine echte Aufgabe im Bereich des Change Managements."

Endlich hatte Klaus Karl ein lohnenswertes Ziel gefunden – eines, das alle drei Voraussetzungen erfüllte, um ihn von einem passiven und distanzierten in einen zielgerichteten Manager mit Lust am Handeln zu verwandeln.[44]

Erstens war das Ziel klar definiert und konkret. Karl *wusste genau, welche Aufgaben auf ihn zukamen* und welchen Beitrag er damit im Rahmen des Change-Management-Prozesses leisten würde. Er wusste, dass er drei Monate Zeit hatte, um zu einer klaren Entscheidung darüber zu kommen, welche Produkte des Unternehmens in Zukunft wegfallen würden. Er war nun nicht mehr einfach nur damit beschäftigt, die Erwartungen anderer zu erfüllen, sondern hatte ganz bestimmte Ziele zu erreichen.

Zweitens handelte es sich um *ein Ziel, mit dem Klaus Karl sich identifizieren konnte*. Seine Aufgabe bedeutete ihm persönlich etwas, da er davon überzeugt war, dass SNIs bürokratische Struktur und das produktbezogene Management dringend einer Veränderung bedurften. Er war der Ansicht, dass die Firma untergehen würde, wenn das Produktportfolio nicht drastisch reduziert und die Ressourcen und Prioritäten des Unternehmens neu verteilt würden. Diese Überzeugung ermöglichte es ihm, sein inneres Engagement während des gesamten Implementierungsprozesses aufrechtzuerhalten.

---

44 Zu den Merkmalen von Zielen, die Energie geben, siehe Lock/Latham (1990).

Schließlich empfand Karl seine Aufgabe auch als *persönliche Herausforderung*. Sie war durchaus anspruchsvoll, doch war er inzwischen überzeugt, dass er ihr gerecht werden konnte. Das am MIT gewonnene Wissen (in Verbindung mit der positiven Erfahrung, dass er die Schwierigkeiten des Programms gut gemeistert hatte) sowie das positive Feedback von Vorgesetzten, die er schätzte, wie Hans-Peter Eitel, stärkten sein Selbstvertrauen.

Dieses anspruchsvolle, sinnvolle und konkrete Ziel in Verbindung mit Karls neuem Selbstvertrauen aktivierte in ihm das Engagement und die mentale Kraft, die der Schlüssel zu seiner persönlichen Energie waren. Er empfand wieder Enthusiasmus und Begeisterung für seine Arbeit. Verantwortung für einen wichtigen Teil des Umstrukturierungsprozesses zu übernehmen erfüllte ihn mit Stolz, und er konnte den damit verbundenen Zeitdruck und das Risiko positiv sehen. Zuvor hatte er sich am Ende des Tages häufig erschöpft gefühlt; nun genoss er die harte Arbeit und die langen Arbeitstage. Er fühlte sich stark genug, um mit Rückschlägen und Hindernissen umzugehen. Und statt seine Gefühle zu unterdrücken, hatte er nun Techniken entwickelt, aktiv mit seinen Sorgen, Frustrationen und Ängsten umzugehen. Klaus Karl hatte sich erfolgreich aus einem nur reagierenden, distanzierten Manager in einen proaktiven Mitarbeiter mit klaren Zielen verwandelt und besaß nun auch das Selbstvertrauen und die emotionale Kraft, diese Ziele zu erreichen.

Diese radikale Wandlung resultierte aber nicht aus einer Veränderung seiner Arbeit oder seines Arbeitsumfelds.[45] Sein Aufgabenfeld war noch genauso chaotisch und unstrukturiert wie zuvor. Er erlebte zahlreiche Rückschläge und erfuhr starke Opposition, und nicht immer hatte er einen unmittelbaren Vorgesetzten, der ihn unter-

---

45 Unsere quantitativen Untersuchungen zum Auftreten zielgerichteten Verhaltens bei Managern wiesen wiederholt darauf hin, dass bestimmte Umfeldfaktoren (Kontrollierbarkeit, inspirierende Führung sowie emotionale und praktische Unterstützung) einen starken indirekten Einfluss darauf haben, ob zielorientiertes Handeln auftreten kann, dass sie aber nicht direkt das Ausmaß bestimmen, in dem Manager tatsächlich handeln oder ihre Willenskraft einsetzen. Umfeldfaktoren haben eine eher indirekte Wirkung auf Handeln und Willenskraft, weil sie die kognitive und emotionale Energie liefern können, die Manager zum willensbestimmten Handeln benötigen, d.h. dass sie Ehrgeiz und positive Gefühle im Zusammenhang mit den Aufgaben wecken. Vgl. Bruch/Ghoshal (2005).

stützte oder inspirierte. Klaus Karls neue Energie stammte ausschließlich aus seinem eigenen Inneren.

Während der nächsten zwei Jahre machte sich Klaus Karl daran, den Geschäftsbereich Middleware vollkommen neu zu strukturieren. „Wir mussten uns auf ein kleineres Produktportfolio konzentrieren, um unsere Ressourcen besser nutzen zu können", erklärte er. „Zunächst versuchten wir die Mitarbeiter davon zu überzeugen, neue analytische Werkzeuge einzusetzen, doch die meisten lachten uns nur aus. Etliche Mitarbeiter verließen die Meetings, und viele Mitglieder des höheren Managements weigerten sich komplett, daran teilzunehmen." Doch Karl blieb hartnäckig und setzte seine Überzeugungsarbeit fort. „Allmählich begannen die Leute auf uns zu hören und ihre Sichtweise in Bezug auf die Projekte zu verändern."

Schließlich wurde innerhalb von nur drei Monaten ein neues Analysesystem für das Produktportfolio eingeführt. Und dank der neuen Energie, die Klaus Karl und seine Mitstreiter mitbrachten, konnte SNI in den nächsten drei Jahren verschiedene neue Projekte lancieren, die dem Unternehmen schließlich unter dem Strich 400 Millionen DM Nettogewinn einbrachten.

Klaus Karls Beispiel zeigt, wie ein Manager seine Energie verlieren und wieder zurückgewinnen kann. Über die zweite wichtige Voraussetzung für zielgerichtetes Management – Fokus – verfügte er bereits. Ihm hatte es nur an der nötigen Energie gefehlt, um seinen Managementstil wirksam auf zielgerichtetes Handeln auszurichten.

Doch was ist mit den hyperaktiven Managern, deren Mangel an Fokus dazu führt, dass sie sich leicht ablenken lassen und ständig aktiv sind, ohne aber wirklich etwas zu bewegen? Oder mit den zaudernden, denen es sowohl an Fokus als auch an Energie fehlt und die nicht zielgerichtet handeln, weil sie Angst vor dem Versagen haben? Wir wollen nun einen Blick darauf werfen, was erforderlich ist, um mehr Fokus zu entwickeln, und dann das Beispiel einer unfokussierten Managerin betrachten, die innerhalb ihres Unternehmens eine neue Ausrichtung entwickelte.

Abbildung 3-1 *Die innere Energie ankurbeln*

Um Ihre innere Energie anzukurbeln, sollten Sie ...

Ihr Ziel definieren.

Stellen Sie sich folgende Fragen:

- Brauche ich einen Mentor, der mich darin unterstützt, das Gesamtbild zu sehen? Kann ich Seminare besuchen, um entsprechende Strategien zu erlernen? Oder benötige ich einfach mehr Informationen? Wo kann ich nachforschen, um alle Informationen zu sammeln, die ich für eine wohlüberlegte Entscheidung in Bezug auf meine Ziele und Pläne benötige?
- Ist mein Ziel klar definiert und konkret? Kenne ich die verschiedenen Bestandteile, die mein Ziel umfasst, sowie die möglichen Hindernisse auf dem Weg?
- Kann ich mich persönlich mit meinem Ziel identifizieren? Handelt es sich im Hinblick auf meine eigenen Werte und jene meiner Organisation um ein sinnvolles Ziel?
- Stellt mein Ziel eine persönliche Herausforderung für mich dar? Ist es erreichbar? Fordert es mich, ohne mich zu überfordern?

Ihr Vertrauen in Ihre Kompetenz, Ihre Ziele zu erreichen, stärken.

Stellen Sie sich folgende Fragen:

- Welche Erfahrungen habe ich mit vergleichbaren Ziele oder ähnlichen Herausforderungen bisher gemacht? Kann ich diese Erfahrungen wiederholen?
- Welche möglichen Vorbilder gibt es, die mir zeigen können, was notwendig ist, um mein Ziel zu erreichen?
- Wer kann mir Feedback geben und mir helfen herauszufinden, ob ich die notwendigen Fähigkeiten besitze, um mein Ziel zu erreichen? Welche Fähigkeiten besitze ich und was muss ich dazulernen, um sicher sein zu können, dass ich Erfolg haben werde?
- Kann ich experimentieren und bestimmte wichtige Aufgaben vorab ausprobieren, während ich gleichzeitig meine Ziele verfolge?

Negativität überwinden und positive Gedanken und Gefühle entwickeln.

Stellen Sie sich folgende Fragen:

- Welche Gefühle hege ich und was löst sie aus? Sollte ich meine Aufgaben oder meine Ziele verändern, damit meine Arbeit mir weniger Stress bereitet? Stehen mir gesunde Ventile für meine Gefühle zur Verfügung – wie zum Beispiel Hobbys oder ein Netzwerk von Freunden?

– Was an meiner Arbeit löst in mir Enthusiasmus, Freude und Begeisterung aus? Was mache ich gern? Wie kann ich mit meinen Gefühle in Bezug auf die Arbeit positiv umgehen? Welche Aktivitäten machen mir Spaß? Mit wem arbeite ich gern zusammen? Was ist meine persönliche Energiequelle außerhalb meiner Arbeit, aus der ich regelmäßig Harmonie oder Kraft schöpfen kann?

3.2 Fokus: Genaue Vorstellungen und Mut zur Verantwortung entwickeln

Falls Sie sich in unserer Beschreibung des hyperaktiven oder zaudernden Managers wiedergefunden haben, dann fehlt es Ihnen bei Ihrer Arbeit vermutlich an einem Gefühl von persönlichem Fokus. Zwar sind Sie in der Lage, die Alltagsroutine zufriedenstellend zu erledigen – Mails zu beantworten, an Besprechungen teilzunehmen usw. –, doch wenn Sie ein neues Projekt starten sollen oder sich in einer kritischen strategischen Veränderungsphase befinden, fühlen Sie sich überfordert. Also zaudern und zögern Sie, schieben Dinge auf und raffen sich erst in letzter Minute dazu auf, etwas zu tun, wodurch Misserfolge vorprogrammiert sind. Vielleicht fällt es Ihnen auch nicht schwer, die ersten Schritte in Angriff zu nehmen, aber Sie geben auf, sobald Sie über das erste Hindernis stolpern. Oder aber Sie haben so viel zu tun, dass Sie buchstäblich keine Zeit mehr zum Nachdenken finden. Den ganzen Tag über sind Sie damit beschäftigt, Brandherde zu löschen, und schieben deshalb wirklich konstruktive Schritte in Richtung wichtiger Organisationsziele immer wieder auf. Solch unfokussierter Aktionismus ist nicht nur schlecht für das Unternehmen, sondern auch für Sie selbst. Denn wer arbeitet schon gerne Tag für Tag in einem Job, der weder ein sinnvolles Ziel noch eine tiefere Bedeutung hat?

Glücklicherweise haben wir zahlreiche Manager beobachtet, die wieder Fuß fassen und wirkliche Fortschritte in ihrer Arbeit erzielen konnten. Wie ist ihnen das gelungen? Zunächst einmal entwarfen sie ein lebhaftes mentales Bild der Ziele, die sie erreichen wollten, und zweitens riskierten sie ein echtes persönliches Engagement für diese Vision.

3.2.1 Genaue Vorstellungen vom Ziel entwickeln

Fokus entsteht, wenn Sie Ihr Ziel oder Ihre Intention in ein lebhaftes mentales Bild umsetzen. Lassen Sie uns beispielsweise annehmen, dass Sie innerhalb Ihrer Firma dazu beitragen möchten, dass ein bestimmtes neues Produkt erfolgreich auf den Markt gebracht wird. Wie könnte dieses Produkt aussehen? In welcher Art von Ladengeschäft oder durch welche Art von Internetpräsenz könnte es verkauft werden? Können Sie sich den Kunden vorstellen, der dieses Produkt typischerweise benutzen würde? Kurz gesagt, Sie müssen sich ein Bild von dem machen können, was Sie erreichen möchten.

Dieses innere Bild wird Ihnen mehr als alles andere helfen, während der Durchführungsphase Ihr Ziel nicht aus den Augen zu verlieren und die notwendige Disziplin aufzubringen. Je klarer und lebhafter dieses Bild ist, desto stärker werden Ihre Leidenschaft und Ihr persönliches Engagement für dieses Ziel sein. Lebhafte Bilder sind besonders bei langfristigen Zielen wichtig, um den Fokus über längere Zeit zu halten.[46] Wenn Sie auf ein Hindernis stoßen oder an sich selbst zu zweifeln beginnen, kann Ihnen das innere Bild Ihres Ziels neue Kraft geben.

Außerdem benötigen Sie ein konkretes mentales Modell, wie Sie Ihre Ziele realisieren können.[47] Vor allem wenn es Ihnen schwer fällt, neue Projekte zu starten, kann Ihnen ein solches Modell helfen, unverhofft auftauchende Gelegenheiten zu nutzen und sich auf diese Weise langsam in Richtung des Ziels zu bewegen. Wenn Ihr Ziel also beispielsweise darin besteht, ein neues Produkt auf den Markt zu bringen, dann sollten Sie sich nicht nur das Produkt und

---

46 Wir werden im Folgenden noch die Theorie des Willens von Narziss Ach diskutieren, die davon ausgeht, dass die Tendenz zum Handeln umso ausgeprägter ist, je genauer und substanzieller die Vorstellungen von einer Absicht sind. Ein zentrales Ergebnis von Achs Experimenten war das „Prinzip der spezifischen Entschlossenheit", das besagt, dass die Schnelligkeit und Wahrscheinlichkeit der Ausführung einer Absicht positive Funktionen ihrer Spezifität sind. Vgl. Ach (1935). Eine jüngere Untersuchung der Determinanten der Verbindung zwischen Intention und Verhalten bestätigte seine Ergebnisse. Vgl. Ajzen/Fishbein (1977).

47 Gollwitzer und Mitarbeiter weisen darauf hin, dass eine zusätzliche Intention – als Implementationsintention bezeichnet – dem Einzelnen hilft, günstige Gelegenheiten zu erkennen und mit der Ausführung ihrer Intention zu beginnen. Vgl. Brandstätter/Lengfelder/Gollwitzer (2001) und Gollwitzer/Heckhausen/Ratajczak (1990).

seine Kunden vorstellen, sondern auch ein Bild davon entwickeln, wie Sie, zum Beispiel in fünf Schritten, dieses Produkt lancieren. Auf diese Weise können Sie jede günstige Gelegenheit, die sich bietet, sofort ergreifen. Ein Modell bestimmter Handlungen bereitet Sie außerdem mental und emotional darauf vor, mit den unvermeidlichen Verzögerungen und Rückschlägen umzugehen. Erfahrene Top-Athleten setzen diese Strategie ein, um ihren Fokus vor einem wichtigen Wettbewerb optimal auszurichten und die potenziellen Hindernisse zu identifizieren – wobei Sie sich vorstellen, wie sie diese Hindernisse überwinden.[48] Manager mit Fokus machen genau dasselbe. Sie stellen sich mögliche Probleme vor und bauen diese Probleme in ihr mentales Modell zur Umsetzung ihrer Vorstellungen ein. Idealerweise sollten Sie auch genau definieren, wann oder unter welchen Bedingungen Sie damit beginnen wollen, Ihre Absichten umzusetzen. Beispielsweise könnten Sie beschließen, dass Sie Ihre neue Produktidee präsentieren, sobald das Unternehmen seine neue Wachstumsstrategie bekannt gegeben hat.

Ein lebhaftes mentales Bild und ein Handlungsmodell sind jedoch noch nicht ausreichend für die stählerne Entschlossenheit, die es für zielorientiertes Handeln braucht. Sie müssen außerdem den Mut aufbringen, sich Ihrem Ziel bedingungslos zu verpflichten.

3.2.2 Eine persönliche Verpflichtung eingehen

Manager, die zielgerichtetes Handeln kultivieren möchten, müssen im Endeffekt die volle Verantwortung für ihre Absichten und Ziele übernehmen. Das bedeutet, dass Sie erkennen, dass Sie selbst – und nicht irgendein amorphes, kollektives „Management" – das Ergebnis Ihres Handelns bestimmen. Ohne dieses persönliche Engagement kann es leicht passieren, dass Sie vom Weg abkommen oder anderen die Schuld für Rückschläge geben.

Solch eine persönliche Verpflichtung ist nur möglich, wenn Ihre intellektuelle Beurteilung Ihrer Ziele mit Ihren intuitiven und emotionalen Wünschen übereinstimmt. Wenn Sie zum Beispiel das Ziel haben, ein neues Produkt zu lancieren, müssen Sie nicht nur davon

---

48 Vgl. Beckmann/Kazén (1994).

überzeugt sein, dass der Eintritt in diesen neuen Markt für die Firma vorteilhaft wäre, sondern Sie müssen sich auch persönlich von den speziellen Eigenschaften oder Verwendungsmöglichkeiten dieses Produkts angesprochen fühlen. Das daraus resultierende Engagement wird dann tiefer gehen als ein rein rationales Kalkül oder eine persönliche Kosten-Nutzen-Analyse. Das bedeutet nicht, dass dieses Engagement irrational ist oder auf einen Mangel an Reflexion hindeutet. Um etwas zu einem persönlichen Ziel zu machen, müssen Sie sich einfach nur ganz andere Fragen stellen.

Fühlen Sie kein tiefes persönliches Engagement für ein Ziel, werden Sie sich einfach nur fragen: „Welche Erwartungen werden an mich gestellt? Wird meine Idee meinem Chef gefallen? Welche Vorteile werde ich davon haben? Wie sollte ich jetzt vernünftigerweise handeln?" Daraus kann im besten Fall eine oberflächliche Bindung an eine Aufgabe entstehen. Wenn eine bessere Alternative auftaucht – oder eine, die Ihren Chef möglicherweise mehr beeindruckt –, werden Sie leicht ins Wanken geraten, und Sie werden stets offen sein für die unvermeidlichen Ablenkungen, die im Managementbereich ständig auftauchen.[49]

Um einen Fokus zu entwickeln, ist es wichtig, dass Sie sich ausreichend Zeit nehmen, um bewusst zu reflektieren, alle Alternativen zu überprüfen und sich zu fragen: „Fühlt es sich gut an? Will ich das wirklich?" Diese Fragen zwingen Sie, darüber nachzudenken, was das Ziel oder die Aufgabe für Sie persönlich bedeutet, statt zuzulassen, dass sich Ihre Wahl auf mögliche Belohnungen gründet. Ist die Aufgabe spannend? Ist sie etwas, wofür Sie auch angesichts von Hindernissen noch Energie und Engagement aufbringen können? Steht sie im Einklang mit Ihren persönlichen Werten und Überzeugungen? Können Sie mit Kopf und Herz dahinter stehen?

Nur wenige Manager sind immer automatisch stark fokussiert. Die meisten müssen daran arbeiten, müssen sich mit den Widersprüchen zwischen dem, was sie tun möchten, und dem, was ihrer Ansicht nach von ihnen erwartet wird, auseinander setzen und mit den Ängsten umgehen, die durch ein tiefes persönliches Engagement

---

49 Im Falle aufgezwungener Ziele wird der Prozess des Aufbaus einer persönlichen Verpflichtung vermutlich ins Stocken kommen. Vgl. Kuhl/Goschke (1994).

entstehen. Im Endeffekt müssen fokussierte Manager durch eine Phase der inneren Konsensbildung gehen, in der sie ihre eigenen inneren Konflikte und Zweifel auflösen.[50]

Mehr Fokus entwickeln — ***Abbildung 3-2***

Um mehr Fokus zu entwickeln, sollten Sie ...

Ihr Ziel visualisieren.

Stellen Sie sich folgende Fragen:

- Wie sieht mein Ziel aus? Gibt es ein einfaches Bild, das ich mir vor Augen halten kann, wenn ich mich an mein Ziel erinnern möchte?
- Wie kann ich mein Ziel erreichen? Was sind die einzelnen Schritte, die notwendig sind, um mein Ziel zu erreichen?

Eine persönliche Verpflichtung eingehen.

Stellen Sie sich folgende Fragen:

- Fühlt sich dieses spezielle Ziel richtig für mich an? Will ich es wirklich erreichen?
- Fühlt sich dieses Ziel aufregend für mich an? Ist es etwas, wofür ich mich auch noch begeistern und voll einsetzen kann, wenn Hindernisse auftauchen?
- Stimmt mein Ziel mit meinen persönlichen Wertvorstellungen und Überzeugungen überein? Kann ich mit Kopf und Herz dahinter stehen?

Lassen Sie uns nun einen Blick darauf werfen, wie eine Managerin ihren Fokus verstärkte, indem sie ihre Ziele visualisierte und eine persönliche Verpflichtung einging – und dadurch zu einer stärker zielorientierten Managerin wurde.

3.2.3 Von hyperaktiv zu zielgerichtet: Das Beispiel Jessica Spungin

Jessica Spungin war im Alter von dreiunddreißig Jahren eben Associate Principal im Londoner Büro von McKinsey & Co. geworden.

[50] Vgl. Heckhausen/Gollwitzer (1987).

Sie hatte erst fünf Jahre zuvor als Associate begonnen – der übliche Einstieg nach dem Business School Abschluss – und war rasch zum Engagement Manager und dann zum Associate Principal, im Prinzip also zum Juniorpartner, aufgestiegen.

Doch sie hatte bereits das Gefühl, dass sie ihren Job nicht mehr wirklich unter Kontrolle hatte. Consultants in ihrer Position übernehmen üblicherweise zunehmend Verantwortung auf Partnerebene und managen zahlreiche verschiedene Aufgaben und Projekte – wobei erwartet wird, dass sie sich außerdem als „inspirierende Teamleiter“ erweisen. Kurz nach Jessica Spungins Beförderung im Dezember 2000 türmten sich also neue Verantwortlichkeiten auf ihrem bereits mehr als vollen Schreibtisch auf.

„Wie einer meiner Kollegen mir ständig vor Augen hielt, handelt es sich bei McKinsey um einen Wettbewerb im Kuchenessen, bei dem der Gewinn aus noch mehr Kuchen besteht“, erzählte sie uns. Sie wurde gebeten, beim Recruiting an englischen Universitäten und Business Schools die Co-Leitung zu übernehmen und sich an einem Forschungsprojekt der Firma zu internationalen Unternehmen zu beteiligen, das häufiges Reisen erforderte. Außerdem war sie Senior Coach eines Teams von sechs Business Analysts und damit verantwortlich für die Überwachung und Auswertung ihrer Leistungen, ihre Anleitung und Beratung sowie allgemeines Coaching und Feedback. Schließlich hatte man sie noch gebeten, ein internes Fest für 750 Leute zu organisieren, sich an einem Trainingstag zu beteiligen und bei einem Organisationsprojekt für ein medizinisches Unternehmen mitzuhelfen. Bis zum März 2001 hatte sie sechs unterschiedliche Aufgabenbereiche übernommen, die alle ihre Zeit beanspruchten.

Am schlimmsten waren die ständigen Reisen. Zwei Klienten hatten sie gebeten, bei Projekten im Ausland mitzuarbeiten, was bedeutete, dass sie jede Woche zwischen London, New York und Tel Aviv hin und her pendelte. Da sie sich die gesamte Zeit über auf ihre Klienten konzentrierte, kam ihre Interaktion mit den internen Teams – die sie führen und „inspirieren“ sollte – zu kurz. Immer öfter mussten E-Mails und Faxe das persönliche Coaching ersetzen. „Meine Teams sagten immer zu mir: ‚Wir haben ein ganz erstaunliches E-Mail-Feedback von Ihnen bekommen, aber es wäre uns lieber gewesen, wenn wir es mit Ihnen persönlich hätten besprechen können‘“, erzählte sie. „Und dabei hatte ich doch extra die ganze Nacht hindurch im Flugzeug gearbeitet, um ihnen rechtzeitig das Feedback schicken zu können!"

Jessica Spungin wusste, dass sie ihre Effektivität in der Arbeit mit ihren Teams verbessern und ihren Zeitplan wieder in den Griff bekommen musste. Doch sie war noch mit einem weiteren wichtigen Problem konfrontiert: Wenn sie auf die Partnerebene aufsteigen wollte, musste sie sich spezialisieren und einen Arbeitsschwerpunkt entwickeln, mit dem sie den aktuellen Partnern beweisen konnte, dass sie nicht nur allgemein die für Partner erforderlichen Fähigkeiten besaß, sondern darüber hinaus zusätzliche Qualitäten, die langfristig nützlich für die Firma wären. Um eine Spezialisierung zu entwickeln, musste sie sich intensiv mit den Themen beschäftigen, die ihr beruflich am meisten lagen, und hoffen, dass sich aus diesen Interessengebieten irgendwann ein zusammenhängendes Bild ergeben würde.

Es gab zwei mögliche Bereiche, auf die Jessica Spungin sich konzentrieren konnte: Industriekunden oder das Firmenkundengeschäft von Banken. An der London Business School hatte sie Organisationsentwicklung studiert, und aufgrund ihres Wissens im Bereich Organisation und Führung hatte sie bei McKinsey bereits an mehreren Projekten für einen Industriekunden in London mitgearbeitet. Sie fand diesen Bereich spannend und interessant – doch sie hatte darin weniger Erfahrung als im Bankbereich, da sie zwischen ihrem Grund- und Hauptstudium mehrere Jahre lang bei Citicorp gearbeitet hatte. Leider fand sie das Bankwesen längst nicht so aufregend und spannend wie die Arbeit mit Industriekunden. Obwohl sie bei McKinsey zunächst sowohl Bankprojekte als auch Industrieaufträge übernommen hatte, wusste sie, dass sie das nicht fortsetzen konnte, da die beiden Bereiche nicht gut miteinander zu kombinieren waren. Um auf die Partnerebene aufsteigen zu können, musste sie sich auf einen einzelnen Bereich festlegen.

Ihren individuellen Spezialisierungsbereich zu finden hatte für Jessica Spungin oberste Priorität. Doch gleichzeitig war für sie auch von Bedeutung, wie sie als Teamleader abschnitt. Das erste formale Feedback ihrer Teams war daher ein wichtiges Warnsignal für sie.

3.2.3.1 Aussortieren des Problems

Obwohl es Jessica Spungin anfangs recht schwer gefallen war, andere zu führen, hatte sie den Ruf, dass man gut mit ihr arbeiten könne, dass sie sehr aufgeschlossen sei und ein guter Mentor und Coach – innerhalb des Ausbildungsmodells von McKinsey waren dies geschätzte Qualitäten.

Entsprechend überrascht war sie vom ersten Feedback ihrer Teams, das sie als Associate Principal (AP) erhielt – und ebenso überrascht waren die Kollegen, die ihre Leistung prüften, denn das Feedback war extrem schlecht. Fazit davon war, dass die Leute lieber mit anderen APs zusammenarbeiteten als mit Spungin. Die Teams fanden ihre Leistung zwar durchaus gut, wenn sie sich mit ihnen zusammensetzte und sich Zeit für sie nahm – doch das Problem bestand darin, dass sie das kaum jemals tat. Die Team-Mitglieder spürten außerdem, dass sie ständig unter Stress stand, und das hatte Auswirkungen auf alle Beteiligten.

Jessica Spungin wurde klar, dass tiefgreifende Veränderungen notwendig waren. Als sie schließlich ein Trainingsprogramm begann, das leitenden Managern helfen sollte, ihre persönlichen und beruflichen Prioritäten zu klären, nahm sie sich Zeit, ihre persönliche Situation genauer zu analysieren, und kam zu mehreren Erkenntnissen.

Erstens gestand sie sich ein, dass ihre schwache Führungsleistung auf ihre eigene Unsicherheit in ihrer neuen Position zurückzuführen war – und dass sie dies unbewusst hinter ihrer hektischen Betriebsamkeit zu verbergen versucht hatte. „Es heißt, die Beratungsbranche sei voller Streber mit Minderwertigkeitskomplexen, und ich war ein klassisches Beispiel“, bekannte Spungin. „Ich wartete ständig nur darauf, dass meine Vorgesetzten meine Schwächen und Fehler entdecken würden. Als ich dann AP wurde … sagte ich niemals nein zu Leuten, die mich um Unterstützung baten, weil ich befürchtete, dass sie mich für überfordert halten könnten. Ich sagte auch niemals nein zu einem Klienten, der mich bei einem Meeting dabei haben wollte, gleichgültig, wie lange Flugzeiten damit verbunden waren. Ich zog die Grenzen auf der Basis dessen, was ich für die *Erwartungen* der anderen hielt, und nicht auf der Basis dessen, was ich gut zu leisten vermochte oder was ich tatsächlich physisch bewältigen konnte."[51]

Zweitens, und das war vielleicht sogar noch wichtiger, gestand Jessica Spungin sich ein, dass der Sprung auf die Partnerebene zwar immer ihr unbewusstes Ziel gewesen war, dass sie aber nie den Mut besessen hatte, dies wirklich in Angriff zu nehmen. Nun war sie dazu bereit, und sie setzte sich das klare Ziel, Partner bei McKinsey zu werden.

„Es war emotional und intellektuell gar nicht so leicht für mich, zu diesem Ziel zu stehen", erzählte Spungin. „Wenn man bei McKinsey anfängt, geht man davon aus, dass man sich nach zwei Jahren wieder verabschieden muss – innerlich sagt man sich also: ‚Ich bin für zwei Jahre dabei.' Man sagt nicht: ‚Ich will Partner werden', denn die Wahrscheinlichkeit spricht dagegen, dass man das schafft. Also versucht man von Anfang an eine Enttäuschung zu vermeiden. Die Aussage ‚Ich möchte Partner werden' ist so ähnlich, als würde man zu jemandem sagen ‚Ich liebe dich' – es macht einen verwundbar."

3.2.3.2 Festlegung auf ein Ziel

Sobald Jessica Spungin klar geworden war, dass sie tatsächlich Partner werden wollte, konnte sie sich selbst so *sehen* und sich auch ihr Leben entsprechend vorstellen und ausmalen. Dieses geistige Bild ermöglichte es ihr, ihren Fokus auf die Aktivitäten zu richten, die ihr helfen konnten, dieses Ziel zu erreichen. Ein Ergebnis davon war, dass sie in längeren Zeitabschnitten zu denken begann. Statt nur in Perioden von drei bis sechs Monaten zu planen, wie sie es bisher getan hatte (im Prinzip von einer Evaluationsphase zur nächsten), begann sie nun in einem Rahmen von zwei bis fünf Jahren zu denken.

„Wenn man einen Zeithorizont von fünf Jahren vor sich hat", erklärte sie, „kann man anfangen, Prioritäten zu setzen. Viele Dinge lassen sich nicht in ein paar Monaten verändern. Man braucht Jahre, um sich selbst neu zu definieren."

---

51 Unabhängig von den tatsächlichen Fähigkeiten eines Einzelnen wird der Betreffende eine Aufgabe mit größter Wahrscheinlichkeit nicht gut ausführen, wenn er nicht daran glaubt, dass er dazu fähig ist. Vgl. Phillips/Gully (1997).

Diese Verlagerung der Wahrnehmung führte außerdem dazu, dass Jessica Spungin begann, aktive Schritte zur *Festlegung* ihres Spezialgebiets innerhalb der Firma zu unternehmen. Auch wenn sie in im Unternehmen als Expertin für Corporate Banking galt – und ein Schwerpunkt in diesem Bereich ganz klar einen möglichen Weg zur Partnerschaft darstellte –, erkannte sie, dass sie dafür nicht genügend Leidenschaft aufbrachte. Sie hatte bereits festgestellt, dass ihr die Aufträge im Bankbereich immer weniger Spaß machten, und der Gedanke an immer mehr ähnliche Aufträge in den kommenden Jahren – mit dem Erarbeiten von Strategien sowie Diskussionen über Outsourcing- und Joint-Venture-Optionen – ließ sie schaudern.

Das Ergebnis dieser Neuorientierung war, dass Jessica Spungin ihre Projekte und Aufgaben mit ganz anderen Augen betrachtete und sich fragte: „Welche dieser Projekte tragen zu meiner persönlichen und beruflichen Entwicklung bei – und welche weniger?" Ihre Antworten auf diese Frage führten dazu, dass sie aufhörte, im Bankbereich zu arbeiten, Vorträge zu halten und sich an Führungsgruppentreffen zu beteiligen, um sich stattdessen auf das zu konzentrieren, was ihr am meisten Spaß machte: Organisations- und Implementierungsthemen, ein Bereich, in dem sie bereits mehrere Industriekunden betreut hatte.

Dieser neue Fokus in ihrer beruflichen Entwicklung lieferte außerdem den Schlüssel zur Lösung ihrer Probleme als Team-Leader. Dadurch, dass sie sich selbst eine klare Richtung vorgab, nahm nicht nur ihr Selbstvertrauen zu, es verringerte sich auch automatisch der Zeitdruck, und ihr standen nun größere Zeitblöcke zur Verfügung, in denen sie sich auf ihre Teams konzentrieren konnte. Um sich noch mehr Zeit zu verschaffen, begann sie ihre Aufgaben nach Priorität einzuteilen. Je nachdem, an welchem Punkt jedes Projekt gerade stand, räumte sie ihren Klienten unterschiedliche Priorität ein. Dabei achtete sie darauf, allen Klienten und Teams deutlich zu kommunizieren, was sie vorhatte und wo jeweils ihre Prioritäten lagen.

Dadurch, dass sie Prioritäten setzte, phasenabhängig arbeitete und sich neu ausrichtete, konnte Jessica Spungin schließlich mehr Zeit für das Leiten und Coachen ihrer Teams erübrigen. Ergebnis davon war, dass sie genau ein Jahr, nachdem sie als zweitschlechteste ihrer Peergruppe abgeschnitten hatte, das zweitbeste Feedback erhielt.

„Ich habe jetzt sehr viel mehr Vertrauen in meine Fähigkeit, zu beurteilen, was ich tun möchte und wie viel ich tun möchte", erzählte sie uns. „Das ist vor allem darauf zurückzuführen, dass ich den Mut hatte, zu meinem Ziel zu stehen und zu sagen: ‚Ich möchte Partner bei McKinsey werden', dass ich jetzt im Organisationsbereich arbeite statt im Banking, dass ich die Art meiner Zusammenarbeit mit meinen Teams verändert habe und dass ich weiß, wann ich mir eine Atempause gönnen muss, wenn meine physischen Grenzen erreicht sind."

Jessica Spungins Beispiel zeigt ganz deutlich, dass Fokus der Schlüssel für alle Manager ist, die zielgerichtetes Handeln entwickeln möchten. Und das Beispiel von Klaus Karl zeigt, wie sich ein Manager neu mit Energie aufladen kann – ebenfalls mit der Ausrichtung auf mehr zielgerichtetes Handeln. Doch es gibt noch eine weitere wichtige Zutat, die sowohl Energie als auch Fokus zugrunde liegt, und das ist Willenskraft. Willenskraft taucht nicht einfach auf, weil ein Mensch beschließt, dass er sie jetzt einsetzen möchte. Ein Manager kann seine Willenskraft nur wecken, wenn er auf dem Weg zu seinem Ziel eine gewisse kritische Phase erreicht hat – eine Phase, die wir als „Überschreiten des Rubikons" bezeichnen.

Von Motivation zu Willenskraft

Kapitel 4

Am 11. Januar des Jahres 49 n. Chr. traf Julius Cäsar eine folgenschwere Entscheidung: Er beschloss, mit seiner Armee den Rubikon zu überschreiten, womit er den Bürgerkrieg gegen Pompejus erklärte, der in Rom an der Macht war. Mit den Worten *Alea iacta est* („Die Würfel sind gefallen") machte sich Cäsar zusammen mit seinen Legionen auf den Weg nach Rom. Sobald er den Rubikon überschritten hatte und ins römische Kerngebiet vorgedrungen war, gab es kein Zurück mehr. Entweder würde er mit seinen Soldaten die Stadt einnehmen, oder Pompejus würde sie alle vernichten.

Cäsars Entscheidung veränderte den Lauf der Geschichte. Vor dem Überschreiten des Flusses war die Vorstellung, Rom einzunehmen, nur eine Idee gewesen, eine Wunschvorstellung, die er vielleicht innerlich hegen mochte. Doch danach wurde sie zum unabänderlichen Ziel, hinter dem die gesamte Kraft seines Willens stand – was bereits den Erfolg garantierte.

Um von *Motivation* zu *Willenskraft* zu gelangen, muss ein Manager genau diesen entscheidenden Schritt zu vollkommenem Einsatz machen. Manager, die ihre Willenskraft aktivieren, haben in der Regel ihren eigenen, persönlichen Rubikon überschritten. Tatsächlich gibt es entscheidende Unterschiede zwischen den Kräften vor einer solchen Entscheidung und jenen danach.[52] Davor wird man vielleicht von einem Wunsch motiviert – die treibende Kraft hinter einer oft schwankenden und oberflächlichen Motivation. Zu diesem Zeitpunkt kann man sich jedoch jederzeit wieder zurückziehen.

Jenseits dieser Schwelle dagegen verbinden sich die geistigen und emotionalen Kräfte eines Menschen zu der klaren Entschlossenheit, die Willenskraft ausmacht. Der Mensch steht nun mit Herz und Verstand hinter dem, was er vollbringen möchte. Sein Handeln ist konsequent, fast schon obsessiv, bis er sein persönliches „Rom" erreicht hat. Während er immer mehr Brücken hinter sich abbricht, steht ihm sein Ziel immer klarer vor Augen. Als einzige Frage bleibt: Wie kann ich es erreichen?

---

52 Das Rubikon-Modell wurde von Heinz Heckhausen und Kollegen eingeführt. Einer der Grundlagenbeiträge zu diesem Arbeitsbereich ist Heckhausen/Kuhl (1985). Eine detailliertere Diskussion der Unterschiede zwischen Motivation und Willen findet sich bei Heckhausen/Gollwitzer (1987).

Diese Willenskraft steht hinter den beiden Qualitäten, die wir als Merkmale eines zielgerichteten Managers identifiziert haben: Energie und Fokus. Willenskraft gab Klaus Karl die Energie, seine Ziele bei SNI unermüdlich zu verfolgen, und Willenskraft schärfte Jessica Spungins Fokus, nachdem sie sich einmal dazu entschlossen hatte, Partner bei McKinsey zu werden. Willenskraft ist der Faktor, der jene Manager, die ihr Zaudern, ihre Distanz oder ihre Hyperaktivität überwinden und zielgerichtetes Handeln entwickeln, von jenen unterscheidet, die in ihrem unproduktiven Verhalten verharren.

Viele Manager haben noch nie die Auswirkungen von Willenskraft bei anderen erlebt, geschweige denn sie selbst erfahren. Tatsächlich hatten nur 10 Prozent der von uns untersuchten Manager sich jemals vollkommen für ein Ziel engagiert und dabei das Gefühl gehabt, dass Erfolg die einzig mögliche Option war. Dieses Kapitel soll daher illustrieren, wie Manager ihren eigenen Rubikon überschreiten, die unglaubliche Kraft ihres Willens anzapfen und damit ihre Ziele erreichen können. Zielgerichtete Manager, die es verstehen, diese Art von Willenskraft zu aktivieren und zu nutzen, gehen üblicherweise durch vier Phasen, die jeweils einen spezifischen Schritt verkörpern, den im Prinzip jeder Manager machen kann.

Bevor wir uns diese Schritte ansehen, wollen wir zunächst die Begriffe Motivation und Willenskraft näher durchleuchten. Es gibt zahlreiche Veröffentlichungen über Motivation, und Motivationstrainings sind nach wie vor sehr gefragt. Es gibt jedoch entscheidende Unterschiede zwischen bloßer Motivation und der Erfahrung der eigenen Willenskraft in Aktion.

4.1 Motivation versus Willenskraft

Das Konzept der Willenskraft und ihre Beziehung zu Motivation lässt sich auf eine obskure akademische Debatte zurückführen, die in Europa zu Beginn des letzten Jahrhunderts stattfand. Zu jener Zeit war Deutschland das Zentrum der wissenschaftlichen Forschung auf dem Gebiet der Psychologie – und zwei seiner bedeutendsten Vertreter, Narziß Ach und Kurt Lewin, entwickelten zwei gegensätzliche Theorien zum Thema Volition – im Rahmen dieses Buches als Willenskraft bezeichnet.

Achs sorgfältige Studien zeigten, dass ein Mensch eine gewisse Schwelle überschreiten muss, bevor seine Absicht zu einem tiefen persönlichen Engagement werden kann.[53] Ach unterschied daher zwischen Motivation, dem Zustand des Wünschens vor dem Überschreiten dieser Schwelle, und Volition, dem Zustand nach ihrem Überschreiten, wenn aus dem Wunsch der motivierten Phase der unwandelbare, entschlossene Wille geworden ist. Lewins Theorie dagegen erkannte keinen Unterschied zwischen Motivation und Volition an.[54]

Unglücklicherweise übernahm die Nationalsozialistische Partei den Willensbegriff und machte ihn zu einem Hauptpfeiler ihrer Philosophie. Ihre Quelle waren zwar nicht Achs sorgfältige Experimente, sondern die Vorstellungen von Arthur Schopenhauer und Friedrich Nietzsche, die den Willen als ursprüngliche und primäre Kraft des Lebens betrachteten[55] – was die Nationalsozialisten für ihre Zwecke missbrauchten. Doch als das Dritte Reich fiel, ging Achs Arbeit an den Konzepten von Willen und Motivation ebenfalls unter.[56] Lewin dagegen war mittlerweile in die USA emigriert, wo seine Theorien zum Thema Führung berühmt wurden. Sein Einfluss ist einer der Gründe, warum sich Führungstrainings bis heute meist auf Motivation konzentrieren und warum Manager immer noch mit den typischen Problemen der Volition oder Willenskraft ringen. [57]

---

53 Vgl. Ach (1910).

54 Vgl. Lewin (1951).

55 Vgl. Schopenhauer, „Die Welt als Wille und Vorstellung" (1819/1844) und Nietzsche, „Der Wille zur Macht" (1899). Der Titel „Der Wille zur Macht" wurde von Nietzsche selbst während seiner letzten Schaffensperiode zwischen 1883 und 1888 für ein geplantes Buch verwendet. Er stellte dieses Buch niemals fertig, doch wurde später unter diesem Titel eine Sammlung von Fragmenten herausgegeben.

56 Heckhausen analysierte die Verwendung der Begriffe Wille und Volition in Abstracts psychologischer Artikel. Er stellte fest, dass Wille und Volition im späten 19. und frühen 20. Jahrhundert etablierte Schlüsselbegriffe der psychologischen Literatur waren. Im ersten Band der „Psychological Abstracts" aus dem Jahre 1927 enthielten ungefähr vier von tausend Einträgen die Begriffe Wille oder Volition. Im Jahr 1930 setzte ein rascher Rückgang ein. Ab 1945 war Volition und ab 1970 auch Wille vollkommen verschwunden. Vgl. Heckhausen (1987).

57 Die Unterscheidung zwischen Volition und Motivation war nach dem Zweiten Weltkrieg größtenteils untergegangen, bis sie von einer Gruppe deutscher Forscher vor kurzem wieder aufgegriffen wurde. Tatsächlich existiert in Deutschland inzwischen eine Schule der Volition. Eine detaillierte Diskussion des Unterschieds von Motivation und Volition findet sich in Heckhausen/Gollwitzer (1987).

Die unglückliche Verquickung des Willenskonzepts mit der nationalsozialistischen Philosophie hat lange Zeit dafür gesorgt, dass eine der wichtigsten Entdeckungen Achs im Verborgenen blieb, nämlich die klare Unterscheidung von Motivation und Willenskraft, wie sie durch die einleitende Geschichte von Julius Cäsar illustriert wurde. Jene unerschütterliche Entschlossenheit, die nur durch die Aktivierung des menschlichen Willens entsteht, liegt hinter allem konsequenten und zielgerichteten Handeln.

Beachten Sie, dass der Unterschied zwischen Motivation und Willenskraft nur dann eine Rolle spielt, wenn die Herausforderung wirklich groß ist. Für einfache und vertraute Aufgaben braucht es keine Willenskraft. Ehrgeizige Ziele, langfristige Projekte, große Unsicherheit, extreme Widerstände – das sind die Umstände, die die Kraft des Willens erfordern und auch fördern.

Als sich zum Beispiel Lufthansa in den frühen 1990er Jahren von der Schwelle zum Bankrott zu Rekordgewinnen im Jahr 1997 entwickelte, zeigten die Manager, die wir beobachteten, genau diesen Wechsel von Motivation zu Willenskraft. Willenskraft ermöglichte es ihnen, dramatische Veränderungen im Unternehmen vorzunehmen. Die Aktivierung ihres Willens gab ihnen die Kraft, Hindernisse zu überwinden, aus Rückschlägen zu lernen und auf dem langen, anstrengenden Weg von einer Vision bis zu ihrer Realisierung durchzuhalten.

Motivation dagegen wird häufig durch äußere Anreize oder die Erwartung einer Belohnung ausgelöst. Zwar kennen sowohl die theoretischen Konzepte als auch die Managementpraxis das Konzept der intrinsischen Motivation – das von innen kommende Verlangen, etwas zu tun. Doch bleibt Motivation immer im unentschiedenen Zustand des Wünschens, wobei man sich von bestimmten Möglichkeiten oder Verhaltensweisen angezogen fühlt. Im Endeffekt sind sowohl die extrinsische als auch die intrinsische Motivation unentschlossen, da sie stets auf Veränderungen der Umgebung und der eigenen inneren Präferenzen reagieren. Da extrinsisch motiviertes Verhalten auf der Erwartung einer Belohnung aufgebaut ist, kann es jederzeit durch eine höhere Belohnung umgelenkt werden oder es können Hindernisse auftauchen, die die Belohnung wertlos machen.[58] Intrinsisch motivierte Manager haben zwar Freude an ihrer Arbeit, doch diese Freude kann jederzeit nachlassen und ihre Präferenzen können sich verändern.

Willenskraft dagegen geht einen entscheidenden Schritt weiter. Darin impliziert ist die Entschlossenheit, die aus einem tiefen persönlichen Engagement für ein bestimmtes Ziel resultiert. Willenskraft entsteht durch die bewusste Entscheidung, eine bestimmte Sache zu vollbringen. Diese Ausrichtung auf ein bestimmtes Ergebnis – nicht nur darauf, etwas zu tun, sondern darauf, etwas zu vollbringen – entsteht durch den Einsatz des menschlichen Willens. Willensstarke Manager haben das ausgeprägte Bedürfnis, bestimmte Ergebnisse zu erzielen.[59] Die Antriebskraft dafür liegt weder in der Erwartung von Belohnungen noch in der Freude an bestimmten Aktivitäten. Im Gegenteil, Willenskraft ermöglicht es Managern, auch in jenen Situationen diszipliniert zu handeln, in denen sie eigentlich keine Lust haben, zu handeln, in denen sie sich unmotiviert fühlen, weil ihnen ihre Aufgaben keinen Spaß machen, oder in denen sie sich von anderen Möglichkeiten in Versuchung geführt fühlen.

Betrachten wir den Fall von Dan Andersson, einem jungen Manager, der den Eintritt der Firma Conoco in das Tankstellengeschäft in Finnland organisieren sollte. In einem Umfeld, in dem ein staatliches Monopolunternehmen seit 1947 den gesamten Vertrieb kontrolliert hatte, war es nun Anderssons Aufgabe, Lagervorrichtungen sowie ein Tankstellennetz aufzubauen. Es war eine gewaltige Herausforderung, die Macht des Monopols zu brechen. Auch wenn der Markt nun gesetzlich dereguliert war, nutzte der ehemalige Monopolinhaber tausende von Tricks, um seine marktbeherrschende Stellung zu erhalten. Als Andersson zum Beispiel die erste Tankstelle einzurichten versuchte, ging der ehemalige Monopolinhaber mit seiner Lobby gegen Conoco und seine Partnerfirmen vor, und die Besitzer der angrenzenden Baugebiete reichten Klagen dagegen ein.

Dan Andersson hatte alle Hände voll zu tun – doch bereits an einem frühen Punkt in diesem Prozess hatte er seinen persönlichen Rubikon überschritten und wusste, dass er nicht aufgeben würde. Ein

---

58 Vgl. Deci (1995).
59 Vgl. Collins (2001).

Teil seiner Entschlossenheit war auf die Erfahrungen seiner Kindheit zurückzuführen – er erinnerte sich gut an die hohen Preise und den schlechten Service des Monopolunternehmens. Doch es gab noch einen anderen Punkt.

„Ich hatte den Film ‚Die Unbestechlichen' gesehen", erzählte uns Andersson, „und das veränderte meine Einstellung vollkommen. Dieser Film handelt vom Sturz Al Capones in den 20er Jahren – und ich hatte das Gefühl, dass wir hier genau dasselbe versuchten. Wir wollten für einen Sturz des alten Systems sorgen. Dabei waren wir mit skrupellosen Wettbewerbern, schweigenden Politikern und Bürokraten konfrontiert, die ihre schmutzigen Tricks an uns versuchten. Im Endeffekt war es diese Ungerechtigkeit, die mir enorme Energie gab." Conocos heute erfolgreiches Tankstellengeschäft in Finnland ist ein direktes Ergebnis von Anderssons „Sturz des alten Systems".

Dan Anderssons Geschichte illustriert die Wirkung von Willenskraft: Während Motivation von außen nach innen wirkt – wobei die Umwelt bestimmt, was möglich oder wünschenswert ist –, wirkt Willenskraft von innen nach außen. Im Inneren befindet sich der Wille, der das Ziel, die Mission, die Absicht definiert. Menschen mit Willenskraft entscheiden, was sie erreichen möchten, und machen sich dann daran, die äußere Welt entsprechend zu verändern, um ihr Ziel zu erreichen.

Wie kann man feststellen, ob man den Rubikon bereits überschritten hat? Der Übergang von Motivation zu Willenskraft manifestiert sich auf drei Arten.[60]

Erstens fällt es einem leicht, die ersten Schritte in Richtung Ziel zu machen. Man weiß, was man will, und man benötigt keine weiteren Informationen oder äußeren Anreize, um in Gang zu kommen. Das ist darauf zurückzuführen, dass man vor dem Überschreiten des Rubikons seine Zweifel und Ängste bereits bewusst konfrontiert und aufgelöst hat. Daher leidet man nun nicht mehr unter den quälenden Zweifeln und dem Zögern, die mit Motivation häufig noch verbunden sind.

---

60 Vgl. Gollwitzer/Heckhausen/Ratajczak (1990).

Außerdem kann man feststellen, dass sich die eigene Wahrnehmung verändert hat. Alle Aufmerksamkeit, Energie und Konzentration richtet sich nun auf das Ziel, und ständig ist man auf Ausschau nach Informationen, die einem helfen können, dieses Ziel zu realisieren. Dementsprechend blendet man gegensätzliche Informationen sofort aus und fühlt sich weder von den üblichen Störungen aus dem Gleichgewicht gebracht noch von alternativen Möglichkeiten in Versuchung geführt.

Und schließlich reagiert man anders auf Hindernisse, sobald die Willenskraft aktiviert ist. Motivation löst sich angesichts negativen Feedbacks, mangelnden Interesses von Seiten des Top-Managements, Widerstands von Seiten der Kollegen oder eines sonstigen Hindernisses gegen zielgerichtetes Handeln häufig auf. Willenskraft dagegen löst die entgegengesetzte Reaktion aus. Hindernisse führen dann nur dazu, dass man seine Anstrengungen und sein Engagement verdoppelt. Aufgeben ist dann einfach keine Option mehr.

Wie also können Manager lernen, mit Willenskraft zu handeln? Was bringt sie dazu, den Rubikon zu überschreiten, und was hält sie auf Kurs, sobald sie den Fluss durchquert haben? Bei unserer Untersuchung stellten wir fest, dass zielgerichtete Manager bei dem Prozess, ihre Willenskraft zu aktivieren und einzusetzen, vier unterschiedliche Phasen durchschreiten.

4.2 Die vier Phasen willensgesteuerten Handelns

Julius Cäsars Entscheidung, den Rubikon zu überschreiten, führte ihn schließlich zur Eroberung Roms. Durch diese Entscheidung ließ er sich bedingungslos auf sein Ziel ein, wodurch er seine Willenskraft aktivierte. Wir konnten jedoch drei zusätzliche Phasen identifizieren, die Menschen auf dem Weg zu einem Ziel durchschreiten. Die vier vollständigen Phasen sind: das Vorhaben definieren, sich dem Vorhaben verpflichten (Überschreiten des Rubikon), die Ausrichtung auf das Vorhaben steuern und sich schließlich wieder vom Vorhaben lösen.

Abbildung 4-1 *Unterscheidung von Motivation und Willenskraft*

Ist Ihr Handeln von Motivation oder Willenskraft bestimmt?	
Vor dem Überschreiten des Rubikons ...	***Nach dem Überschreiten des Rubikons ...***
• Noch wägen Sie Ihre Optionen gegeneinander ab. Dabei fragen Sie sich ständig, ob Ihre Entscheidung richtig bzw. Ihr Projekt die notwendigen Anstrengungen auch wirklich wert ist.	• Ihr Wille definiert Ihre Handlungen. Ihr Ziel hat so viel Priorität, dass Sie sich laufend auf der Suche nach Informationen befinden, die Ihre Absicht bestärken und Ihnen helfen, Ihr Ziel zu erreichen.
• Es fällt Ihnen schwer, mit den ersten Schritten in Richtung Ihres Ziels zu beginnen, und nach Unterbrechungen haben Sie Probleme, die Arbeit wieder aufzunehmen.	• Es fällt Ihnen leicht, auf Ihr Ziel hinzuarbeiten. Sie konzentrieren Ihre Energie und Aufmerksamkeit vollständig auf Ihr Ziel und lassen sich durch nichts ablenken.
• Sie bringen nicht genügend Energie auf, um konsequent auf Ihr Ziel hinzuarbeiten.	• Sie haben nicht die geringsten Zweifel daran, dass Sie Ihr Ziel erreichen wollen.
• Es mangelt Ihnen an einem ganz konkreten Handlungsplan, und Sie haben nur eine ungenaue Vorstellung von dem, was aus Ihren Absichten resultieren könnte.	• Sie haben eine genaue Vorstellung von dem Ergebnis, das Sie erreichen möchten – und davon, wie Sie es erreichen können.
• Durch Hindernisse lassen Sie sich leicht entmutigen oder von Ihrem Ziel abbringen.	• Hindernisse auf Ihrem Weg führen nur dazu, dass Sie Ihre Anstrengungen verdoppeln; Aufgeben ist keine Option.

4.2.1 Das Vorhaben definieren

Für zielgerichtetes Handeln braucht es zunächst einmal eine Entscheidung über das Ziel oder das Ergebnis, das Sie erreichen möchten. Das war der Punkt, von dem sowohl Klaus Karl als auch Jessica

Spungin ausgingen. Bevor sie versuchen konnten, Energie für ein Ziel aufzubringen (wie in Karls Fall) oder sich bewusst auf ein Ziel zu konzentrieren (wie in Spungins Fall), mussten Sie eine Phase des Suchens und Forschens durchlaufen, die dazu diente, ein Ziel zu finden und auszuformulieren.

Häufig entsteht solch ein Ziel durch eine interessante Gelegenheit oder Herausforderung, die Ihre Aufmerksamkeit oder Ihr Interesse weckt. Doch darf es sich dabei nicht um eine Routineangelegenheit handeln. Sie müssen darin vielmehr etwas Besonderes erkennen, das Sie anregt und Ihnen das Gefühl gibt, dass Sie damit etwas Wichtiges bewirken können. Ziele, die mit einem tiefen persönlichen Engagement verbunden sein sollen, müssen auch auf die eine oder andere Art Ihre Gefühle ansprechen. Ein rein mental ausformuliertes Ziel wird niemals in der Lage sein, Ihre Willenskraft zu aktivieren. Sie müssen in der Herausforderung etwas erkennen können, was es wert ist, ein persönliches Risiko dafür einzugehen.

Wenn der Anfangsphase der Zielfindung kann es aber durchaus sein, dass Sie nur eine vage Vorstellung davon haben, was Sie tun möchten. Ihre Aufmerksamkeit wird dann leicht wandern, und Ihre Wahrnehmung wird sich öfter verändern. Doch mit der Zeit wird sich eine bestimmte Idee herauskristallisieren, und Ihre Gedanken, Wahrnehmungen und Gefühle werden sich darum sammeln. Je exakter und lebhafter Sie sich dieses Ziel nun vorstellen können, desto genauer werden Sie wissen, ob Sie es wirklich verfolgen möchten.

Bei dem Schweizer Unternehmer Wim Ouboter begann der Prozess der Zielfindung, der schließlich zur Entwicklung seines berühmten Microscooters führte, eines Tages im Jahre 1990, als er Lust auf eine Wurst hatte.[61] Er wohnte außerhalb von Zürich – zu nahe bei der nächsten Metzgerei, um das Auto zu nehmen oder sich die Mühe zu machen, das Fahrrad aus der Garage zu holen, aber andererseits auch wieder zu weit weg, um zu laufen. Es war eine „Mikrodistanz", um Ouboters Ausdruck zu verwenden. Dem damals dreißigjährigen Bankangestellten kam in einem Geistesblitz die Idee, einen kleinen Tretroller als Fahrzeug für genau solche Distanzen zu ent-

61 Vgl. Bruch/Heim/Hofer/Keibach/Rist (2002).

wickeln. Eine emotionale Komponente war ganz klar vorhanden, denn seine Schwester litt an einem verkürzten Bein, und um sie in die Aktivitäten der Familien mit einzubeziehen, hatten ihre Eltern immer die Verwendung von Rollern befürwortet.

Voller Enthusiasmus für seine Idee und mit der Absicht, sie zu einem kleinen Unternehmen auszubauen, begann Ouboter, den ersten Prototyp des Microscooters zu entwickeln. Als er jedoch anfing, ihn in der Öffentlichkeit zu verwenden, machten ihn die belustigten Blicke der Zuschauer verlegen. Selbst seine Freunde hielten nicht viel von seiner Idee. Entmutigt stellte er seinen Prototyp in die Garage und vergaß ihn dort fünf Jahre lang. Hin und wieder setzte er ihn ein, oft heimlich und nachts, und rein zum Spaß. Noch hatte er kein starkes persönliches Engagement für seine Idee entwickelt.

4.2.2 Sich dem Vorhaben verpflichten

Wenn Sie Ihren persönlichen Rubikon überschreiten, hört jedes oberflächliche Herumspielen mit einer Idee auf. Sie nehmen die Herausforderung an und erklären damit im Grunde einen Krieg. Sie verschreiben sich Ihrem Ziel bedingungslos und können nun nicht mehr zurück.

Oft folgt diese Entscheidung auf einen allmählichen Prozess – eine Reihe von Ereignissen, die Ihnen irgendwie klar machen, dass Sie sich für den einen oder den anderen Weg entscheiden müssen. Manchmal ist es auch ein besonderes Ereignis, das zum Katalysator für die Entscheidung wird. Fragen Sie nur einmal Wim Ouboter!

Im Jahr 1996, fünf Jahre nachdem er seinen ersten Microscooter in die Garage gestellt hatte, fanden ihn dort ein paar Nachbarskinder. Als Ouboter sah, wie viel Spaß es ihnen machte, mit seinem Prototyp herumzuspielen, kehrte sein ursprünglicher Enthusiasmus wieder zurück: „Den Kindern scheint es dieser Roller wirklich angetan zu haben", dachte er. Er begann wieder darüber nachzudenken, wie er daraus ein erfolgreiches Unternehmen machen könnte. Doch ihm war klar, dass er das Für und Wider sorgfältig abwägen musste. Es war durchaus ein Risiko, seinen sicheren Job bei der Bank aufzugeben, um solch ein Unternehmen zu starten.

Der Augenblick der Entscheidung kam schließlich, als seine Frau ihn aufforderte, seinen Traum zu verwirklichen. Als er ihr von seinem zurückgekehrten Interesse erzählte, sagte sie zu ihm: „Wenn du diesen Roller für eine gute Idee hältst, dann verwirkliche ihn ... Du musst dich entscheiden: ja oder nein?" Und sie fügte hinzu, wenn er sich *dagegen* entscheiden würde, wolle sie nie wieder ein Wort darüber hören.

Ouboter rang noch zwei Tage lang mit sich und wog seine Zweifel gegen seine Begeisterung für den Scooter ab. Schließlich konnte er definitiv antworten: „Ja, ich will das machen", so erzählte er. *Ja.* Er hatte den Rubikon überschritten. Er würde jetzt alles unternehmen, was notwendig war, damit die Welt seinen kleinen Scooter positiv aufnahm.

Ouboters Erfahrung illustriert eine wichtige Voraussetzung für das Überschreiten des Rubikon: eine echte Wahlmöglichkeit.[62] Ohne Wahlmöglichkeiten – in der Realität oder in der eigenen Wahrnehmung – gibt es keinen freien Willen.[63] Eine echte Wahl zu treffen bedeutet, Optionen gegeneinander abzuwägen und sich die Vor- und Nachteile des eigenen Ziels im Vergleich zu anderen Alternativen bewusst zu machen. Es bedeutet, alle Zweifel und Konflikte zu überwinden, so wie Jessica Spungin es tun musste, bevor sie sich voll darauf einlassen konnte, den Partnerstatus anzustreben. Eine weitere wichtige Voraussetzung: Sie müssen Ihre persönliche Verantwortung für Ihr Ziel erkennen und, trotz aller rationalen Vorbehalte, akzeptieren.

Diese Verantwortung führt zu einer weiteren wesentlichen Frage: Können Sie sich als Manager wirklich für dieses Ziel verpflichten? Legen Sie eine Pause ein, denken Sie nach und entscheiden Sie sorgfältig. Ein Manager erzählte uns: „Über wichtige Entscheidungen schlafe ich immer mindestens eine Nacht. Ich brauche einen gewissen Abstand zu der Idee und dem ganzen Zusammenhang ... Manchmal sehen interessante Möglichkeiten zu Hause ganz anders aus ... Wenn ich mich entschließe, etwas zu machen, und am nächs-

---

62 Die Debatte über den freien Willen betonte die Bedeutung von Wahlmöglichkeiten für das Auftauchen von Volition und Verantwortung. Vgl. Binswanger (1991).

63 Die Bedeutung einer freien und informierten Entscheidung als Basis engagierten Handelns wurde von Argyris (1982) herausgestellt.

ten Morgen immer noch von der Idee überzeugt bin, dann weiß ich, dass ich bereit bin, mich wirklich darauf einzulassen."

Sobald Sie über Ihre Optionen nachgedacht und Ihren persönlichen Rubikon überschritten haben, betreten Sie ein Territorium, auf dem Sie Ihre Ausrichtung um jeden Preis bewahren müssen.

4.2.3 Die Ausrichtung auf das Vorhaben steuern

Gibt es in einem Unternehmen zahlreiche hyperaktive oder distanzierte Manager, so zieht das Energie und Fokus von zielgerichtetem Handeln ab. Wie Odysseus, der sich an den Schiffsmast binden ließ, während er an den verführerischen – und tödlichen – Sirenen vorbeisegelte, müssen Sie als zielgerichteter Manager Ihre Ausrichtung bewusst gegen Ablenkungen schützen.[64] Wie? Erstens, indem Sie Ihre Umgebung managen, zweitens, indem Sie Ihre Gedanken kontrollieren, einschließlich jener, die Ihr Vertrauen untergraben könnten, und drittens, indem Sie positive Energie bewahren.

Willensstarke Manager finden Mittel und Wege, um *ihre Umgebung so zu gestalten*, dass sie ihren Kurs stabilisiert. Das kann bedeuten, einen bestimmten sozialen Druck aufzubauen, der dafür sorgt, dass das Aufgeben des Ziels erschwert wird, zum Beispiel indem man öffentliche Erklärungen abgibt, bewusst knappe Termine für bestimmte Zwischenziele setzt oder wichtige Beteiligte darum bittet, die eigenen Aktivitäten regelmäßig zu überwachen. Eine andere Möglichkeit besteht darin, gewisse Zeitspannen ausschließlich für das jeweilige Projekt zu reservieren. Oder man kann auch versuchen, Ablenkungen zu minimieren, indem man beispielsweise E-Mails nur zu gewissen Zeiten täglich abruft. Wenn man sich dann langsam dem Ziel annähert, kann man bewusst den Druck erhöhen, indem man häufiger Meetings zum aktuellen Ergebnisstand abhält. Jede dieser Strategien kann helfen zu verhindern, dass Sie an Energie oder Fokus verlieren.

---

64 Kuhl und Mitarbeiter entwickelten die Theorie der Handlungskontrolle, die verschiedene Strategien zum Abschirmen einer Intention während des Durchführungsprozesses umfasst: Sie nannten diese Strategien *Motivationskontrolle, Emotionskontrolle, Aufmerksamkeitskontrolle, Entscheidungskontrolle* und *Umweltkontrolle.* Vgl. Kuhl/Fuhrmann (1998) sowie Kuhl (1987).

Sie müssen Ihre Ausrichtung außerdem schützen, indem Sie *Ihre Gedanken kontrollieren*. Wenn Sie anfangen, Ihr Ziel in Frage zu stellen – was unweigerlich geschehen wird –, benötigen Sie Werkzeuge, die Sie darin unterstützen, sich bewusst zu refokussieren. Versuchen Sie, sich dann an den magischen Augenblick zu erinnern, als Sie Ihren persönlichen Rubikon überschritten: Welche Versprechen haben Sie sich in diesem Augenblick gegeben? Willensstarke Manager fragen sich außerdem nicht einfach nur, ob sie das Richtige tun. Sie setzen eine ganze Reihe von Fragen ein, die ihnen helfen, sich vorzustellen, (1) was geschehen würde, wenn sie ihr Ziel nicht erreichen, (2) wie großartig sie sich fühlen werden, wenn sie Erfolg haben, und (3) die spezifischen Schritte, die notwendig sind, um ihr endgültiges Ziel zu erreichen. Wenn Sie es sich erlauben, die Spannung zwischen dem schlechtesten und dem besten Szenario zu visualisieren und zu fühlen, können Sie diese Spannung leichter auflösen und sich wieder auf das Erreichen Ihres Ziels konzentrieren.

Zur Kontrolle der Gedanken gehört auch, dass Sie Ihr Vertrauen in Ihre Fähigkeit, Ihr Ziel zu erreichen, aufrechterhalten.[65] Das ist der Grund, warum willensstarke Manager bewusst Mittel und Wege suchen, um Ihren Glauben an sich selbst zu stärken. Solches Vertrauen in sich selbst wird es Ihnen ermöglichen, energisch mit negativem Feedback und Hindernissen umzugehen. Wenn Sie sich dagegen überfordert oder inkompetent fühlen, verlieren Sie an Energie und werden Ihr Ziel leichter aufgeben. Die Erinnerung an vergangene positive Erfahrungen kann Ihnen helfen, Ihren Mut und Ihr Vertrauen aufrechtzuerhalten. Versuchen Sie, sich einen früheren Erfolg möglichst lebhaft und im Detail vorzustellen. Erinnern Sie sich vor allem daran, wie es Ihnen gelang, Hindernisse auf Ihrem Weg zu überwinden – und an Ihre Gefühle im Augenblick des Erfolgs. All diese Strategien können Ihnen helfen, Ihr Gefühl von Kompetenz auf dem Weg zu Ihrem Ziel zu bewahren.

Schließlich müssen Sie zum Schutz Ihrer Intention auch Mittel und Wege finden, um eine *positive Energie aufrechtzuerhalten*. Abgesehen von persönlicher Disziplin und Stärke ist diese positive Energie das auffallendste Merkmal willensstarker Manager. Sie sind selten pessimistisch, sondern meist mit Freude und Genuss bei der Arbeit.

---

65 Vgl. Bandura (1982).

Wie gelingt ihnen das? Indem sie konstruktiv mit Stress umgehen und gesunde Ausdrucksmöglichkeiten für ihre Gefühle finden.[66] Klaus Karl zum Beispiel lernte, Spannungen abzubauen und seine Energie zu erhalten, indem er bewusst begann, „viel zu arbeiten und viel zu spielen".

Als willensstarker Manager müssen Sie aktiv daran arbeiten, in sich Gefühle aufzubauen, die Ihnen Energie geben. Denken Sie daran, dass selbst das aufregendste Projekt mit der Zeit langweilig oder schwierig werden kann. Um Ihre Intention aufrechtzuerhalten, müssen Sie Dinge einplanen, die Ihnen Energie geben – zum Beispiel eine Belohnung für das Erreichen bestimmter Meilensteine. Außerdem müssen Sie Mittel und Wege finden, unangenehme Gefühle in positive Energie umzuwandeln. Dan Andersson von Conoco gelang genau das, indem er seinen Zorn und seine Frustration über die schmutzigen Tricks des Monopolisten in ein enthusiastisches „Wir werden dieses System stürzen" verwandelte.

Dasselbe gelang auch Wim Ouboter, als er seinen Microscooter auf den Markt brachte. Nach dem entscheidenden Gespräch mit seiner Frau gründete Wim Ouboter 1996 seine Firma Micro Mobility Systems und begann bald einen neuen Prototyp zu entwickeln – ganze sechs Jahre, nachdem er den ersten Scooter in der Garage abgestellt hatte. Etwa um diese Zeit brachte die Micro Compact Car AG (MCC AG) – ein Joint Venture von Mercedes-Benz und Swatch – den Smart auf den europäischen Markt, einen Kleinstwagen für den Stadtverkehr, der auch auf engstem Raum leicht zu manövrieren und einzuparken ist. Die Werbeslogans für den Smart – „Reduziert aufs Maximum" und „Die Zukunft der Mikromobilität" – sprachen Ouboter an, und er beschloss, sich an den Hersteller zu wenden. Er gestaltete seinen Prototyp so, dass er auch die Smart-Käufer ansprechen würde: kompakt, klappbar und leicht. Die Autohersteller stimmten zu, jeden Smart mit einem Scooter im Kofferraum auszustatten, vorausgesetzt, diese könnten in ausreichender Qualität und Zuverlässigkeit in hohen Stückzahlen produziert werden. Ouboter schien auf dem besten Weg zum Erfolg.

---

66 Vgl. Leventhal/Scherer (1987) und Taylor/Schneider (1989).

Mit einem angestrebten Verkaufsziel von 40000 Scootern begab sich Ouboter nach Taiwan und fand dort einen zuverlässigen Produzenten. Doch als Ouboter aus Taiwan zurückkehrte, hatten die Smart-Manager ihre Meinung geändert. Die Aufkündigung dieser Vereinbarung war ein schwerer Schlag für Wim Ouboter – doch sie konnte ihn nicht aufhalten. Tatsächlich nahm seine Entschlossenheit dadurch eher noch zu. „Ich sagte mir ‚Jetzt erst recht!'", erzählte uns Ouboter. „Ich werde der Welt zeigen, dass das ein fantastisches Produkt ist!"

Ouboter hielt weiterhin ein Marktpotenzial von 40000 Scootern für realistisch und begann sich nach anderen Vertriebskanälen, Marketingstrategien und Markteintrittsmöglichkeiten umzusehen. Und plötzlich geschah ein Wunder: Der Microscooter eroberte zunächst in Japan den Markt, dann in Europa, und schließlich in aller Welt. Im Dezember 2000 verkaufte Micro Mobility Systems 80000 Scooter *täglich*, mit Umsatzsteigerungen von 1400 Prozent pro Jahr. „Rückblickend war die Absage von Smart das beste, was mir passieren konnte", meinte Ouboter. Auch wenn dieser Rückschlag zunächst schmerzhaft war, gab er ihm die Energie, durchzuhalten und gegen alle Widerstände zum Erfolg zu gelangen. Ouboter sorgte außerdem dafür, dass seine Umgebung seine Intention unterstützte. Beispielsweise bat er sowohl seine Frau als auch seinen Vater, seine Fortschritte in Bezug auf bestimmte Meilensteine zu überwachen. Und er kontrollierte seine Gedanken. Wann immer er an sich zu zweifeln begann, dachte er an jenen Augenblick der Enttäuschung, als die Manager von Smart ihm eine Absage erteilten – und an das Versprechen, das er sich damals gab. Oder er erinnerte sich daran, wie er sich gefühlt hatte, als sein Roller sich in Japan erfolgreich durchgesetzt hatte. All diese Dinge halfen ihm, seine Ausrichtung zu halten und ihn seinem Ziel näher zu bringen.

4.2.4 Sich vom Vorhaben lösen

Ab einem bestimmten Punkt kann Willenskraft auch blind machen, sodass es extrem schwierig und schmerzhaft sein kann, ein Ziel wieder loszulassen.[67] Zwei unterschiedliche Probleme können dabei auftauchen:

- Erstens kann es passieren, dass man auf seinem Vorhaben beharrt, auch wenn das Projekt ganz offensichtlich unrealistisch oder zum Scheitern verurteilt ist. Dann setzt man immer mehr und mehr Energie ein, um das Unmögliche zu erreichen, statt das Ziel aufzugeben und eine neue Richtung einzuschlagen.
- Oder man ist so sehr in sein Projekt verliebt, dass man sich auch nach dessen Abschluss nicht von ihm lösen kann. Statt sich zurückzuziehen und einer neuen Herausforderung zuzuwenden, findet man Gründe, warum man weiter Zeit und Energie investieren sollte.

Wie kann man sich vor solch einer Willenspathologie schützen? Eine Möglichkeit besteht darin, sich von Anfang an klare Regeln für die Beendigung des Projekts zu geben. Solche Regeln sind besonders wichtig bei riskanten Projekten und bei Aktivitäten, bei denen die Voraussetzungen für den Erfolg unklar sind. Diese Regeln muss man für sich selbst aufstellen – die kritischen Ereignisse oder Zwischenergebnisse, die eine Beendigung des Projekts nach sich ziehen. Wenn Sie die erwarteten Ergebnisse klar definieren, können Sie auch entscheiden, wann Sie auf die Bremse treten sollten. Ohne solch klare Regeln erkennen Sie möglicherweise nicht, wann ein Projekt außer Kontrolle gerät. Bei mehrphasigen, sequentiellen Zielen sind wirksame Regeln dieser Art besonders wichtig, um zu entscheiden, wann Sie von einer Phase zur nächsten übergehen wollen.

Wim Ouboter demonstrierte genau diese Fähigkeit, seine Energie in neue Projekte zu lenken, als die Zeit dafür gekommen war. Nach dem Boom auf dem Rollermarkt – der 1999 in Japan begonnen hatte – folgte 2001 der unvermeidliche Rückgang. Zum ersten Mal seit

---

67 Volition scheint auch dazu beizutragen, Defizite im Bereich der Deaktivierung zu überwinden. Deaktivierungsdefizite zeigen sich sowohl in Form vorzeitiger Distanzierung als auch in Problemen bei der Loslösung von einer bestimmten Aktivität sowie dem Beginn einer neuen Aktivität. Vgl. Beckmann (1994). Die Probleme bei der Distanzierung umfassen zwei Phänomene: erstens das Verharren in unfruchtbaren Verhaltensweisen und die Unfähigkeit, sich in Situationen, in denen das Ziel unerreichbar geworden ist, zurückzuziehen, sowie zweitens Perfektionismus, d.h. eine starke Tendenz, auf der Intentionsrealisierung zu beharren, obwohl sie bereits erreicht ist. Vgl. Heckhausen (1991).

Monaten nahm sich Ouboter wieder Zeit zum Nachdenken und erkannte, dass er sehr viel mehr erreicht hatte, als er jemals zu träumen gewagt hätte. Die Konfrontation mit dem Bumerangeffekt eines toten Trends ließ ihn erkennen, dass es Zeitverschwendung wäre, Energie in den Versuch einer Reaktivierung zu stecken. Da er jedoch immer noch von seiner Vision von Mikromobilität überzeugt war, begann er mit neuen Ideen zu spielen. Er entwickelte Prototypen für verschiedene Mikrofahrzeuge, nahm mit mehreren Firmen Kontakt auf und produzierte verschiedene neue Produktideen, wie zum Beispiel ein Micro-Snowboard, ein Skateboard als Lifestyle-Produkt für BMW, einen trendigen Trolley für IKEA, mit dem sich Einkäufe im öffentlichen Nahverkehrsnetz transportieren lassen, sowie einen weiteren Trolley zum Transport von Ausrüstungsgegenständen für die Schweizer Armee.

Zielgerichtetes Handeln gründet auf dem Einsatz von Willenskraft. Willenskraft kann nicht nur Ihre mentale und emotionale Energie aktivieren, sie ermöglicht es Ihnen auch, Ihr Ziel selbst unter den widrigsten Umständen zu erreichen und es gegen Ablenkungen, Versuchungen, Selbstzweifel und Negativität zu verteidigen. Aus dem Willen stammt die Kraft, die während des gesamten Handlungsprozesses Ihre Energie stärkt und Ihren Fokus schärft.

Doch Willenskraft ist etwas, was wir nur selten bei Managern vorfinden. Nur wenige Manager haben den Mut, wirklich zu ihren Zielen zu stehen – was unvermeidlich bedeutet, andere Optionen auszuschließen. Nur wenige treffen jemals die bewusste Entscheidung, sich bedingungslos ihren Zielen zu verpflichten. Wenn sie es tun, haben sie dabei ausnahmslos ihren persönlichen Rubikon überschritten. Im folgenden Kapitel werden wir untersuchen, was in diesem entscheidenden Moment geschieht – und drei Strategien vorstellen, die Ihnen helfen können, von bloßer Motivation zu einer bewussten Aktivierung Ihrer Willenskraft zu gelangen.

Abbildung 4-2 *Die Willenskraft aktivieren*

Um Ihre Willenskraft zu aktivieren, müssen Sie ...

Ihr Vorhaben definieren. Stellen Sie fest, welches Ziel Sie erreichen möchten. Dieses Ziel sollte Sie auch emotional auf irgendeine Weise ansprechen. Anfangs kann Ihr Ziel durchaus noch vage und unklar sein, doch schließlich sollten Sie eine konkrete und greifbare Vorstellung davon haben, was Sie erreichen möchten. Sie müssen sich Ihr Ziel klar vorstellen können.

Sich Ihrem Vorhaben verpflichten. Treffen Sie eine bewusste Entscheidung, Ihre gesamte Ausrichtung und Energie auf ihr Ziel zu richten. In diesem Augenblick überschreiten Sie den Rubikon. Häufig kommt es vor, dass man aufgrund einer Reihe von Ereignissen oder aufgrund eines einzigen katalytischen Moments die Verantwortung für sein Ziel übernimmt. Die Konflikte und Zweifel in Bezug auf das Ziel lösen sich auf und man ist sich plötzlich sicher, dass man mit Herz und Verstand hinter seinem Ziel stehen kann.

Die Ausrichtung auf Ihr Vorhaben steuern. Erstens müssen Sie Maßnahmen ergreifen, um Ihre Umgebung so zu gestalten, dass Ablenkungen ferngehalten werden und Sie Ihren Fokus halten können. Zweitens müssen sie Ihre Gedanken kontrollieren – zum Beispiel mithilfe von Visualisierungstechniken –, um Ihr Ziel im Auge zu behalten und Ihr Vertrauen zu stärken. Drittens sollten Sie für positive Energie sorgen, indem sie lernen, mit unangenehmen Gefühlen umzugehen und positive Gefühle zu verstärken (auch hier können Visualisierungstechniken hilfreich sein).

Sich von Ihrem Vorhaben lösen. Dazu müssen Sie von Anfang an Ihre Regeln für die Beendigung des Projekts definieren. So sollten Sie zum Beispiel klar festlegen, was Ihre Kriterien für einen erfolgreichen Abschluss des Projekts sind – und andererseits auch, unter welchen Umständen Sie Ihre Energie umlenken, falls das Ziel aus irgendeinem Grund nicht mehr wünschenswert erscheint. Dann sollten Sie sich dazu verpflichten, diesen Regeln zu folgen.

Den Rubikon überschreiten

Kapitel 5

Rachel Davis, Analystin bei einem US-amerikanischen Finanzunternehmen, hatte eben ein Angebot für eine Position im Frankfurter Büro der Firma erhalten. Obwohl sie wusste, dass das Unternehmen vorhatte, seine Präsenz in Europa zu verstärken, und amerikanische Analysten benötigte, um die Dominanz der deutschen Großbanken auf dem Markt zu durchbrechen, kam das Angebot doch sehr überraschend für sie. Sie war in ihrer Position bisher sehr erfolgreich gewesen und hatte nie daran gedacht, im Ausland zu arbeiten. Erfolg auf dem Auslandsparkett konnte ihre Karriere enorm fördern und ihren Horizont erweitern, doch sie riskierte dabei auch, im Heimatbüro in Vergessenheit zu geraten, während sie sich mit einem fremden Land und einer fremden Sprache herumschlug.

Rachel Davis stand damit vor ihrem persönlichen Rubikon. Sollte sie ihn überschreiten oder nicht? Auf der einen Seite lag das Vertraute, auf der anderen das Unbekannte. Nach Europa zu gehen konnte ihr einen Misserfolg bringen oder aber dazu führen, dass ihre Karriere wie eine Rakete abhob. Das Frankfurter Büro wartete auf ihre Antwort: ja oder nein.

Was genau geschieht am Rubikon? Was macht diesen kritischen Augenblick aus, in dem ein Mensch von einem Zustand der Motivation, in dem er sich seiner Ziele nicht wirklich sicher ist, zu einem von Willenskraft bestimmten Zustand wechselt, in dem er bewusst auf bestimmte Ziele hinarbeitet? Was brauchte es für Rachel Davis, damit sie diese Linie überschreiten konnte?

In diesem Kapitel erforschen wir, was in diesem Augenblick der Entscheidung genau geschieht: wie sich die Willenskraft, die für zielgerichtetes Handeln notwendig ist, aktivieren und einsetzen lässt. Der Schlüssel dazu ist, wie wir feststellen konnten, ein Einklang der Gedanken und Gefühle in Bezug auf die geplanten Ziele.

5.1 Der entscheidende Augenblick

Als wir Manager zu dem Augenblick befragten, in dem sie ihren ganz persönlichen Rubikon überschritten, berichteten sie einige übereinstimmende Erfahrungen. Erstens entdeckten sie in diesen Augenblicken ihre tiefsten inneren Gefühle in Bezug auf ihr Ziel. Zweitens gewannen ihre Gedanken in Bezug auf ihr Ziel eine neue

Klarheit, und sie waren sich plötzlich sicher, dass sie ihr Ziel erreichen konnten. Drittens – und dies war der entscheidende Aspekt, der das willensbestimmte Handeln auslöste – *brachten sie ihre Gedanken und Gefühle in Bezug auf ihr Ziel in Einklang miteinander.*

Gefühle bewegen sich häufig in unterschiedliche Richtungen. In einem Moment hat man ein gutes Gefühl in Bezug auf ein bestimmtes Ziel, und im nächsten Augenblick beginnt man sich über den möglichen Ausgang Sorgen zu machen. So waren viele der im Rahmen unserer Untersuchung interviewten Manager manchmal voller Begeisterung für ihre Ideen und dann auch wieder besorgt, ob sie die Erwartungen ihrer Chefs oder Kollegen erfüllen konnten. Andere Manager fühlten sich von ihren Projekten emotional distanziert, auch wenn sie gelegentlich eine gewisse Begeisterung dafür aufbringen konnten, zum Beispiel, wenn sie sich die mögliche Belohnung oder Anerkennung bei einem Erfolg vorstellten.

Im Gegensatz zu Gedanken sind Gefühle meist allumfassend: Sie verkörpern eine ganzheitliche Einschätzung einer Situation, die auf Erfahrungen basiert.[68] Gemischte und widersprüchliche Gefühle verursachen unvermeidlich Stress und inneren Aufruhr, und solch ein emotionaler Konflikt kann stark belasten.

Der erste Schritt über den Rubikon besteht also darin, solche emotionalen Konflikte zu überwinden. Dieser oft langwierige und schmerzhafte Prozess führt zu einem klaren emotionalen Fokus – entweder einer entschiedenen inneren Ablehnung des Projekts oder einer bedingungslosen emotionalen Zustimmung in Form von Enthusiasmus und Engagement. Die emotionale Verwirrung macht einer tiefen persönlichen Ausrichtung und Entschlossenheit Platz.

Der zweite Schritt besteht in einer entsprechenden Auflösung der Unsicherheit in Bezug auf Ziele oder Vorgehensweisen auf der mentalen Ebene. Alle Manager jonglieren ständig mit mehreren Zielen gleichzeitig, und die meisten von ihnen leiden unter inneren Kon-

---

68 Psychologen sprechen vom „bewertenden Charakter“ von Emotionen. Ein wichtiges Merkmal dieses bewertenden Charakters ist ein intuitiver und ganzheitlicher Zugang zum Verstehen und Bewerten von Problemen. Gefühle erlauben es einem, rasch zwischen gut und schlecht in Bezug auf die persönlichen Ziele, das eigene Wohlergehen, mögliche Misserfolge und Ergebnisse zu unterscheiden. Vgl. Atkinson (1996).

flikten bezüglich der Priorität dieser Ziele, zum Teil, weil sie nur eine vage Vorstellung von den angestrebten Ergebnissen haben, und zum Teil, weil sie oft viel Zeit mit aus ihrer Sicht unnützen Tätigkeiten verbringen müssen.[69] Die Erwartungen anderer oder die Anforderungen formaler Richtlinien haben einen starken Einfluss auf sie. Manager fühlen sich häufig zwischen widersprüchlichen Zielen gefangen, weil anscheinend sinnlose Aufgaben einen großen Teil ihrer Zeit und Energie beanspruchen.

Es ist klar, dass Manager immer unter Zielkonflikten leiden werden. Widersprüche und das Verfolgen mehrerer Projekte gleichzeitig sind bei Managementaufgaben unvermeidlich, und die daraus entstehenden Spannungen können auch ein Anreiz zu Kreativität und Innovation sein. Doch wenn solche Konflikte zu extrem werden und zu lange anhalten, ziehen sie Energie ab, führen zu Halbherzigkeit bei allen Aktivitäten und zu einer kontraproduktiven kurzfristigen Orientierung.[70] Wie bei emotionalen Konflikten kann ein Mangel an Klarheit in Bezug auf die angestrebten Ziele zu einer persönlichen Belastung werden. Dann fühlen sich Manager von den Zeitvorgaben überfordert, vergeuden ziellos ihre Energie und liefern schließlich schlechte Leistungen ab.

Mit dem Überschreiten des Rubikons verschwinden solche Zielkonflikte. Selbstvertrauen und Entschlossenheit in Bezug auf die Prioritäten ersetzen Verwirrung und innere Zweifel. Manager, die das störende Hintergrundrauschen endlich ausgeblendet haben, stellen meist fest, dass sie dadurch neue Energie gewinnen.

Der dritte Aspekt beim Überschreiten des Rubikons – und derjenige, der tatsächlich der Schlüssel zu einem von Willenskraft bestimmten Handeln ist – ist der Einklang von Gefühlen und Gedanken in Bezug auf das Ziel, der dabei entsteht.[71] Viele Manager berichten im Gegensatz dazu von einer fehlenden Verbindung zwischen ihren Gefühlen und ihren rational abgeleiteten Zielen. Daraus entstehen

69 Zur Wirkung mentaler Repräsentationen vgl. Gollwitzer (1993).
70 Vgl. Emmons/King (1988).
71 Vgl. Ghoshal/Bruch (2003).

starke psychologische Konflikte und ein Gefühl von Unbehagen, das zielgerichtetes Handeln verhindert.[72]

Am Rubikon wird dieser Zwiespalt aufgelöst. Wir haben beobachtet, dass es bei Managern, die die Kluft zwischen Motivation und Willenskraft überschritten hatten, keinen Widerspruch mehr gab zwischen ihren rationalen Zielen und dem, was ihr Gefühl ihnen riet. Statt aus einem rein emotionalen Impuls oder aus einer rein mentalen Rationalität heraus zu handeln, standen sie nun sowohl emotional als auch intellektuell hinter ihren Projekten. Der Einklang der emotionalen und rationalen Kräfte gab ihnen die Kraft und den Wagemut, konsequent und zielgerichtet zu handeln.

Wie können Manager nun einen solchen Einklang bewirken, um anschließend ihre Aufgaben zielgerichtet in Angriff zu nehmen?

5.2 Gedanken und Gefühle in Einklang bringen: Drei Strategien und eine Grenze

Gedanken und Gefühle in Bezug auf ein Ziel stammen häufig aus so unterschiedlichen Quellen, dass es eine echte Herausforderung sein kann, sie miteinander in Einklang zu bringen. Doch lässt sich dies mit Hilfe von drei unterschiedlichen Strategien erreichen, die man einzeln oder in Kombination einsetzen kann.[73]

Bei der ersten Strategie geht es darum, das Ziel zu stärken, indem man unterstützende Gefühle aktiviert.[74] Die zweite Strategie besteht darin, sich mit den Gefühlen auseinander zu setzen, die das Verfolgen der Ziele behindern könnten. Diese beiden Strategien beruhen auf einer Art emotionaler Selbstdisziplin – negative Tendenzen müssen entweder gezügelt oder überlistet werden.

---

72 Vgl. Kehr (2002).

73 Vgl. Kehr (2004).

74 Diese Strategien spiegeln die beiden Hauptaufgaben der Willenskraft wider – Energie zum Verfolgen des Ziels zur Verfügung zu stellen und Gefühle zu unterdrücken, die das Verfolgen des Ziels behindern. Vgl. Kuhl/Fuhrmann (1998).

Daher sind diese beiden Strategien zwar nützlich und gelegentlich auch notwendig, können auf Dauer aber an Grenzen stoßen.[75] Manager, denen es gelingt, kontinuierlich die ganze Kraft ihres Willens zu aktivieren, bedienen sich dazu in der Regel einer dritten Strategie: Sie versuchen einen Zustand des Flows zu erreichen (siehe Abb. 5-1), in dem sich die rationalen Ziele und die Gefühle ganz natürlich überlappen, so dass sie gemeinsam in eine Richtung fließen.[76]

Wenn Gedanken und Gefühle in Bezug auf das Ziel im Einklang sind — ***Abbildung 5-1***

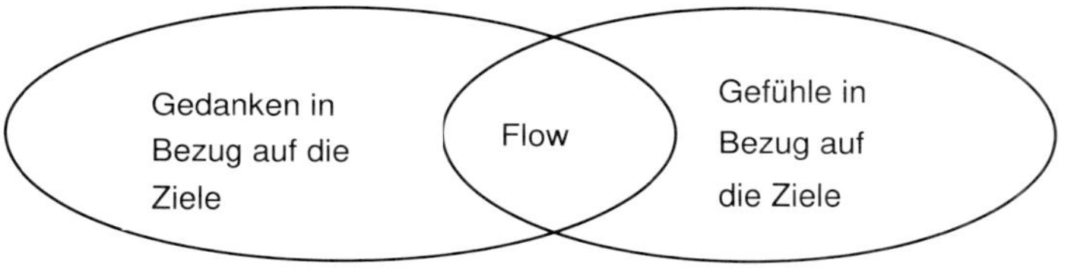

Wir wollen nun jede dieser Strategien einzeln betrachten.

5.2.1 Strategie 1: Gefühle aktivieren, die das Ziel unterstützen

Manager, die diese Strategie einsetzen, entwickeln bewusst positive Reaktionen auf starke Gefühle, die im Zusammenhang mit ihrem Ziel auftauchen, um sich auf Kurs zu halten. Häufig verwenden sie dabei bestimmte stark emotional besetzte Bilder.[77]

Dan Andersson von Conoco verwendete diese Strategie beispielsweise bei seinem Kampf gegen das Öl- und Gasmonopol. Indem er

---

75 Beide Strategien sind eine Form der Selbstkontrolle, durch die Gefühle zugunsten rationaler Ziele manipuliert oder unterdrückt werden, statt sie produktiv mit der Ratio zu verbinden, wie es die Selbstregulation tut. Vgl. Kuhl (1992).

76 Csikszentmihalyi führte das Konzept des Flows ein, das einen Zustand optimaler oder autotelischer Erfahrung beschreibt, mit maximaler Energie und vollkommenem Einsatz für eine Aktivität, die vollständige Konzentration erfordert. Vgl. Csikszentmihalyi (1990/1999) und Csikszentmihalyi/LeFevre (1989).

77 Vgl. Kehr (2002).

sich mit den Protagonisten des Films „Die Unbestechlichen" identifizierte, konnte er sich als jemanden sehen, der dabei war, das System zu stürzen - und dieses Bild gab ihm die Kraft, sein Ziel auch unter äußerst widrigen Umständen zu verfolgen.

Um zu solch einem Bild zu gelangen, können Sie dieselben Schritte einsetzen, die wir bereits im Zusammenhang mit dem Steuern der Ausrichtung vorgeschlagen haben:

- Stellen Sie sich vor, was passieren würde, wenn Sie sich entscheiden würden, dieses Ziel nun doch nicht weiter zu verfolgen. Fragen Sie sich, wie sich das anfühlen würde und was andere von Ihnen denken würden.
- Fragen Sie sich selbst: „Wie werde ich mich fühlen, wenn ich mein Ziel erreicht habe? Was werden andere dazu sagen? Und wie werde ich mich später fühlen, lange nachdem ich mein Ziel erreicht habe?"
- Malen Sie sich ein inneres Bild aus von allem, was Sie tun müssen, um Ihr angestrebtes Ziel zu erreichen. Fragen Sie sich selbst: „Welche Art von Energie brauche ich, um dieses Ziel zu erreichen? Wie kann ich mit Rückschlägen umgehen?"

Indem Sie wiederholt mit diesen Bildern spielen, konzentrieren Sie Ihre Willenskraft auf die positiven wie auch die negativen Aspekte Ihres Wegs zum Erfolg – und können dadurch die Spannung zwischen diesen beiden allmählich auflösen.

Warum spielt es eine Rolle, ob diese Spannung aufgelöst wird oder nicht? Weil eine ausschließliche Konzentration auf die positiven Aspekte des möglichen Ergebnisses zu einer gewissen Oberflächlichkeit in der Ausrichtung auf das Ziel führen würde, während ein ausschließlicher Fokus auf die problematischen Aspekte bedeuten würde, dass Sie nur negative Gefühle – wie Angst, Scham oder Schuld – als motivierende Faktoren für Ihre Aktivitäten benutzen. Die Gegenüberstellung der positiven und negativen Aspekte in Verbindung mit der Vorstellung, welche Anstrengungen notwendig sind, um das Ziel zu erreichen, ermöglicht es Ihnen dagegen, die für das Verfolgen Ihrer Ziele notwendige Begeisterung und das erforderliche intensive Engagement zu mobilisieren.

5.2.2 Strategie 2: Mit Gefühlen umgehen, die vom Ziel ablenken

Die meisten Manager haben von Anfang an gemischte Gefühle in Bezug auf ihre Ziele und Aktivitäten. Das gilt insbesondere für Unternehmen, die in Schwierigkeiten sind, weil dann unangenehme Aufgaben den größten Teil der Arbeit ausmachen. Bei der Umstrukturierung der Lufthansa beispielsweise waren alle Manager unter schwierigen Bedingungen mit unangenehmen Aufgaben konfrontiert. Die meisten litten nicht nur unter der zusätzlichen Arbeitsbelastung und langfristigem Stress, sondern auch unter starken emotionalen Spannungen. Wie uns der Leiter eines Projektteams erzählte: „Dieses Projekt brachte mich an meine Grenzen. Abgesehen von der immensen Arbeitsbelastung war es überaus anstrengend, die notwendige Ausdauer aufzubringen, um Hindernisse zu überwinden, alle möglichen neu auftauchenden Probleme zu lösen und nicht nur mit meinen eigenen Gefühlen, sondern auch noch mit den Emotionen anderer Mitarbeiter umzugehen."

Es gibt bei den meisten Managern zwei unterschiedliche, aber gleichermaßen ineffektive Reaktionen auf solche intensiven Gefühle:

- Die einen versuchen ihren Gefühlen zu entkommen. Wenn sie mit Angst oder Frustration konfrontiert sind, geben sie ihre Ziele aus Unsicherheit oder Entmutigung auf. In Umbruchsituationen oder bei schwierigen Projekten stoßen sie rasch an ihre Grenzen und werden in der Regel zu distanzierten Managern.
- Die anderen versuchen ihre Gefühle vollkommen zu unterdrücken. Um Stärke zu demonstrieren, leugnen sie allzu schnell ihre Zweifel. Zwar ist diese Strategie anfangs oft wirksam, doch taucht die negative Energie irgendwann schließlich doch wieder auf. Dann fühlen sie sich von der Realität der Situation überwältigt und wechseln zu einem Projekt mit höherer Priorität – oder zumindest machen sie sich das dabei vor.

Viele Projekte scheitern also im Endeffekt daran, dass Manager sich nicht von Anfang an mit allen ihren Gefühlen in Bezug auf ein Ziel auseinander setzen.

Um also nicht ständig abgelenkt zu werden oder vom Weg abzukommen, müssen Sie sich aktiv mit Ihren negativen und positiven emotionalen Reaktionen auseinander setzen. Sonst kann es passieren, dass angenehme Gefühle Sie dazu verleiten, sich einem Ziel zuzuwenden, das im Widerspruch zu bereits beschlossenen Zielen steht. Um mit solch ablenkenden Gefühlen umzugehen, können Sie beispielsweise Bilder heraufbeschwören, die diesen alternativen Möglichkeiten die Attraktivität nehmen.

Ein Beispiel zur Illustration dieser Vorgehensweise ist der Fall von Peter Meyer, einem jungen Rechtsanwalt, der beim Projekt eines großen Urban-Entertainment-Centers für die Klärung der Bauvorschriften verantwortlich war. Meyer genoss seine Beteiligung an diesem ehrgeizigen und extrem anspruchsvollen Vorhaben. Doch eine Änderung in der Beförderungspolitik seiner Firma verringerte seine Chancen auf einen Aufstieg im Zusammenhang mit dem Projekt, und der Investor bekam plötzlich Zweifel an der möglichen Profitabilität des Centers. Verzögerungen, langwierige Entscheidungsprozesse und mangelnde Anerkennung beeinträchtigten Peter Meyers Begeisterung für seine Arbeit. Er begann davon zu träumen, die Firma zu verlassen und sich selbstständig zu machen. Schon bald begann der ständige Konflikt zwischen der Unzufriedenheit mit seiner Arbeit und den möglichen Alternativen an ihm zu zehren.

Peter Meyer war klar, dass er sich mit diesen emotionalen Ablenkungen auseinander setzen musste, um auf Kurs zu bleiben. Als er seine Möglichkeiten ernsthaft untersuchte, wurde ihm bald klar, dass er als Selbstständiger niemals an den großen, anspruchsvollen Projekten mitarbeiten würde, die ihm besonders zusagten, wie diesem Entertainment-Center oder einer Flughafen-Privatisierung oder ähnlichen innovativen Großprojekten. Wie sehr würde ihm diese Art von Arbeit fehlen? Ihm wurde klar, wie viel Begeisterung er für sein momentanes Projekt tatsächlich verspürte. Und dass die Alternative für ihn Routine, Mittelmäßigkeit und Langeweile bedeuten würde. Er sah sich als Top-Anwalt in einer großen Firma, nicht als Solist, der jeden angebotenen Job annehmen musste, um zu überleben. Langsam verlor so die Vorstellung von Selbstständigkeit für ihn an Attraktivität. Wann immer er nun bei der Entwicklung des Entertainment Centers mit unangenehmen Aufgaben konfrontiert war und Zweifel an seiner Arbeit auftauchten, erinnerte er sich an diese Erkenntnis. Aufgrund seines außergewöhnlichen Einsatzes und Erfolgs wurde er von seiner Firma schließlich doch noch belohnt, indem sie bei ihm eine Ausnahme machten und ihn bereits acht Monate später zum Partner beförderten.

Abgesehen von ablenkenden Gefühlen müssen Sie auch mit negativen Verhaltensweisen umgehen, die Sie davon abhalten, Ihr Ziel konsequent zu verfolgen. Dazu ist es wichtig, dass Sie alle starken Gefühle anerkennen und sich mit Ihren Zweifeln in Bezug auf Ihr Ziel auseinander setzen, indem Sie sich den kompletten Ablauf bis zum Erfolg vorstellen. Dann sollten Sie sich die Frage stellen: „Was könnte auftauchen, das mich frustriert, ängstigt oder zu Tode langweilt?"

Um Ihre Willenskraft zu aktivieren, müssen Sie aber mehr tun, als Ihre unangenehmen Gefühle nur zu konfrontieren oder zu beseitigen. Sie müssen vielmehr Möglichkeiten finden, um negative in positive Energie zu verwandeln. Statt sich von Hindernissen schwächen oder entmutigen zu lassen, müssen Sie Ihren Stolz aktivieren und die emotionalen Konsequenzen eines Misserfolgs (wie Ärger oder Scham) dazu verwenden, um zusätzliche Energie zu mobilisieren.[78] Bei dieser Transformation der inneren Energie kann es hilfreich sein, positive innere Bilder einzusetzen, negative Gedanken mit einer Vertrauensperson zu besprechen oder manchmal auch einfach nur, die Sache mit ein bisschen Humor zu betrachten.[79]

Beispielsweise stellte der Leiter eines Change-Management-Projekts bei einem High-Tech-Unternehmen fest, dass ein bestimmter Vorgesetzter ihm und seinem Mitarbeiterteam Sorgen bereitete. Da sie befürchteten, dass dieser Manager die besten Ideen des Teams kritisieren und ablehnen würde, entschieden sie sich schließlich zu einem Rollenspiel, bei dem eines der Teammitglieder die Rolle des Vorgesetzten übernahm, um sich auf mögliche negative Szenarien einzustellen. Bald war die gesamte Gruppe am Lachen und konnte ihre Ängste und Befürchtungen dadurch leichter in den Griff bekommen. Das Ergebnis war, dass die Teammitglieder sich in einer sicheren Atmosphäre mit ihren Gefühlen auseinander setzen und

78 Die Volitionstheorie führt das Phänomen der vermehrten Energie angesichts von Rückschlägen auf das „Prinzip der Schwierigkeit" zurück. Dieses Prinzip besagt, dass die Anstrengungen zum Erreichen einer bestimmten Intention eine positive Funktion der wahrgenommenen Schwierigkeiten beim Durchführen der beabsichtigten Handlung sind, sodass Hindernisse zu einer verstärkten Willenskraft führen. Vgl. Ach (1910).

79 Zu Volitionsstrategien der emotionalen Selbstregulation vgl. Kuhl (1987) und Kuhl/Kazén (1999) sowie Erber/Erber (2000) und Morris/Reilly (1987).

positive Verhaltensmöglichkeiten bei der Auseinandersetzung mit ihrem Vorgesetzten identifizieren konnten. Alle fühlten sich anschließend besser vorbereitet und zuversichtlich in Bezug auf die bevorstehende Konfrontation.

Auch Wim Ouboter hatte sich in einer frühen Projektphase einmal mit einem möglichen Projektpartner getroffen, der den Scooter schließlich verächtlich kommentierte und meinte, „kein Kind würde sich damit sehen lassen wollen". Statt sich davon beeindrucken zu lassen, schaffte es Ouboter, diesen negativen Kommentar zu seiner eigenen Motivation einzusetzen, und er erinnerte sich später immer wieder daran, wenn er einen extra Energieschub benötigte.

Eine weitere Möglichkeit des Umgangs mit negativer Energie besteht darin, sich auf humorvolle Weise von der Situation zu distanzieren. Ein Lufthansa-Manager, der an einem sehr schwierigen Transformationsprojekt beteiligt war, erzählte uns zum Beispiel: „Nachdem ich mich entschlossen hatte, das Projekt zu leiten, überkam mich Angst vor der immensen Verantwortung. Als der Druck dann irgendwann zu groß wurde und ich kurz davor war, aufzugeben, stellte ich mir das Ganze einfach als lebensgroße Version eines Videospiels vor. Und plötzlich war ich begeistert davon, an diesem Prozess beteiligt zu sein."

5.2.3 Die Grenzen der Selbstdisziplin

Sowohl Strategie 1 (das Aktivieren von Gefühlen, die das Ziel unterstützen) als auch Strategie 2 (das Umgehen mit Gefühlen, die vom Ziel ablenken) machen es erforderlich, dass Sie lernen, sich selbst zu überlisten. Mithilfe dieser Strategien können Sie so viel Selbstdisziplin und Stärke entwickeln, dass die rationale Entscheidung für Ihr Ziel den Schwankungen wechselnder Gefühle widerstehen kann. Sehr disziplinierte Manager können damit sogar Energie für Dinge aufbringen, von denen sie zunächst nicht besonders begeistert sind oder die sogar im Widerspruch zu ihrer Intuition stehen. Das gelingt, wie wir gezeigt haben, indem man positive Energie aufbaut und gleichzeitig mit den negativen Reaktionen auf starke Gefühle umgeht. Statt sich nur auf das Erreichen eines bestimmten Ziels hin zu disziplinieren, muss man seine Ängste und Befürchtungen anerkennen, dabei gleichzeitig aber positiv über das Ziel und die Schritte dorthin denken.

Diese Strategien zur Aktivierung von Willenskraft können manchmal jedoch an eine Grenze stoßen – vor allem wenn man Gefühle benutzt, um Energie zum Handeln aufzubauen.[80] Beispielsweise trafen wir auf verschiedene Manager, die sehr streng mit sich selbst waren und bei ihrer Arbeit ständig ihre persönlichen Neigungen und Gefühle vernachlässigten. Sie setzten sich bereitwillig für die Ziele anderer ein, ohne ihre eigenen Bedürfnisse zu berücksichtigen. Bei der Ausführung gingen sie mit äußerster Selbstdisziplin vor, wobei sie wiederum ihre eigenen Bedürfnisse und Gefühle vernachlässigten. Sie verfolgten diese Ziele, selbst wenn sie keine Neigung dazu verspürten, nicht mehr hinter ihren eigenen Handlungen stehen konnten und sich sogar innerlich im Widerstand gegen diese Ziele befanden.

Diese Stärke wurde jedoch häufig zu einer Schwäche, wenn die Kluft zwischen den Zielen und ihren individuellen Bedürfnissen immer größer wurde. Dann fühlten sich diese Manager aufgrund dieser Diskrepanz natürlich ärgerlich, besorgt und schuldig, und so wirkte sich ihre übersteigerte Selbstdisziplin auf die Dauer *gegen* ihre Ziele aus. Die übermäßig disziplinierten Manager in unserer Untersuchung fühlten sich rasch überfordert und hatten im Endeffekt keinen Erfolg. Da sie ständig nur versuchten, die Erwartungen anderer zu erfüllen, entwickelten sie keinen eigenen Standard, an dem sie sich und ihre Leistungen messen konnten. Manche unter ihnen stellten sich und ihren eigenen Wert ständig in Frage, wirkten gehetzt und voll innerer Unruhe und hatten immer Angst, nicht gut genug zu sein. Im Gegensatz zu anderen Kollegen, die ihre Gefühle als Energiequelle nutzen konnten, fehlte ihnen die Fähigkeit, einfach von innen heraus zu handeln. Dadurch ermüdeten sie rascher und gelangten in der Regel irgendwann an ihre Grenzen. Dadurch, dass sie ihre Bedürfnisse leugneten, fühlten sie sich zunehmend irritiert und entfremdet. Statt ihre emotionalen Reaktionen selektiv zu kontrollieren und ihre Gefühle für ihre Arbeit zu nutzen, ließen diese Manager zu, dass ihre unterdrückten Gefühle sich gegen sie wandten. Diese ständige Spannung zwischen Gefühlen und Zielen führte

80 Vgl. Kuhl/Fuhrmann (1998).

häufig zu Burnout-Syndromen – und schließlich verloren solcherart disziplinierte Manager ihre Ziele oft komplett aus den Augen.[81]

Ganz offensichtlich sollten die beiden Strategien 1 und 2 also nicht im Übermaß eingesetzt werden. Auch wenn es kurzfristig möglich sein mag, innere Bedürfnisse zu unterdrücken, kann das auf Dauer nicht funktionieren und wird schließlich jeden Fortschritt in Richtung der eigenen Ziele sabotieren. Um dauerhaft mit Willenskraft handeln zu können, sollten Manager darauf achten, dass eine weitgehende Übereinstimmung zwischen ihren rationalen Zielen und ihren tiefen emotionalen Bedürfnissen besteht – wodurch sie einen Zustand des Flow erreichen können.

5.2.4 Strategie 3: Einen Zustand von Flow erreichen

Wenn Manager dauerhaft mit Willenskraft handeln möchten, genügt es nicht, nur bestimmte Gefühle zur Unterstützung ihrer Ziele zu nutzen oder ihre emotionalen Impulse zu zügeln. Sie müssen außerdem eine Strategie einsetzen, die zunächst vielleicht befremdend wirken könnte, letztlich jedoch enorme Stärke vermittelt. Sie müssen nach Lösungen suchen, bei denen ihre Gedanken und Gefühle in Bezug auf ihre Ziele von allein übereinstimmen, und, falls nötig, ihre Ziele so verändern, dass sie mit ihren Gefühlen in Einklang sind. Solch einen Zustand von Flow zu erreichen – ein Phänomen, das zum ersten Mal durch den Psychologen Mihaly Csikszentmihalyi beschrieben wurde – erfordert mehr Mut und mehr Aufwand während des Entscheidungsprozesses.[82] Langfristig hat man jedoch im Zustand des Flow mehr emotionale Energie zur Verfügung, um seine Ziele zu verfolgen. Die Willenskraft erreicht hier ihre maximale Stärke, und selbst ehrgeizige Ziele lassen sich erreichen, ohne dass man seine Aktivitäten als Anstrengung betrachtet. Stattdessen geht man völlig in seiner Arbeit auf.

In Wim Ouboters Geschichte gab es beispielsweise einen Augenblick, in dem er genau diesen Zustand des Flow erreichte. Lange

---

81 Vgl. Kuhl/Fuhrmann (1998) und Kehr (2002).

82 Vgl. Csikszentmihalyi (1990).

Zeit hatte er mit Überlegungen gerungen, wie sich seine Bankkarriere mit dem Traum von einem eigenen Unternehmen auf der Basis des Scooters verbinden ließe. Irgendwann wurde diese Vorstellung zu überwältigend, und er gab sie vollständig auf. Als er jedoch realisierte, dass er sich weiter in Tagträumen über seinen kleinen Scooter verlor, wurde ihm klar, dass er seine gesamte Karriere ausschließlich auf dieser Idee aufbauen musste, statt zu versuchen, sie neben seiner Bankkarriere zu verwirklichen. Also entschloss er sich genau dazu. Dieser Schritt basierte nicht auf einem spontanen Impuls, sondern auf einer sorgfältig abgewogenen Entscheidung, die er nach einer intensiven Auseinandersetzung mit seiner Frau und sich selbst traf. Dadurch war er schließlich zu der Überzeugung gekommen, dass sein Traum jedes damit verbundene Risiko wert war. Er stand mit Herz und Verstand hinter seiner Entscheidung, und in diesem Zustand des Flow begann er seinen Traum zu verwirklichen.

Um mit Willenskraft zu handeln, müssen Sie also Ihren Bereich von Flow auf vielerlei Weise erweitern und verstärken.[83] Zunächst müssen Sie sich Ihrer Gefühle und Ihrer automatischen Reaktionen auf diese Gefühle bewusst werden – das bedeutet, Ihre tiefsten Sehnsüchte zu erkennen und gleichzeitig auch zu verstehen, warum Sie Widerstände gegen bestimmte Intentionen und Ziele haben. Sich von äußeren Erwartungen frei zu machen – indem Sie sich zum Beispiel freie Zeit zum Nachdenken und Reflektieren gönnen – kann Ihnen dabei helfen, Ihre verborgenen Gefühle aufzuspüren und sich ehrlich die Frage zu beantworten, welchen Weg Sie tatsächlich einschlagen möchten. Sobald Sie sich ihrer negativen Verhaltensweisen im Zusammenhang mit bestimmten Gefühlen bewusst sind, müssen Sie diese Verhaltensweisen sorgfältig untersuchen. Stellen Sie sich die unterschiedlichen Handlungsoptionen so genau wie möglich vor, und fragen Sie sich dann, wie Sie sich in Bezug auf jede einzelne dieser Optionen tatsächlich fühlen. Oder stellen Sie sich die einzelnen Schritte zu Ihrem Ziel vor und achten Sie auf negative emotionale Reaktionen, die das jeweilige Bild beeinträchtigen.

Wenn Sie nun diesen Prozess durch eine rationale Analyse der Gründe für diese Gefühle ergänzen, können Sie Ihre Ziele mit Ihren Gefühlen in Einklang bringen. Das Einbeziehen Ihres Verstandes

83 Vgl. Kehr (2002).

verhindert, dass Sie zu generelle, oberflächliche oder vorschnelle Entscheidungen treffen, die einfach nur auf einem Gefühl basieren.[84] Stellen Sie sich beispielsweise folgende Fragen: „Was möchte ich wirklich erreichen? Welche Aktivitäten lösen bei mir Gefühle von Angst oder Frustration aus? Kann ich diese Gefühle ertragen, oder fühle ich mich ihnen ausgeliefert?"

Dann können Sie diese Einschätzung Ihrer Gefühle dazu verwenden, gegebenenfalls Ihre Ziele entsprechend zu modifizieren. Indem Sie Ihr Vorhaben verändern, Ihre Ziele neu definieren oder neue Wege einschlagen, können Sie die emotionalen Gegebenheiten berücksichtigen, die Sie später behindern würden – und leichter in einen Zustand des Flow gelangen.

Abbildung 5-2 *Gedanken und Gefühle in Einklang bringen*

Um die Sicherheit und Entschlossenheit zu finden, die erforderlich sind, um den Rubikon zu überschreiten und sich bedingungslos einem Ziel zu verschreiben, müssen Gefühle und Gedanken in Bezug auf das Ziel im Einklang sein. Dafür können Sie folgende Strategien einsetzen:

Strategie 1. Nutzen Sie Gefühle, die Ihr Ziel unterstützen. *Erzeugen Sie bewusst Gefühle, die Sie bei der Erreichung Ihrer Ziele unterstützen. Stellen Sie sich bestimmte Bilder vor, um sich auf Ihr Ziel zu fokussieren. Stellen Sie sich folgende Fragen:*

- Wie werde ich mich fühlen, wenn ich mein Ziel nicht erreiche?
- Wie werde ich mich fühlen, wenn ich Erfolg habe?
- Welche Rückschläge können auftreten, und wie kann ich mit ihnen umgehen?
- Welche Gefühle führen bei mir automatisch zu positiven Reaktionen?

84 Das bewusste und überlegte Einbeziehen von Gefühlen bei Entscheidungsprozessen ist von emotionalen oder rein gefühlsmäßig getroffenen Entscheidungen zu unterscheiden. Die aktive Berücksichtigung der eigenen Gefühle ist ein Hauptbestandteil der emotionalen Intelligenz. Vgl. Salovey/Mayer (1990).

Strategie 2. Setzen Sie sich mit den Gefühlen auseinander, die Sie von Ihrem Ziel ablenken.

- Welche Gefühle führen zu Verhaltensweisen, die Sie von Ihrem Ziel abbringen? Setzen Sie Bilder ein, um diese Verhaltensweisen für sich unattraktiv zu machen.
- Erkennen Sie unangenehme Gefühle wie Zweifel und Frustration an und sprechen Sie darüber, statt sie zu vermeiden.
- Verwandeln Sie Negativität in positive Energie: Nutzen Sie positive mentale Bilder, sprechen Sie mit vertrauten Freunden und Kollegen über negative Gedanken und Gefühle, betrachten Sie Ihre Ängste und Zweifel mit Humor, nutzen Sie die Ablehnung anderer, um Ihren Stolz zu wecken und Sie auf Ihr Ziel hin zu motivieren, gehen Sie bei stark negativ geladenen Situationen ein wenig auf Abstand, um ihre Macht über Sie zu verringern.

Strategie 3. Versuchen Sie, einen Zustand von Flow zu erreichen. *Zwar können die bisher angeführten Strategien Ihnen in begrenztem Umfang helfen, Ihre Willenskraft zu mobilisieren, doch nur ein Zustand von Flow kann zu dauerhaft willensmotiviertem Handeln führen. Um diesen Zustand zu erreichen, müssen Sie Folgendes tun:*

- Lösungen suchen, bei denen Ihre Ziele und Ihre Gefühle von selbst übereinstimmen. Gegebenenfalls müssen Sie Ihre Ziele so modifizieren, dass Sie mit Ihren Gefühlen im Einklang sind.
- Ihre tiefsten Wünsche identifizieren und verstehen und gleichzeitig herausfinden, warum Sie Widerstände gegen Ihre rationalen Ziele haben. Versuchen Sie, sich Zeit zum Nachdenken und Reflektieren zu nehmen, und um verborgene Gefühle zu entdecken.
- Negative Reaktionen auf Gefühle sorgfältig prüfen. Stellen Sie sich die einzelnen Schritte zu Ihrem Ziel vor und achten Sie dabei auf negative Reaktionen. Fragen Sie sich: „Welche Handlungen, Ereignisse oder Interaktionen lösen bei mir Gefühle aus, die zu negativen Verhaltensweisen führen?' Und: „Kann ich diese intensiven Gefühle aushalten, oder überwältigen sie mich?"

Der Fall von Matthias Mölleney, ehemaliger Personalleiter der inzwischen aufgelösten Swissair, zeigt, wie man seine Gedanken und

Gefühle in Bezug auf ein Ziel in Einklang bringen kann – und wie die drei erwähnten Strategien dabei helfen können, von bloßer Motivation zur Willenskraft zu gelangen.

5.3 Der Fall Matthias Mölleney

Schon vor dem 11. September 2001 befand sich die Swissair in finanziellen Schwierigkeiten. Die anschließende Schließung des amerikanischen und kanadischen Luftraums in Verbindung mit Flugumleitungen, ausfallenden Flügen und einer drastisch reduzierten Nachfrage führte bei der Gesellschaft jedoch zu enormen Verlusten und einer Abwertung von Unternehmensteilen. Innerhalb eines Monats wurde bei Swissair der Abbau von fünftausend Beschäftigten auf allen Ebenen beschlossen.

Am letzten Sonntag im September rief der Vorstandsvorsitzende Mario Corti Matthias Mölleney bei sich zu Hause an. „Kommen Sie zu mir ins Büro", sagte er zu ihm. Mölleney war Personalvorstand und erst seit einigen Jahren bei der Swissair tätig. Doch er arbeitete bereits seit 20 Jahren im Bereich der Luftfahrt, kannte sich in seinem Job aus und liebte diese Branche.

An diesem Abend verkündete Corti Mölleney, dass Swissair der Außenwelt einen raschen Personalabbau signalisieren müsse. Eines dieser Signale würde darin bestehen, dass der Vorstand um etliche Mitglieder reduziert würde, darunter auch um Mölleney. Er würde zwar seinen Job behalten, doch seine Funktion als Vorstandsmitglied verlieren. Mölleney war entsetzt. Wie konnte Corti ausgerechnet denjenigen aus dem Vorstand nehmen, der sich um das Wohl der Entlassenen kümmern sollte? Welchen Eindruck würde das auf die Angestellten und die Gewerkschaften machen? Wie konnte die Geschäftsleitung übersehen, dass der Bereich Personal in solch einer Krise die wichtigste Rolle spielte? „Verschiedenste Gedanken und Gefühle tobten durch meinen Kopf", erzählte Mölleney. „Mein rationaler Verstand sagte mir, dass ich die Firma besser ganz verlassen sollte. Es war klar, dass wir drei- bis fünftausend Beschäftigte entlassen mussten. Und mir war auch klar, dass ich es vergessen konnte, meinen Job ordentlich zu machen, wenn ich nicht die volle Unterstützung des CEO hatte ... Ich war immer der Meinung gewesen, dass meine Hauptverantwortung den Angestellten galt. Doch hier sah ich keinen Ausweg."

Mölleney fühlte sich zerrissen. Er hatte die Möglichkeit zu gehen, doch seine ursprünglichen Ziele bei der Swissair gingen ihm nicht aus dem Kopf. Gute Personalarbeit war – gerade jetzt – für die Firma und für ihn persönlich wichtig.

„Diese Stimme in meinem Kopf sagte zu mir, dass ich trotz allem in diese neue Situation hineinwachsen und vielleicht sogar innovative Maßnahmen einsetzen könnte, um diese Aufgabe optimal zu erledigen", erzählte Mölleney. Trotz der bevorstehenden schwierigen Zeit fühlte er sich für seine Mitarbeiter verantwortlich und wollte sie nicht einfach im Stich lassen. Vielmehr fühlte er sich gerade jetzt besonders gebraucht. Andererseits war der Gedanke an die neue Rolle mit stark negativer Energie verbunden. „Ich hatte überhaupt kein Vertrauen mehr in die Firma", erklärte er, „und ich fühlte mich unbehaglich und wie gelähmt."

Drei Tage lang lebte Mölleney in dieser Unentschlossenheit wie in einer Blase, vollkommen von seiner Umgebung abgeschottet. Während die Menschen um ihn herum diese Lähmung wahrnahmen, befand er sich innerlich in einem intensiven Dialog. Jedes Mal, wenn sein Kopf ihn davon überzeugt hatte, dass er die Firma verlassen sollte, sprach sein Bauch dagegen, und er konnte sich zu nichts durchringen.

5.3.1 Der Augenblick der Entscheidung

Die Blase um ihn herum platzte, als eine seiner vertrautesten Mitarbeiterinnen auf ihn zuging. Sie sprach aufrichtig mit ihm und sagte, dass er ganz offensichtlich mit der Entscheidung ringe, ob er die Firma verlasse solle. „Ich sehe drei mögliche Szenarien", erklärte sie ihm. „Erstens können Sie zu einer anderen Firma gehen, zweitens können Sie bleiben, aber innerlich ganz woanders sein, und drittens können Sie hier wieder einen Fokus finden und Ihr bisheriges Energieniveau zurückgewinnen, und wir packen diese Sache gemeinsam an. Niemand von uns wünscht sich das zweite Szenario, weil das die Last auf uns und der Firma nur vergrößern würde. Bitte nehmen Sie sich das zu Herzen. Wir brauchen Sie jetzt." An diesem Tag beschloss Mölleney auf dem Heimweg, zu bleiben. „Mein Gefühl sagte mir, dass ich mir nicht mehr ins Gesicht sehen könnte, wenn ich es nicht wenigstens versuchte", erklärte er. „Es wäre nur allzu leicht gewesen, zu kündigen, doch ich war bereit, alles zu tun, um so gut wie möglich mit dieser Krise umzugehen und bei den Entlassungen für Sozialverträglichkeit zu sorgen. Mir war mehr denn je klar, wie sehr ich – Matthias Mölleney – gebraucht wurde. Ich war bereit, das Risiko auf mich zu nehmen und allen zu zeigen, wie wichtig der Personalbereich in dieser Art von Krise tatsächlich ist."

Was war passiert? Mölleney hatte entdeckt, was ihm wirklich wichtig war. Er hatte seine Ziele an seinen Gefühlen ausgerichtet und dadurch einen Zustand von Flow erreicht, der es ihm ermöglichen sollte, die bevorstehende schwierige Aufgabe anzupacken. Rational gesehen wäre es besser gewesen, die Firma zu verlassen. Doch nach seinem intensiven inneren Kampf war ihm klar geworden, dass ihm seine Verantwortung den Angestellten gegenüber so wichtig war, dass er seine Ziele diesem Gefühl anpassen und darauf aufbauend einen sinnvollen Handlungsplan entwerfen musste. Wo er zuvor nur Probleme und Grenzen gesehen hatte, sah er nun Chancen und Möglichkeiten. Beispielsweise hatte er ursprünglich angenommen, dass er eine Massenentlassung nicht ohne seine früheren Entscheidungsbefugnisse durchführen könnte. Nun erkannte er, dass die bevorstehenden Turbulenzen die bestehende hierarchische Struktur vermutlich sowieso zerstören und ein Vakuum hinterlassen würden, das jeder ausfüllen konnte, der dazu bereit war. Das beschwichtigte seine Zweifel und stärkte gleichzeitig seine Überzeugung, dass diese Aufgabe immens wichtig war. Dadurch konnte Mölleney für sich eine uneingeschränkt positive Perspektive gewinnen, Sicherheit in Bezug auf das, was ihm am wichtigsten war, und den Mut, diese schwierige Herausforderung anzunehmen. Er wusste, dass es ihn am Ende stolz machen würde, den Hauptfiguren in der Firma gezeigt zu haben, wie wichtig erfahrene Personalmitarbeiter in solch einer Krise sind.

„Meine Mitarbeit in dieser Situation würde eindeutig positive Auswirkungen haben, und das war entscheidend für mich", erklärte Mölleney. „Ich hatte Erfahrung im Umgang mit komplexen und heiklen Situationen. Und ich wusste, was für alle wichtig war – so wenig Entlassungen wie möglich und der Aufbau neuer Arbeitsplätze. Das war meine Pflicht den Angestellten und der Firma gegenüber. Das war es, was *wirklich* zählte – und nicht die Einschränkungen und Hindernisse und der Mangel an Anerkennung durch das Top-Management."

5.3.2 Den Flow aufrechterhalten

Auch wenn die Entscheidung sehr schwierig gewesen war, zweifelte Mölleney sie anschließend nicht mehr an. Doch viele Menschen, darunter auch seine Familie, konnten seine Loyalität Swissair gegenüber nicht verstehen, vor allem nachdem in der Presse ein Bericht mit der Schlagzeile „Jetzt fliegen die Nieten raus" erschienen war. Der Bericht führte die entlassenen Vorstandsmitglieder namentlich auf und machte sie für die Krise von Swissair verantwortlich. „Diese Schlagzeile war wirklich hart", erzählte Mölleney. „Meine Kinder wurden sogar in der Schule von ihren Mitschülern darauf angesprochen. Ich stand unter enormem Druck, doch ich nahm mir die Zeit, ihnen zu erklären, warum ich bleiben musste."

An einem gewissen Punkt beschloss er jedoch einfach, sich gegenüber den Erwartungen anderer, einschließlich seiner Familie, zu verschließen und nur noch nach innen zu lauschen. Am 2. Oktober 2001, dem Dienstag nach Mölleneys Entscheidung zu bleiben, musste die Swissair den Flugbetrieb einstellen. Die plötzliche Insolvenz schockierte Angestellte und Manager gleichermaßen, da niemand glauben konnte, dass man diese nationale Ikone einfach sterben lassen würde. Doch innerhalb weniger Tage stand die komplette Flotte am Boden.

Mölleney war ebenfalls schockiert. Er hörte die Nachricht im Radio, während er ins Büro fuhr. Als er dort ankam, wurde er von einer überwältigenden Stille begrüßt: niemand bei der Arbeit, keine Flugzeuge in der Luft.

„So viele große, weiß-rote Flugzeuge auf dem Boden zu sehen, und alles so totenstill, das war wirklich erschreckend", erzählte uns Mölleney. „Die gesamte Flotte stand still. Es war kein Geld mehr da für Treibstoff. Sie haben keine Vorstellung, was das für die Schweiz bedeutete, für die Angestellten von Swissair, und damit auch für mich." Mölleneys Entscheidung wurde davon jedoch nicht berührt. Er war im Flow und weiter auf seine Ziele ausgerichtet. Er dachte:

„Das wird härter als alles, was ich jemals zuvor gemacht habe. Aber ich werde es machen – egal, was passiert."

Bald darauf löste Corti mit Zustimmung des Verwaltungsrats das Managementteam auf und fuhr die gesamte Organisation von vierhundert auf dreißig Leute zurück. Mölleney war einer der wenigen, die während der Abwicklung blieben. Swissair sollte den größten Teil ihrer Flüge auf die regional operierende Tochtergesellschaft Crossair übertragen. Die Herausforderung bestand darin, Swissair während der Wintermonate in Betrieb zu halten, damit Crossair ausreichend Zeit hatte, um sich auf die Übernahme der Interkontinentalstrecken vorzubereiten. Mölleney versuchte dafür zu sorgen, dass die Belegschaft von Swissair motiviert und produktiv blieb. Hätten die Angestellten während dieser Zeit gestreikt oder die Sicherheitsstandards vernachlässigt, wäre die Übernahme durch Crossair gescheitert.

Es kam zu weiteren Entlassungen. Nach einiger Zeit bestand das Management nur noch aus dem Vorstandsvorsitzenden. Mölleney wusste, dass er irgendwann seine eigene Kündigung schreiben und sich selbst aus der Firma entlassen musste. Zum Erstaunen seiner Freunde, seiner früheren Kollegen und seiner Familie blieb er seiner Entscheidung treu. Er hatte sich bereits an die Vorstellung gewöhnt, dass diese Zeit extrem schwierig werden und seine ganze Kreativität sowie Offenheit für unkonventionelle Vorgehensweisen erfordern würde.

Der Zusammenbruch der Swissair machte nicht nur in der Schweiz Schlagzeilen, sondern auch darüber hinaus. Hunderte von Journalisten fragten an. Mario Corti, der sich von den Banken und der Regierung verraten fühlte, stand nicht für Kommentare zur Verfügung, sodass sich die Medien auf Matthias Mölleney konzentrierten. Die Personalfrage trat in dieser Situation natürlich in den Vordergrund, nicht nur von ihrer praktischen Bedeutung her, sondern auch weil sie im Fokus der Medien stand, und er wurde zur Schlüsselperson in der Organisation des kompletten Prozesses. Während dieser Zeit führte Mölleney zahlreiche Diskussionen mit Corti – der sich schließlich bei Mölleney für seine Arbeit bedankte. Außerdem bekannte er offen, dass seine frühere Entscheidung, Mölleney aus dem Vorstand zu entlassen, ein Fehler gewesen war.

Im März 2002 waren die meisten der angestrebten Ziele erreicht. Crossair hatte den restlichen Betrieb der Swissair übernommen, und eine neue Airline, Swiss, war entstanden. Mölleneys Rolle in dem ganzen Prozess war zu Ende. Während er zusah, wie das Logo der Swissair vom ehemaligen Firmengebäude und den Flugzeugen entfernt wurde, reflektierte er über seine Erfahrungen: „Unsere Arbeit hier war beendet. Emotional rang ich mit meinem Abschied von der vertrauten Welt der Luftfahrt. Doch zwei Dinge halfen mir, damit fertig zu werden: erstens all das positive Feedback zahlreicher ehemaliger Swissair-Angestellter und zweitens das Wissen, dass ich alles Menschenmögliche getan hatte. Ich habe meine Entscheidung, den tragischen Untergang der Swissair zu begleiten, niemals bereut."

Den Rubikon zu überschreiten und seine Willenskraft einzusetzen, wie Matthias Mölleney es tat, als er während des Niedergangs der Swissair mit solcher Integrität handelte, erfordert eindeutig eine Investition an Zeit und Energie. Mehr als alles andere erfordert es, dass Ihre Gedanken und Gefühle in Bezug auf Ihre Ziele im Einklang sind. Manager, die niemals einen solchen Einklang in sich hergestellt haben, werden feststellen, dass ihre Zweifel immer wieder hochkommen und dass das Verfolgen ihrer Ziele sie im Endeffekt erschöpft. Doch Manager, denen genau dies gelingt, können ihre Willenskraft uneingeschränkt einsetzen, mit Zuversicht handeln und gegen alle Widerstände durchhalten.

Dieses Kapitel konzentrierte sich darauf, wie man als Einzelner seine Gefühle so managen kann, dass zielgerichtetes Handeln möglich ist. Wenn Manager solches Handeln vermissen lassen, liegen die Ursachen dafür jedoch häufig in ihrem Arbeitsumfeld. Im folgenden Kapitel werden wir uns daher der Frage zuwenden, wie Manager mit den Fallen ihres Umfelds umgehen und ihre Energie und ihren Fokus bewahren können.

Drei Fallen, die Handeln verhindern

Kapitel 6

Jack Lippman war Chief Operating Officer eines Elektronikkomponenten-Herstellers außerhalb von Philadelphia mit einem Umsatz von 150 Millionen US-Dollar. Obwohl er zwölf Stunden am Tag arbeitete, hatte er häufig das Gefühl, sich einfach nur im Hamsterrad zu bewegen. Ständig fehlte es ihm an der Zeit, über die langfristigen Themen nachzudenken, die in dem sich spiralförmig nach unten bewegenden Markt überlebenswichtig waren. Er kämpfte mit den täglichen Anforderungen seines Jobs und fühlte sich von ihnen überwältigt. Er war nicht nur Leiter der Herstellung und der Logistik, sondern überwachte auch die Verkaufs- und Marketingaktivitäten. Selbst wenn er ausreichend Zeit gehabt hätte, um einen Plan für die wichtigsten Zukunftsthemen zu entwerfen, waren die momentanen Ressourcen der Firma begrenzt. Wie konnte er erwarten, dass man Geld in ein neues Strategieprojekt investierte, um die Supply Chain zu optimieren und das Kundenlager zu minimieren, während der CEO an Entlassungen dachte? Lippman hatte das Gefühl, kaum eine Wahl zu haben – und sein Job bestand nur noch aus einer endlosen To-do-Liste, die weder ihn noch die Firma jemals weiter zu bringen schien.

In diesem Kapitel kehren wir zum Thema des Nichthandelns zurück. Was sind die Ursachen für die Lähmung, unter der Lippman in seinem Job als COO litt – und was könnte er dagegen unternehmen?

Während sich die Probleme mit dem Einsatz der eigenen Willenskraft auf innere Konflikte zurückführen lassen, werden wir uns in diesem Kapitel mit den Fallen auseinander setzen, die in der Managementumgebung lauern. Es wird also darum gehen, wie Manager die Vorstellung, dass ihr Job ihnen kein zielgerichtetes Handeln ermöglichen würde, überwinden können. Der Fall Lippman verdeutlicht drei Fallen des Nichthandelns, die wir häufig bei Managern antrafen, die am Ufer stehen bleiben und nicht dazu in der Lage scheinen, den Sprung ins Handeln zu wagen.[85]

Die erste Falle besteht in überwältigenden Anforderungen. Viele Manager sind in einem Netz von Erwartungen gefangen, die sie

85 Das Konzept von Anforderungen, Einschränkungen und Wahlmöglichkeiten im Rahmen von Managementtätigkeiten stammt aus dem Buch *Managers and Their Jobs* von Rosemary Stewart (1967). Siehe auch Stewart (1982).

vollkommen überwältigen. Ihre Alltagsaufgaben nehmen sie so in Anspruch, dass sie kaum Zeit dafür finden, über ihre Ziele nachzudenken, sich selbst zu fragen, was wirklich wichtig ist, und sicherzustellen, dass bestimmte Dinge auch wirklich ausgeführt werden. Daher gelingt es ihnen nicht, mit Willenskraft zu handeln, und sie bleiben in unproduktivem Aktionismus gefangen – wobei sie endlos viele Dinge tun, die nicht wirklich zu entscheidenden Veränderungen beitragen.

Die zweite Falle ist die unerträglicher Einschränkungen. Viele Manager fühlen sich in ein enges Korsett von Regeln, Vorschriften oder Budgetvorgaben gepresst und sind der Ansicht, dass ihnen kein Spielraum für autonomes Handeln bleibt. Sie fühlen sich von den Einschränkungen von Seiten des Unternehmens entmutigt, die Ziele zu verfolgen, die sie für wirklich wichtig halten.[86]

Die dritte Falle besteht aus nicht ausgeloteten Wahlmöglichkeiten. Dadurch, dass sie ihre Aufmerksamkeit ausschließlich auf die Anforderungen und Restriktionen ihres Jobs richten, entwickeln viele Manager eine Art Tunnelblick und konzentrieren sich auf die unmittelbaren Notwendigkeiten und Erfordernisse. Sie können ihre Entscheidungsfreiheit in Bezug auf das, was sie tun wollen und wie sie es tun wollen, nicht wahrnehmen und nutzen.

Üblicherweise kann ein Manager zahlreiche, aber nicht alle Einschränkungen auf dem Weg zu zielgerichtetem Handeln überwinden. In den vorangegangenen Abschnitten haben wir die verschiedenen Fallen des Nichthandelns aufgeführt. Die meisten von ihnen lassen sich überwinden. Es gibt jedoch auch Einschränkungen und Begrenzungen, die zielgerichtetes Handeln tatsächlich verhindern.

Um die Fallen des Nichthandelns zu überwinden, müssen Manager ihren Job und ihr Arbeitsumfeld aktiv managen. Dabei konnten wir ein kritisches Merkmal identifizieren, das bei allen zielgerichtet handelnden Managern auftauchte: Keiner von ihnen arbeitete noch innerhalb der Grenzen seiner ursprünglichen Aufgabenbeschreibung. Manager, die ihre Willenskraft einsetzen, übernehmen Verantwortung für ihre Entscheidungsfreiheit und handeln. Sie nehmen aktiv Einfluss auf ihren Arbeitszusammenhang und ihre Aufgaben.

---

86 Vgl. Mintzberg (1991).

Auf welche Weise? Indem sie entweder ihren Job ummodeln – wobei sie die Anforderungen und Einschränkungen reduzieren und ihre Wahlmöglichkeiten vergrößern – oder indem sie die Wahrnehmung ihrer Verpflichtungen, Einschränkungen und Handlungsfreiheit verändern. In manchen Fällen ist die einzige Alternative ein Wechsel der Firma, wie es bei Thomas Sattelberger der Fall war, der seinen vorherigen Arbeitgeber verließ – wo die Kluft zwischen seiner Vision und den Prioritäten des Managements den Aufbau einer Corporate University nicht zugelassen hätte – und zu Lufthansa wechselte. Nach unseren Beobachtungen sind solche Fälle jedoch relativ selten. In den meisten Fällen haben die Manager ausreichend Einfluss auf die Anforderungen, Einschränkungen und Wahlmöglichkeiten in ihrem Umfeld, um im Rahmen ihrer Arbeitsstelle Raum für zielgerichtetes Handeln zu schaffen.

Wir wollen nun die drei Fallen der Reihe nach untersuchen.

6.1 Überwältigende Anforderungen

Attraktive Chancen und Möglichkeiten sind das grundlegende Rohmaterial, aus dem das Engagement für bestimmte Ziele entsteht. Manager, die in die Falle überwältigender Anforderungen geraten, werden zu Gefangenen ihrer Routineaufgaben. Sie haben keine Zeit mehr, günstige Gelegenheiten und Chancen wahrzunehmen. Ihre Routinearbeit hindert sie daran, den ersten notwendigen Schritt zur Aktivierung ihrer Willenskraft zu machen: die Fähigkeit, eine Idee zu entwickeln und sie in ein konkretes Ziel zu verwandeln.

In den meisten Fällen sind überwältigende Anforderungen nicht direkt auf die tatsächliche Arbeitssituation der Manager zurückzuführen, sondern darauf, wie sie mit dieser Situation umgehen.[87] Woran können Sie erkennen, ob die Art und Weise, wie Sie an Ihren Job herangehen, problematisch ist?[88] Anzeichen dafür sind, dass Sie

87 Untersuchungen zum Managementverhalten weisen auf das Risiko des Nichthandelns hin, liefern gleichzeitig aber auch Beweise dafür, dass sich Manager selbst bei ähnlichen Aufgabenbereichen deutlich im Ausmaß ihres zielgerichteten Handelns unterscheiden. Vgl. Kotter (1982).

88 Stewart (1982).

bestimmte Aspekte Ihrer Arbeit für wichtig halten, aber niemals Zeit dafür finden, oder dass Sie sich ständig unter Druck fühlen. Die gefährlichste Einstellung überhaupt ist, sich für unersetzlich zu halten.

Manager leiden üblicherweise nur dann unter überwältigenden Anforderungen, wenn es ihnen nicht gelingt, diese aktiv zu beeinflussen. Sie nehmen die Anforderungen als gegeben hin und reagieren auf sie, ohne danach zu fragen, ob sie sinnvoll sind oder ob man sie verändern könnte. Da sie sich immer unter Druck fühlen, nehmen sich diese Manager nie die Zeit, sich zu fragen: „Beschäftige ich mich eigentlich auch mit den richtigen Dingen?"

Tatsächlich ist es leichter, ständig beschäftigt zu sein, als sich Freiräume zu schaffen. Die meisten Manager können nicht zugeben, dass ein fragmentierter Tag tatsächlich ein fauler Tag ist, dass er am wenigsten geistige Disziplin und am meisten Nervenstärke kostet. Es ist einfacher, sofort auf jede neue Anfrage zu reagieren, immer sofort nach der Antwort auf das neueste Problem zu suchen und sich dann über die hohen Anforderungen zu beklagen, als von vornherein Prioritäten zu setzen.

Glücklicherweise sind die meisten Manager in der Lage, diese Gewohnheit des ständigen Löschkommando-Verhaltens abzulegen.[89] Dazu gilt es aber zunächst einmal eine schwierige Hürde zu nehmen: die Vorstellung loszulassen, dass sie unersetzlich sind. Manager, die sich ständig über Zeitmangel beklagen, genießen häufig das Gefühl von Wichtigkeit, das ihnen ihre Geschäftigkeit schenkt. Sie genießen es, im Zentrum frenetischer Aktivitäten zu stehen und von anderen ständig um Hilfe, Informationen oder Rat gebeten zu werden. Wenn sie wirklich ehrlich wären, würden sie sich überhaupt nicht mehr Zeit wünschen – vor allem keine Zeit zum Nachdenken![90]

Zielgerichtet handelnde Manager gehen ganz anders mit Anforderungen um als ihre ständig überbeschäftigten Kollegen. Statt einfach nur auf alle Anfragen zu reagieren, die ihnen entgegengebracht werden, organisieren sie die Anforderungen an sie, indem sie

89 Vgl. Hales (1986) und Kurke/Aldrich (1983).
90 Vgl. Stewart (1982).

- eine persönliche Agenda entwickeln
- langsames Management praktizieren
- Kontaktzeiten strukturieren und
- Anforderungen und Erwartungen aktiv gestalten.

6.1.1 Eine persönliche Agenda entwickeln

Um das Problem überwältigender Anforderungen in den Griff zu bekommen, müssen Sie zunächst eine klare persönliche Agenda entwickeln.[91] Das bedeutet, dass Sie sich eine klare Vorstellung davon machen, was Sie in Ihrem Job erreichen möchten. Anstelle allgemeiner Umschreibungen wie „Wachstum" oder „guter Kundenservice" sollten Sie versuchen, ein lebhaftes geistiges Bild Ihrer Ziele aufzubauen, das auch Wege zu deren Verwirklichung umfasst.[92]

Nehmen wir als Beispiel den Fall von Thomas Sattelberger, dessen Traum es war, die erste Corporate University in Deutschland zu gründen. Trotz der vielfältigen Anforderungen an seine Zeit bei der Lufthansa AG hatte er gleichzeitig auch eine detaillierte Vision seines Ziels, die es ihm ermöglichte, wichtige Aktivitäten von unwichtigen zu unterscheiden. Sein inneres Bild war ein Tempel mit drei Säulen – eine für jeden Komplex von Entwicklungsmaßnahmen, die er aufzubauen hoffte. Das Dach, das die drei Säulen miteinander verband, war eine starke und sichtbare Institution – die Lufthansa School of Business. Die Grundlage des gesamten Tempels – die für den Aufbau der Corporate University notwendige Basis – war eine gute Organisationsstruktur in der Personalarbeit.

---

91 Vgl. Kotter (1982). Wie wichtig es ist, seine persönliche Agenda laufend zu klären und zu vertiefen, wurde auch von Peter Senge (1990) stark betont.

92 Die Wirkungen konkreter mentaler Bilder auf die eigenen Ziele und deren Verwirklichung wurden von Bandura (1989) beschrieben. Er spricht von Voraussicht als einer selbstregulierenden Strategie, die die Vorwegnahme möglicher Konsequenzen zukünftiger Handlungen sowie die Planung möglicher Vorgehensweisen zum Erzielen der gewünschten Ergebnisse umfasst: „Indem man vorgestellte zukünftige Ereignisse in der Gegenwart in Bilder verwandelt, werden diese zukünftigen Ereignisse zu Motivationsfaktoren und Verhaltensregulatoren" (Bandura 1989, S. 1179).

Das Problem, wie Thomas Sattelberger es beschrieb, bestand darin, dass er während der ersten beiden Jahre bei Lufthansa damit beschäftigt war, erst einmal die Grundlagen zu schaffen. „Ich hatte angenommen, dass ich eine funktionierende Personalabteilung übernehmen und die beste Basis für den Aufbau der drei Säulen der Corporate University haben würde", erzählte Sattelberger. „Doch was ich tatsächlich vorfand, war ein vollständiges Chaos."

Die Personalarbeit bei Lufthansa war tatsächlich sehr schlecht entwickelt. Er brauchte zwei Jahre, um kleinere Dinge, wie Tippfehler in Verträgen und eine Reaktionszeit von sechs Monaten auf Anfragen von Mitarbeitern, zu beheben. Doch er wusste, dass er die Effektivität der Personalprozesse verbessern musste, da sie die Grundlage seines Tempels bildeten. Gleichzeitig entwickelte er die Konzepte und baute die Netzwerke auf, die für die nächsten Schritte in seinem Prozess notwendig waren.

„Manchmal fühlte ich mich schuldig, wenn ich jeden Monat einen halben Tag für meine Arbeit an der Corporate University reservierte", erinnert er sich. „Doch diese Zeit brauchte ich, um meinen Glauben an mein Ziel aufrechtzuerhalten und mich davon zu überzeugen, dass ich nicht vollständig in der operationalen Personalarbeit unterging – auch wenn diese mehr als 99 Prozent meiner Zeit in Anspruch nahm."

Während reines Reagieren auf Anforderungen eine ablenkende Wirkung haben kann, erzeugt die Art persönlicher Agenda, wie Thomas Sattelberger sie hatte, einen gegenteiligen Effekt: Sie macht es möglich, die unterschiedlichen, locker miteinander verknüpften Ziele der kurz- und langfristigen Verantwortlichkeiten zu einem groß angelegten Gesamtplan zu verbinden. Dadurch können Sie die unmittelbaren und kurzfristigen Prioritäten mit Ihren langfristigen Plänen in Verbindung bringen – was im Endeffekt sehr viel inspirierender ist, als einfach immer nur auf aktuelle Anforderungen zu reagieren.

6.1.2 Langsames Management praktizieren: Reduzieren, Prioritäten setzen, Anforderungen organisieren

Alle Manager sind in gewissem Umfang mit formalisierten Abläufen und ritualisierten Anforderungen konfrontiert – wie zum Beispiel dem Mandat der Anwesenheit bei bestimmten Meetings oder der Teilnahme an bestimmten Veranstaltungen oder Treffen.[93] Doch zahlreiche Anforderungen, die Sie bisher vielleicht einfach als gegeben hingenommen haben, sind in Wahrheit fakultativ. Daher kann es sein, dass Sie mehr Anforderungen wahrnehmen, als tatsächlich vorhanden sind, statt zu erkennen, dass Sie bei manchen dieser Anforderungen tatsächlich eine Wahl haben.

Zielgerichtetes Management bedeutet im Gegensatz dazu, dass man bewusst entscheidet, was man tut und was man nicht tut. Auf diese Weise schaffen Sie Raum für wichtige Aufgaben, statt einfach nur das zu tun, was Sie gern tun oder womit Sie am meisten vertraut sind oder was Ihnen am leichtesten fällt. Dadurch geraten Sie auch weniger leicht in Versuchung, impulsiv von einer Aufgabe zur nächsten zu springen.[94] Setzen Sie Prioritäten innerhalb Ihres Aufgabenbereichs, und passen Sie Ihre Aktivitäten Ihrer eigenen Agenda an. Wie ein Manager uns erklärte: „Um bei der Arbeit, die wirklich wichtig ist, schnell zu sein, muss man langsames Management praktizieren."

Thomas Sattelberger erklärte in Bezug auf die chaotische Situation, mit der er während der ersten zwei Jahre bei Lufthansa konfrontiert war: „Angesichts dieser Flut von Aktivitäten war es wichtig für mich, eine klare Vorstellung davon zu haben, wohin ich mich bewegen wollte. Ich musste meine Aufgaben und Ziele strukturieren." Er

---

93 Vgl. Stewart (1967).

94 Typische Problembereiche beim Verfolgen von Zielen sind: der Beginn eines Projekts, leichte Ablenkbarkeit, Aufgeben angesichts von Hindernissen, wenn mehr Anstrengung und Durchhaltevermögen gefordert sind, und das Wiederaufnehmen eines Projekts nach Unterbrechungen. Vgl. Gollwitzer (1996). Der Anfang oder das Wiederaufnehmen eines Projekts sind relativ einfach, wenn die notwendigen Handlungen gut eingeübt oder bereits Routine sind. Vgl. Ouellette/Wood (1998). Managementaufgaben sind jedoch häufig keine Routinetätigkeiten. Folglich sind Durchhaltevermögen, Disziplin und die Fähigkeit, sich auch zu ungeliebten Tätigkeiten zu zwingen, wichtig für zielgerichtetes Handeln im Management. Vgl. Brandstätter/Lengfelder/Gollwitzer (2001).

beschloss, zunächst eine gewisse Zeit dafür aufzuwenden, um effiziente Personalprozesse zu installieren – und ein Kontrollsystem, das die Qualität, den Zeitbedarf und den Kostenaufwand für jede wichtige Personaltransaktion überwachte. Das Resultat waren klar definierte Prioritäten auf der Basis der Dringlichkeit und Wichtigkeit jeder einzelnen Aufgabe.

6.1.3 Kontaktzeiten strukturieren

Die Arbeit im Managementbereich ist ihrer Natur nach vorwiegend interaktiv und interdependent; selten arbeiten Manager nur für sich allein. Das Problem dabei ist, dass Interaktionen mit anderen Menschen nicht nur zeitaufwendig sind, sondern auch anstrengend, und außerdem die Hauptquelle der zahlreichen Unterbrechungen, über die sich Manager so häufig beklagen.[95] Eine typische Falle des Nichthandelns – die dazu führt, dass die Anforderungen so überwältigend wirken – besteht darin, sich in intensive Interaktionen mit zahlreichen Mitarbeitern verwickeln zu lassen.

Die meisten Manager verbringen sehr viel mehr Zeit mit ihren direkten Untergebenen, als wirklich notwendig oder sinnvoll wäre. Vor allem jüngere Manager möchten häufig, dass ihre Untergebenen sie als einen guten Chef betrachten, der sich um sie kümmert, weshalb sie ständig uneingeschränkt zur Verfügung stehen.[96] Doch wenn Sie Ihre Tür ständig offen halten, kommen Sie nicht dazu, die wirklich wichtigen Dinge zu erledigen.

Wie lässt sich diese Falle umgehen? Versuchen Sie, Ihre Kontaktzeiten zu strukturieren. Thomas Sattelberger entwickelte beispielsweise folgende Strategie: Zu bestimmten Zeiten war seine Tür offen, und in dieser Zeit konnte jeder in der Abteilung mit den drängenden Problemen zu ihm kommen, die sofortige Aufmerksamkeit erforderten. Diese Strategie führte nicht nur zu mehr unterbrechungsfreier Zeit, sondern auch zu einer intensiveren Interaktion mit seinen Mitarbeitern.

---

95 Vgl. Luthans/Larsen (1986) und Whitley (1989).
96 Vgl. Stewart (1982).

6.1.4 Anforderungen und Erwartungen aktiv gestalten

Manche Manager machen sich konstant Sorgen, ob sie die Erwartungen der anderen erfüllen. Wer versucht, immer alle zufrieden zu stellen, neigt schnell dazu, sich die Erwartungen anderer auszumalen, mögliche Strategien zu entwerfen, um diese Erwartungen zu befriedigen, und über die Konsequenzen nicht erfüllter Erwartungen zu spekulieren. Solches Verhalten führt meist zu Misserfolgen, nicht nur, weil diese Manager keine Zeit mehr dafür finden, ihre eigene Agenda zu verfolgen, sondern weil sie mit dem Versuch, es allen recht zu machen, es meist niemandem recht machen.

Zielgerichtetes Management bedeutet zu erkennen, dass man nicht allen Erwartungen gerecht werden kann. Stattdessen sollte man sich auf die Schlüsselpersonen konzentrieren. Dazu muss man lernen, dass ein wirkliches Ja und ein Engagement für eine Aufgabe unvermeidlich bedeuten, dass man zu anderen Dingen nein sagen muss. Es bedeutet auch zu erkennen, wie viel Einfluss verschiedene Schlüsselpersonen auf die eigenen Ziele und ihre Verwirklichung haben – und sein Verhalten dementsprechend anzupassen.

Zielgerichtete Manager unterscheiden sich von jenen, die es allen recht zu machen versuchen, indem sie nicht einfach nur auf Erwartungen reagieren, sondern diese aktiv gestalten. Statt nur die Erwartungen der jeweiligen Schlüsselpersonen zu erfüllen, sollten Sie alles tun, um diese zu übertreffen. Wie ein Manager bei Conoco uns erklärte: „Einfach nur die Erwartungen zu erfüllen und das Verlangte zu leisten würde für mich absolute Mittelmäßigkeit bedeuten. Ich muss mehr leisten als das, was von mir erwartet wird. Ich kann nicht kreativ sein, wenn ich mich nur auf das konzentriere, was ich zu tun habe."

Eine andere Strategie besteht darin, Ihre eigenen Ziele und Vorstellungen zu präsentieren, bevor Ihre Vorgesetzten eine Gelegenheit dazu haben, ihre Anforderungen an Sie heranzutragen. Doch Sie sollten das auf jeden Fall so tun, dass Sie die Erwartungen der anderen vorwegnehmen – und gleichzeitig den Weg zu Ihren eigenen Zielen ebnen. Genau so verhielt sich Thomas Sattelberger in Bezug auf die Erwartungen des Lufthansa-Managements. Er wusste, dass er einen Schritt in der Realisierung seiner Vision weiter wäre, wenn er die Anforderungen seines Jobs mehr als erfüllen konnte. „Ich räumte den Saustall auf“, erinnert er sich. „Niemand hatte erwartet, dass ich mit diesen belastenden Problemen so schnell fertig werden würde. Alle waren offensichtlich sehr überrascht, und das war der richtige Moment, um neue Standards und neue Ideen vorzuschlagen. Ich wollte die Rolle der Personalabteilung verändern und sie auf ein Niveau heben, das sich das Top-Management niemals vorgestellt hatte. Es handelte sich um eine echte Innovation, da keine andere Firma in Deutschland über so umfassende wertschöpfungsorientierte Personalprozesse verfügte.“ Hätte er versucht, seine Ideen zu präsentieren, bevor er die Aufräumarbeiten erledigt und damit die Anerkennung des Managements gewonnen hatte, hätte niemand seinen Vorstellungen zugestimmt. Doch nach dem Stand der Dinge begannen seine Chefs ihn als Experten zu sehen und zu behandeln und glaubten ihm sein Engagement für diese ganz besondere Sache. „Ich legte dar, dass ich damit eine Möglichkeit schaffen würde, ihre Business-Strategie zu stärken. Es ging darum, in einem vormals staatlichen Unternehmen unternehmerisches Denken einzuführen und auch nach der unmittelbaren Krise das Momentum der Veränderung weiter aufrechtzuerhalten“, erklärte Sattelberger. „Ich sprach die aktuellen Probleme an und zeigte auf, wie wir gemeinsam neue Wege zu deren Lösung entwickeln konnten.“

Die Erwartungen anderer zu formen ist eine langfristige Strategie, die auf der Entwicklung langfristig tragbarer Beziehungen beruht. Während die meisten Manager nicht bewusst Beziehungen aufbauen und pflegen, verbringen zielgerichtete Manager viel Zeit damit, ihre persönlichen Netzwerke zu entwickeln.

Statt willkürlich Beziehungen zu vielen Menschen zu knüpfen, sollten Sie also Ihre Zeit und Energie bewusst dafür einsetzen, starke und enge Beziehungen zu den Menschen aufzubauen, die Einfluss auf die Verwirklichung Ihrer Ziele haben.[97] Solch eine Herangehensweise an Beziehungen mag berechnend erscheinen, doch wird sie ohne eine Komponente echter Wärme, Achtung und Freundschaftlichkeit nicht funktionieren. Als zielgerichteter Manager sollten Sie Ihre sozialen Fähigkeiten nutzen, um die für Ihre Ziele relevanten Personen in Ihre persönliche Agenda einzubeziehen und

97 Vgl. Kotter (1982).

dabei gemeinsam neue Möglichkeiten für zielgerichtetes Handeln zu schaffen.

Manche Manager sehen sich nicht nur überwältigenden Anforderungen gegenüber, sondern haben auch ein Gefühl von zu wenig Handlungsfreiheit. Deshalb wollen wir nun die zweite Falle untersuchen, die Managern Schwierigkeiten machen kann: die anscheinend unerträglichen Einschränkungen, die so oft zu Untätigkeit führen.

6.2 Unerträgliche Einschränkungen

Manchmal übertreiben Manager das Ausmaß, in dem die Vorstellungen anderer ihre Handlungsmöglichkeiten tatsächlich einschränken.[98] Sie machen sich allzu große Sorgen, was andere zu akzeptieren oder zu tolerieren bereit sind, glauben unnötigerweise, dass sie sich strikt an externe Vorgaben und Strategien halten müssen, oder klagen über die Einschränkungen ihres Budgets, statt zu überlegen, wie sie den Routinevorgaben entkommen können. Sie konzentrieren sich auf die Einschränkungen und darauf, was sie nicht tun können, und übersehen dabei all das, was sie tatsächlich in der Lage sind zu tun.

Beispielsweise erzählte uns ein Netzwerkmanager in einem großen Telekommunikationsunternehmen: „Meine Leute und ich sind durch unsere Alltagsaufgaben bereits bis zur Grenze belastet. Ich habe zusätzliche Ressourcen beantragt, doch wir befinden uns gerade in einer schwierigen Phase. Schon seit langem möchte ich ein Qualitätskontrollsystem einführen, um Fehler zu reduzieren. Doch angesichts der derzeitigen Situation kann ich nicht erkennen, wie ich die dafür notwendigen Ressourcen auftreiben soll – oder wie ich noch mehr tun könnte, als ich im Moment bereits mache."

Einschränkungen wie diese sind in der Regel real. Doch selten sind sie so absolut, wie Manager sie meist darstellen. Um sich aus der

98 Vgl. Stewart (1982).

Falle dieser Sichtweise zu befreien, nutzen zielgerichtete Manager folgende Strategien:

- Sie identifizieren die wichtigsten Einschränkungen.
- Sie akzeptieren Kompromisse.
- Sie verhalten sich gelegentlich gegen die Vorschriften.
- Sie sind in der Lage, Konflikte und Widersprüche zu tolerieren.

6.2.1 Wichtige Einschränkungen identifizieren

Die erste Strategie besteht darin, eine klare Landkarte der wichtigsten Einschränkungen zu erstellen; auf diese Weise kann man systematisch über Lösungsmöglichkeiten nachdenken. Statt sich generell über Einschränkungen zu beklagen, sollten Sie genau definieren, welche Sie daran hindern, Ihre Ziele zu erreichen. Dadurch bekommen Sie ein klareres Bild der Probleme und der daraus resultierenden Begrenzungen. Vermutlich werden Sie bemerken, dass einige der Einschränkungen keine Auswirkungen auf Ihre Ziele haben, worauf Sie sich darauf konzentrieren können, die wirklich relevanten Einschränkungen zu überwinden.

Thomas Sattelberger beispielsweise identifizierte zwei wesentliche Einschränkungen, die ihn daran hinderten, seine Vorstellungen bei der Lufthansa zu verwirklichen: Mangel an finanziellen Ressourcen sowie fehlendes Verständnis des Top-Managements für die potenziell wichtige Rolle der Personalabteilung in Bezug auf die strategische Ausrichtung des Unternehmens. Dann konzentrierte er seine gesamte Energie darauf, diese beiden Hürden zu überwinden. Statt seine Vision insgesamt vorzustellen – was die meisten Schlüsselpersonen im Top-Management allzu sehr abgeschreckt hätte –, erläuterte er seine Vorstellungen „Schritt für Schritt, so dass jeder einzelne Punkt gut verständlich war", wie er uns erzählte. „Ganz langsam und allmählich entstand dadurch Vertrauen in mein Argument, dass Personalentwicklung und letzten Endes die Corporate University eine wichtige Rolle bei der Umsetzung der Corporate Strategy spielen könnten. Mit der Zeit begannen alle das umfassendere Bild zu erkennen."

Mangel an Ressourcen war der zweite einschränkende Faktor. 1996 startete Lufthansa ein strategisches Kostensenkungsprogramm – Programm 15 –, bei dem es darum ging, dass jede Abteilung bis 2001 jedes Jahr 4 Prozent der gesamten Operationskosten einzusparen hatte.[99] Investitionen in neue Projekte waren nicht vorgesehen, und Thomas Sattelberger musste hart arbeiten, um dieses Hindernis zu überwinden. Statt seine Initiativen zurückzufahren, kam er mit dem Controller, der für Programm 15 zuständig war, zu folgender Übereinkunft: Er würde für erhöhte Einnahmen in seinem Bereich sorgen, indem er das bereits vorhandene Trainingscenter der Lufthansa an Fremdfirmen vermietete. Doch das reichte nicht aus, um die 500 000 DM aufzubringen, die für die Fortsetzung einer Initiative nötig waren, die er als zentrale Säule seines Projekts betrachtete: das Explorer 21 Programm. Das Programm, das Sattelberger sich vorstellte, sollte etwa 210 Teilnehmer umfassen, die im Verlauf eines Jahres mit Vertretern des mittleren und oberen Managements zusammenarbeiten und innovative Projekte für die Zukunft der Lufthansa entwickeln sollten.[100] Um dieses Programm auf den Weg zu bringen, benötigte er die Unterstützung des CEO Jürgen Weber.

„Es war keine einfache Besprechung", erinnert sich Thomas Sattelberger. „Ich erklärte ihm, dass Explorer 21 ein Schlüsselprojekt auf dem Weg zu einer wertschöpfungsorientierten Personalentwicklung sei, und dass es durch Programm 15 verhindert würde. Ich brachte alle Argumente vor, die mir zur Verfügung standen. Ich erklärte, welche Konsequenzen es haben würde, wenn ich die Ressourcen zur Fortsetzung des Projekts nicht bekam." Er und Jürgen Weber hatten dann mehrere Besprechungen mit dem zuständigen Controller und anderen Top Executives. „Zu jener Zeit war das ein Riesenschritt – keine andere Firma in Europa hatte jemals ein so umfassendes Entwicklungsprojekt in Angriff genommen", erklärte Sattelberger. „Am Ende sagte Jürgen Weber: ‚Meinetwegen machen Sie es, aber machen Sie es richtig und halten Sie Ihr Budget ein.'"

Wieder und wieder konnten wir beobachten, wie es zielgerichteten Managern wie Sattelberger gelingt, Einschränkungen zu minimieren und ihre Handlungsfreiheit bewusst zu erweitern, zum Beispiel

---

99 Vgl. Bruch/Ghoshal (2000).

100 Vgl. Bruch/Sattelberger (2001).

indem sie sich darauf konzentrieren, die wichtigsten Entscheidungsträger für ihr Projekt zu gewinnen. Üblicherweise schaffen Sie sich Zugang zu den notwendigen Ressourcen, indem sie einen Befürworter auf höchster Ebene für ihre Pläne gewinnen. Gleichzeitig bauen sie ein breites Netzwerk an Beziehungen zu verschiedenen Menschen auf, um Zugang zu Ressourcen wie Finanzmitteln, Informationen, Rat oder Kompetenzen zu bekommen.

6.2.2 Kompromisse eingehen

Manchmal ist es nicht möglich, alle Einschränkungen zu überwinden, gleichgültig, wie groß und hartnäckig die eigenen Anstrengungen sind. Die meisten Manager reagieren darauf mit einer der folgenden Verhaltensweisen:[101] Die einen geben einfach auf, wenn sie nicht genau das bekommen, was sie sich vorgestellt haben, und fühlen sich dabei verletzt und frustriert. Die anderen versuchen es weiter, wobei sie aber im Endeffekt immer nur dieselben Argumente endlos wiederholen – und sich schließlich den Kopf an der Wand einrennen, ohne wirkliche Fortschritte zu erzielen.[102]

Zielgerichtete Manager dagegen gehen sehr viel flexibler mit Einschränkungen um. Sie sind meist sehr viel eher bereit, Kompromisse einzugehen, als andere, weniger effektive Manager, wobei sie jedoch ihr Gesamtziel niemals aus den Augen verlieren. Bei jedem Ziel müssen Sie zwischen absolut unerlässlichen und nur optionalen Voraussetzungen unterscheiden. Je genauer Sie dies trennen können, desto leichter können Sie dort Kompromisse eingehen, wo es möglich ist – und desto mehr werden Sie vermutlich um die absolut unerlässlichen Voraussetzungen kämpfen.

---

101 Vgl. Stewart (1982).

102 Verschiedene Forscher haben darauf hingewiesen, dass Manager bei Krisen, Misserfolgen oder drängenden Problemen zu irrationalem Verhalten neigen sowie zu bestimmten unreflektierten Verhaltensroutinen, reaktivem Verhalten, Ersatzhandlungen oder verstärktem Handeln nach dem Prinzip von Versuch und Irrtum. Vgl. zum Beispiel Janis/Mann (1977). Manager versuchen ein Problem häufig mit bereits vorhandenen Verhaltensmustern zu lösen, statt sich Zeit zu nehmen, um die Situation genau zu analysieren und eine passende Lösung für die jeweilige Situation zu entwickeln. Ein Überblick über Formen des Nichthandelns findet sich in Bruch (2003).

Thomas Sattelberger musste zahlreiche Rückschläge, vielfache Verzögerungen und sogar die Streichung verschiedener Aspekte seines Projekts hinnehmen. Während der ersten beiden Jahre stellte er seine Vision sogar ganz zurück, „um erst einmal den Saustall aufzuräumen", wie er es ausdrückte. Und er arbeitete hart an einer Steigerung der Einnahmen, um schließlich grünes Licht für die Entwicklung seines kostenintensiven Netzwerks zu bekommen. Doch die ganze Zeit über verlor er seine Vision niemals aus den Augen.

„Natürlich funktionierte nicht alles im ersten Anlauf", erzählte Sattelberger. „Doch bei einigen zentralen Punkten war ich niemals bereit, Kompromisse einzugehen. Ich wusste, dass das Fehlen einer Netzwerkkultur ein wichtiger Faktor war, der die Lufthansa daran hinderte, ihr wahres Potenzial zu entfalten. Ja, Kostensenkungen waren notwendig, doch das allein würde Lufthansa nicht zu einem optimal funktionierenden Unternehmen machen. Explorer 21 war absolut unerlässlich, um die Identität des Unternehmens umzuformen, die Fähigkeit zum Aufbau und Management strategischer Partnerschaften zu entwickeln und das Momentum der Veränderung aufrechtzuerhalten." Daher konzentrierte er seine Hauptargumente auf diesen Bereich – wobei er seinen Vorgesetzten zustimmte, dass es notwendig war, weiter Kosten zu senken. Schließlich überzeugte er alle von seiner Idee, indem er in weniger relevanten Bereichen Kompromisse einging und überzeugende Argumente dafür fand, warum Lufthansa ernsthaft in seine langfristige strategische Zukunft investieren musste.

6.2.3 Selektiv Regeln brechen

Die meisten der von uns beobachteten Manager neigten dazu, sich an die Regeln, Vorschriften und Weisungen im Unternehmen zu halten. Sie akzeptieren formale Vorschriften als gegeben und definieren ihre Aktivitäten entsprechend diesen Vorschriften. Das Resultat ist, dass sie meist einfach nur auf Veränderungen von Regeln und Vorschriften reagieren. Vor allem in Unternehmen ohne stabile Strategie und Ausrichtung führt dieses Befolgen der Vorgaben oft zu einem extrem kurzfristigen Managementverhalten.

Zielgerichtete Manager nehmen dagegen eine aktivere Haltung in Bezug auf formale Vorschriften ein. Nicht nur stellen sie alle Regeln in Frage, die ihnen überholt oder unangemessen erscheinen, sie brechen oder umgehen die Regeln auch, wenn es für das Erreichen ihrer Ziele unumgänglich ist. Ein Verkaufsmanager bei Conoco erklärte uns: „Manche Vorschriften sind einfach absurd. Wenn ich sie befolgt hätte, hätte ich nicht halb so viel erreicht, wie ich tatsächlich erreicht habe. Es ist ein Balanceakt, bei dem es darum geht, dem Unternehmen gegenüber loyal zu sein und sich nicht in einen Guerillakampf zu verstricken. Doch wie ich irgendwo einmal gelesen habe: ‚Manchmal ist es besser, sich im Nachhinein zu entschuldigen, als vorher um Erlaubnis zu fragen.' Ich lebe meistens nach diesem Prinzip. Niemand dankt einem jemals dafür, dass man die Vorschriften befolgt hat – nur dafür, dass man seine Arbeit gut gemacht hat, bekommt man Dank."[103]

In den meisten Organisationen bilden die informellen, ungeschriebenen Regeln das größte Hindernis gegen zielgerichtetes Handeln.[104] Formelle Vorschriften sind explizit und auf bestimmte konkrete Themen und Bereiche beschränkt und daher oft weniger restriktiv als die informellen Regeln. Informelle Regeln, die sich durch kulturelle Normen, Gewohnheiten und gemeinsame Erwartungen entwickelt haben, decken alle Verhaltensbereiche ab, sind meist implizit und können nicht offen diskutiert werden. Dadurch formen und beschränken sie das individuelle Handeln häufig sehr stark.

Leider fördern die informellen Regeln der meisten Unternehmen unproduktiven Aktionismus – möglicherweise das gefährlichste Hindernis für zielgerichtetes Handeln, das wir beobachten konnten.[105] Neue Projekte werden mit großem Optimismus angegangen, doch niemals oder nur mit minimalem Erfolg abgeschlossen. Statt nein zu sagen, wenn sie überlastet sind, akzeptieren Manager in solch hyperaktiven Managementkulturen immer mehr Projekte, die sie am Ende nicht wirklich bewältigen können.

Auch eine bürokratische Kultur oder eine Kultur strikter Hierarchie mit Anweisungen und Kontrolle von oben nach unten schränkt den individuellen Handlungsspielraum ein. Aber auch eine Teamkultur

---

103 In seiner frühen Arbeit von 1985 stellte Pinchot die Verwendung von Mottos als Leitideen für Intrapreneure vor. Vgl. Pinchot (1985).

104 Vgl. Chatman/Polzer/Barsade/Neale (1998).

105 Vgl. Schein (1992) zum Thema Unternehmenskultur.

mit einer starken Konsensorientierung beschränkt die Möglichkeit, mit Willenskraft zu handeln.

Statt die formalen Regeln einfach nur zu brechen, gelingt es zielgerichteten Managern meist, die Einschränkungen, die aus kulturellen Normen entstanden sind, erfolgreich in Frage zu stellen. Eine Möglichkeit besteht darin, die stillschweigende Anerkennung der Regeln zu durchbrechen, indem man sie explizit anspricht und zur Diskussion stellt. Selbst tief verwurzelte Dogmen können nur so lange überleben, solange sie nicht in Frage gestellt werden. Als zielgerichteter Manager sollten Sie versuchen, sich von dogmatischen Einschränkungen zu befreien, indem Sie sie sichtbar und damit unhaltbar machen.

Genau das gelang Andy Weston-Webb, dem Vice President des Bereichs Lebensmittel bei Masterfoods Europe (MFE, Dachorganisation der europäischen Tochtergesellschaften von Mars Inc. in den Bereichen Süßwaren, Tiernahrung und Lebensmittel). Damit veränderte er nicht nur das Schicksal seines Bereichs, sondern auch die Strategie des gesamten Unternehmens mit einem Umsatz von 16 Milliarden US-Dollar. Schon früh stellte Weston-Webb fest, dass die Grundphilosophie der Firma – „Wir denken langfristig“ – eines der größten Hindernisse für effektives Handeln darstellte. Denn häufig führte diese Philosophie dazu, dass ein kurzfristiges Fehlen von Profiten toleriert wurde. Solange die Produktideen gut waren, würden sie langfristig immer zu Gewinnen führen, hieß es im Unternehmen. Infolgedessen wurden zahlreiche neue Produkte entwickelt, häufig in Bereichen außerhalb der Kernkompetenzen von MFE, und in Europa konnte das Unternehmen innerhalb von 10 Jahren überhaupt kein Gesamtwachstum verzeichnen, bei signifikanten Verlusten in mehreren Produktbereichen.

Weston-Webb forderte diese tief verwurzelte Geschäftsphilosophie heraus, indem er detaillierte Finanz- und Marktanalysen durchführte, die zeigten, dass Firmen im Nahrungsmittelbereich nur dann Gewinn machten, wenn sie an erster oder zweiter Position im Markt standen, und dass Produkte mit kleinem Marktanteil und außerhalb der Kernkompetenz eines Unternehmens sich nur selten zu profitablen Positionen mit hohem Wachstum entwickelten. Mit diesen Daten konfrontierte er das Top-Management von MFE und Mars und konnte sie allmählich von seinem Vorschlag überzeugen, aus einigen Bereichen auszusteigen, andere zurückzufahren und die Ressourcen auf die Kernmarken Uncle Ben's Reis und Dolmio-Saucen zu konzentrieren. Das Resultat war, dass es Weston-Webb gelang, dem Unternehmen innerhalb eines Jahres zu 5 Prozent Wachstum zu verhelfen und die operative Marge gleichzeitig um 20 Prozent zu steigern.

6.2.4 Konflikte und Widersprüche tolerieren

Die meisten Manager versuchen Konflikte und Meinungsverschiedenheiten zu vermeiden, verhalten sich diplomatisch und ändern oder unterdrücken ihre eigene Meinung. Resultat davon ist, dass sie Energie verschwenden in dem Versuch, potenzielle Konflikte und Konfrontationen zu umschiffen, denn diese oberflächliche Harmonie kommt sie teuer zu stehen: Unter diesen Umständen empfinden diese Manager keine legitime Handlungsfreiheit, sondern fühlen sich in ihrer eigenen Unsicherheit gefangen. Zielgerichtete Manager dagegen können mit Konflikten umgehen. Im besten Fall können sie ihre abweichende Meinung zum Ausdruck bringen, ohne dabei anzuecken, und in jedem Fall ziehen sie eine ehrlich und offen ausgetragene Debatte einer stillschweigenden Disharmonie vor.

Thomas Sattelberger zum Beispiel hatte mehrere ernsthafte Auseinandersetzungen mit den Controllern der Lufthansa. Er konnte ihre Betonung der Kostensenkung nachvollziehen, war aber der Meinung, dass sich das auch kontraproduktiv auswirken konnte. Trotz seines Interesses am Aufbau stabiler und guter Beziehungen zu seinen Kollegen hatte er keine Bedenken gegen eine direkte Konfrontation, wenn er seine Vision in Gefahr sah. Manchmal provozierte er sogar Konflikte, um die Top-Management-Ebene auf seine Pläne aufmerksam zu machen. „Es gab einen Fall, bei dem der Konflikt mit einem Controller so heftig war, dass wir das Thema direkt mit Jürgen Weber klären mussten", erinnerte sich Sattelberger. „Dabei sagte ich ihm ganz offen, dass ich unter den gegebenen Bedingungen nur Mittelmäßiges leisten konnte. Das war aber nicht meine Absicht, und es würde auch nicht dazu beitragen, Lufthansa zu der Weltklasse-Organisation zu machen, die Jürgen Weber vorschwebte." Schließlich stimmte ihm Weber vollkommen zu – und dazu wäre es nicht gekommen, wenn Sattelberger sich nicht für neue

Standards eingesetzt hätte und bereit gewesen wäre, sich auf schwierige Diskussionen einzulassen.

Konfliktbereitschaft im Zusammenhang mit wichtigen Zielen erfordert auch die Fähigkeit, mit Unsicherheit zu leben. In Organisationen einer gewissen Größe und Komplexität lassen sich Konflikte – vor allem in Bezug auf wichtige Themen – nur selten unmittelbar lösen. Üblicherweise folgt auf eine Phase der Eskalation eine Phase der Unsicherheit, und als zielgerichteter Manager müssen Sie in der Lage sein, Ihr Engagement in diesen Phasen aufrechtzuerhalten. Sattelberger beschrieb diese Erfahrung so: „Man kann Dinge nicht beliebig schnell und weit vorantreiben. Es gibt eine Grenze an tolerierbarem Druck, und es wäre kontraproduktiv, sie zu überschreiten. Die Leute reagieren sonst sauer. Man muss die Zähne zusammenbeißen und weitermachen, auch wenn man in solchen Phasen nicht sicher weiß, wie die Entscheidung ausfallen wird."

Man kann also die Einschränkungen, mit denen man konfrontiert ist, minimieren, indem man sie realistisch einschätzt und identifiziert, notfalls Konflikte austrägt, notwendige Kompromisse eingeht und sich selbst die Freiheit gibt, Widersprüche und Unsicherheiten zu tolerieren, damit man den richtigen Zeitpunkt abwarten kann, in dem das Blatt sich wendet.

Außer Einschränkungen und Anforderungen wartet noch eine letzte Falle auf Manager, die versuchen, zielgerichtet zu handeln: die Vorstellung, dass sie nur wenige Alternativen haben.

6.3 Nicht ausgelotete Wahlmöglichkeiten

Wahlmöglichkeiten sind eine wichtige Voraussetzung für die Aktivierung von Willenskraft. Doch viele Manager glauben, dass das, was sie tun müssen und wie sie es tun müssen, zum größten Teil von ihrem Arbeitsumfeld abhängt: von der Unternehmensstruktur, den formalen und informellen Regeln, den Vorlieben und Ideosynkrasien ihrer Chefs, den verfügbaren Ressourcen usw. Sie sehen nur wenig Spielraum für Alternativen und daher wenig Gelegenheit für autonomes, von ihnen selbst initiiertes, zielorientiertes Handeln.

Wie bereits erläutert, sind Managementaufgaben gewissen Anforderungen und Einschränkungen unterworfen. Gleichzeitig haben Manager jedoch sehr viel Entscheidungsfreiheit darüber, welche Ziele sie wählen und wie sie diese Ziele verfolgen möchten.[106] Häufig können Manager diese Freiheit nicht erkennen, weil sie in die Falle nicht ausgeloteter Wahlmöglichkeiten geraten sind. Sie sehen keine Wahlmöglichkeiten oder, falls doch, unterlassen sie es, diese zu nutzen.

Zielgerichtet handelnde Manager dagegen vermeiden diese Falle, indem sie sich ihrer Wahlmöglichkeiten immer bewusst sind, indem sie ihre Möglichkeiten und ihren Handlungsspielraum laufend erweitern, indem sie ihre persönliche Kompetenz ausbauen und sich so neue Wahl- und Handlungsmöglichkeiten verschaffen und indem sie lernen, die Freiheit und die Verantwortung zu schätzen, die diese Wahlmöglichkeiten mit sich bringen.

6.3.1 Sich Wahlmöglichkeiten bewusst machen

Manager entwickeln häufig eine so große Loyalität zu ihrem Unternehmen und eine so starke Identifikation damit, dass es fast einer psychologischen Abhängigkeit gleichkommt. Sie sind darauf programmiert, die Ziele und Strategien des Unternehmens zu verfolgen, und entwickeln dabei einen gewissen inneren Kontrakt: Solange sie ihrem Unternehmen Anerkennung, Gehorsam und Loyalität entgegenbringen, wird das Unternehmen für sie sorgen.[107] Dementsprechend sehen sie nur wenige Möglichkeiten, die sie in ihrem Job

---

[106] Managementaufgaben sind nicht fest vorgegeben und verlangen Entscheidungen, um Handlungen festlegen zu können. Sie können nicht einfach nur routinemäßig durchgeführt werden und sind nicht ausschließlich von äußeren Faktoren bestimmt. Management unterscheidet sich daher vom Verwaltungsbereich durch die Fähigkeit, auszuwählen und zu verändern. Vgl. Whitley (1989). Die Befunde mehrerer Untersuchungen weisen darauf hin, dass Managementaufgaben so wenig starr definiert sind – d.h. so wenig vorgegeben, formalisiert oder standardisiert –, dass sie stark beeinflussbar sind und große Wahlfreiheit bieten in Bezug auf das, was getan werden soll und wie es getan werden soll. Vgl. zum Beispiel Hales (1986) und Mintzberg (1973). Auch wenn der Freiraum in höheren Hierarchieebenen größer ist als in den unteren Positionen, umfasst Managementarbeit immer einen gewissen Umfang genereller Wahlmöglichkeiten in Bezug auf Inhalt und Prozess. Vgl. Stewart (1976).

[107] Vgl. Rousseau/Tijoriwala (1998).

ergreifen können, und auch nur wenig Bedarf für Alternativen. Solche Manager verhalten sich zurückhaltend und befolgen Anweisungen, doch selten sind sie dazu in der Lage, die Art von zielgerichtetem Verhalten zu zeigen, die wir beispielsweise bei der Liechtensteiner Hilti-Gruppe beobachten konnten, einem Hersteller qualitativ hochwertiger Werkzeuge für die Baubranche.

Die Hilti-Gruppe hat ihre Manager in den letzten zwanzig Jahren bewusst dazu angeleitet, Verantwortung für sich selbst und ihre Ziele zu übernehmen. Diese Manager haben das Gefühl, dass sie eine Wahl haben – in Bezug auf ihre Arbeitsstelle ebenso wie auf ihre Aufgaben. Um die Aussage von Michael Hilti, ehemaliger Vorstandsvorsitzender und inzwischen Aufsichtsratsvorsitzender, zu zitieren: „Ich freue mich darüber, dass unsere Leute von Headhuntern angerufen werden. Natürlich fühle ich mich geschmeichelt, dass unsere Manager für andere Unternehmen so attraktiv sind. Doch noch wichtiger ist, dass ich und unsere Manager wissen, das sie ganz bewusst bei Hilti bleiben ... Hätten sie keine andere Wahl ... würden sie sich nur angekettet fühlen."[108]

Ein anderes Beispiel: Beim Turnaround der Lufthansa zu Beginn der 1990er Jahre beobachteten wir, dass die meisten engagierten Manager sich nicht gezwungen fühlten, zu bleiben. Sie wussten, dass sie die Firma verlassen und sich einen anderen Arbeitgeber suchen konnten, falls sie das wollten. Peter Gerber, der während des Turnarounds für die Lohnvereinbarungen zuständig war und nun Chef des Kostensenkungsprogramms D-Check ist, erzählte uns: „Dieser Turnaround war wirklich brutal. Nachdem die Größe des Problems deutlich geworden war, waren alle schockiert, unsicher und besorgt. Ich war anfangs ebenfalls beunruhigt. Doch dann erkannte ich, dass mein Schicksal nicht von diesem Unternehmen abhing. Ich habe eine sehr gute Ausbildung und Erfahrung in anderen Industriebereichen und werde immer einen Job finden. Die Erkenntnis, dass ich die Wahl hatte zu gehen, gab mir den Mut zu bleiben und zu sagen: ‚Ja, ich möchte bei der Rettung der Lufthansa mitarbeiten.'"

---

108 Vgl. Bruch/Bieri (2003).

Freier Wille entsteht durch freie Wahl.[109] Die tatsächliche Ausübung des freien Willens ist weniger wichtig als die Wahrnehmung, dass man tatsächlich eine Wahl hat, selbst wenn man seine Alternativen nicht nutzt. Wie kann man nun zu dieser Wahrnehmung kommen? Wahlmöglichkeiten sind nicht immer offensichtlich oder leicht greifbar; man muss sie identifizieren und analysieren. Am wichtigsten ist, sich selbst zu fragen, was man in seinem Job anscheinend *nicht* tun kann, und sich dann zu fragen: „Wer verbietet mir das? Und was würde passieren, wenn ich es trotzdem mache?"

Sobald man erkannt hat, dass man tatsächlich Wahlmöglichkeiten hat, geht es darum, spezifische Alternativen für sich selbst zu entwickeln.

6.3.2 Die eigenen Wahlmöglichkeiten erweitern

Wie können Sie die Wahrnehmung Ihres eigenen Handlungsspielraums erweitern? Stellen Sie sich selbst die Frage: „Was ist tatsächlich notwendig, damit ich mein Ziel erreichen kann? Gibt es wirklich keine anderen Alternativen als die, die ich innerhalb meiner Firma erkennen kann? Dan Andersson von Conoco stellte sich genau diese Fragen, als er versuchte, für sein Unternehmen ein Lager und ein Distributionsnetz in einem Markt aufzubauen, der bisher von einem Monopol beherrscht worden war. Er hatte einen Plan – doch dabei stellte er auch sicher, dass er an jedem Punkt drei Ausweichpläne zur Verfügung hatte, für den Fall, dass der erste Plan nicht funktionieren sollte.

Eine weitere Möglichkeit, das Gefühl für Alternativen und Wahlmöglichkeiten zu erweitern, besteht darin, durch Gespräche und Diskussionen neue Ideen zu entwickeln. Manager ohne eigene strategische Agenda erledigen meist nur ihre Aufgaben und beschränken ihre Gespräche mit anderen auf ihre alltäglichen Probleme bei der Arbeit. Als zielgerichteter Manager müssen Sie dagegen alle Gelegenheiten ergreifen, um Ihre Visionen und Vorstellungen mit verschiedenen Leuten innerhalb und außerhalb des Unternehmens zu diskutieren. Wenn Sie Ihre Ziele stets vor Augen haben, werden

---

[109] Vgl. Binswanger (1991).

Sie ganz automatisch die Sichtweise anderer dazu erforschen wollen und dabei neue Möglichkeiten entdecken, um Ihre Träume zu verwirklichen. Und auch wenn Ihnen diese Diskussionen nicht immer dazu verhelfen werden, am Ende Ihr Ziel zu erreichen, so können sie doch zu neuen Einsichten und Chancen führen.

Sie können Ihr Gefühl für Ihre Wahlmöglichkeiten auch dadurch erweitern, dass Sie versuchen herauszufinden, welche Freiheiten Ihnen Ihr Job tatsächlich gewährt. Das bedeutet, dass Sie Ihr Arbeitsumfeld bewusst analysieren – und zum Beispiel mit wichtigen Vorgesetzten über Ihre Freiheiten und Wahlmöglichkeiten sprechen. Viele Manager vermeiden solche offenen Diskussionen mit ihren Vorgesetzten. Manche wissen einfach nicht, wie sie das Thema Wahlmöglichkeiten ansprechen sollen. Andere scheuen sich, diese Fragen aufzuwerfen, weil sie nicht als aufdringlich erscheinen möchten. Häufig fühlen sie sich auch unsicher in Bezug auf ihre Leistungen und besitzen nicht genügend Selbstvertrauen, um nach ihren Entscheidungsmöglichkeiten, ihrem Handlungsspielraum oder den ihnen verfügbaren Ressourcen zu fragen.

Als willensorientierter Manager müssen Sie jedoch mit Ihren Vorgesetzten offen über den Umfang Ihrer Aufgaben in den Dialog treten.[110] Sie werden vermutlich feststellen, dass diese Art von Diskussion Ihre Handlungs- und Wahlmöglichkeiten tatsächlich erweitert. Der Grund dafür ist, dass Vorgesetzte und andere wichtige Schlüsselpersonen einen Job in der Regel breiter angelegt und mit mehr Innovationsmöglichkeiten ausgestattet sehen als der Manager selbst. Solche Diskussionen können Ihren Vorgesetzten außerdem zeigen, wie ihr eigenes Verhalten und ihre Entscheidungen sich auf die Handlungsfähigkeit ihrer Untergebenen auswirken – und es ihnen ermöglichen, sich entsprechend anders zu verhalten.

Mit dieser Strategie können Sie Ihre Vorgesetzten oder andere wichtige Schlüsselpersonen auch in Ihre Ziele einbinden, wodurch diese Ihnen helfen können, mögliche Einschränkungen zu überwinden. Genau das tat Dan Andersson, um ein unter Umständen kritisches Defizit seiner geplanten Vorgehensweise auszugleichen. Das einzige Grundstück, das für die neue Anlage von Conoco zur Verfügung

110 Vgl. Stewart (1982).

stand, war stark kontaminiert. Indem er die lokalen Beamten, den Besitzer des Grundstücks sowie eine Reihe weiterer Beteiligter in seine Planung mit einbezog, konnte Andersson eine geniale Taktik zur Übernahme des Grundstücks entwickeln, bei der keine Altlasten auf Conoco übergingen. Es handelte sich um eine äußerst kreative Lösung, die niemand innerhalb von Conoco ohne die Beteiligung dieser externen Stakeholder hätte entwickeln können.

6.3.3 Wissen und Kompetenz aufbauen

Eine weitere Möglichkeit, wie Sie die Palette Ihrer Wahlmöglichkeiten erweitern können, ist der konsequente Aufbau von Wissen und die Erweiterung und Vertiefung Ihrer persönlichen Kompetenzen.[111] Versuchen Sie sowohl allgemeine Fähigkeiten zu entwickeln als auch ein vertieftes Wissen in einem ganz bestimmten Spezialbereich aufzubauen. Die Kombination von generellen Fähigkeiten und zusätzlichem Expertenwissen kann Ihnen auf verschiedene Weise zu mehr Wahlmöglichkeiten und Handlungsspielraum verhelfen.

Erstens lassen sich mit mehr Wissen und Kompetenz Wahlmöglichkeiten und Alternativen leichter identifizieren.[112] Ein tiefer Einblick in das Unternehmen und seine Geschäftsbereiche ist zum Beispiel häufig eine entscheidende Voraussetzung, um überhaupt Möglichkeiten für selbst initiiertes und autonomes Handeln erkennen zu können. Besonders wichtig ist ein Verständnis für die unsichtbaren Faktoren – informelle Regeln und Normen, zwischenmenschliche Beziehungen und historisch gewachsene Sozialstrukturen innerhalb der Firma –, die einen Einfluss darauf haben, wie eine Organisation neue Ideen aufnimmt und umsetzt.[113]

---

111 Bei der Untersuchung der Taktiken, mit denen Menschen bei der Arbeit ihre Vorgesetzten, Kollegen und Untergebenen zu beeinflussen versuchen, stellten Kipnis und Mitarbeiter fest, dass der Einsatz von Vernunft am wirksamsten war. Vgl. Kipnis/Schmidt (1988) und Kipnis/Schmidt/Wilkinson (1980).

112 Vgl. Frese et al. (1996).

113 Diese besondere Kompetenz wird als Organisationsbewusstsein bezeichnet und bezieht sich auf die Fähigkeit, die formalen und informellen Strukturen, unausgesprochenen Grenzen, grundlegenden Probleme, Möglichkeiten oder politischen Kräfte innerhalb einer Organisation zu verstehen. Vgl. Spencer/Spencer (1994).

Solch ein Einblick in das Unternehmen kann Ihnen außerdem helfen, die Position wichtiger Schlüsselpersonen besser zu verstehen. Manager, die sich ausschließlich auf ihren eigenen Job konzentrieren, haben oft kein Verständnis für die Probleme und Ziele anderer und können sich daher nicht in sie einfühlen. Das bedeutet, dass sie ihre Ideen und Vorstellungen nicht so präsentieren können, dass sie mit der Sichtweise derjenigen im Einklang sind, die bei der Umsetzung dieser Ideen von Nutzen sein können.

Außerdem wird sich Ihr Handlungsspielraum erweitern, sobald man Ihr Wissen und Ihre Kompetenzen wahrnimmt, da Sie innerhalb der Organisation an Glaubwürdigkeit gewinnen. Ihre Meinung wird mehr Gewicht haben, und Sie werden auch mehr Gelegenheiten zum Handeln bekommen, weil andere Menschen mit der Bitte um Ratschläge oder Zusammenarbeit an Sie herantreten.

Doch abgesehen von mehr Glaubwürdigkeit wird Ihnen eine erweiterte Kompetenz auch erlauben, Ihre Vorstellungen und Pläne effektiver zu präsentieren. Ein breites Wissen über das Unternehmen in Verbindung mit einem tiefen Einblick in bestimmte Spezialgebiete erlaubt es Ihnen, Fakten und Argumente überzeugender zu präsentieren. Dabei wird sich auch Ihr Gefühl für den richtigen Zeitpunkt verbessern, da Sie intuitiv ein Gespür dafür entwickeln werden, wann der richtige Zeitpunkt gekommen ist, um Ihre Ideen einzubringen.

Für Thomas Sattelberger erwiesen sich diese kleinen Gelegenheiten als entscheidend für seinen Erfolg. „Es gibt viele einzelne Entscheidungen und Augenblicke, die nicht wirklich zählen“, meinte er dazu. „Doch es gibt auch solche, die einen echten Unterschied machen. Ich hatte ein gutes Gefühl für solche entscheidenden Momente und konzentrierte meine ganze Energie und Aufmerksamkeit darauf. Das waren nicht nur meine wichtigsten Chancen, sie dienten mir auch als Präzedenzfälle für den gesamten Prozess. Dass ich diese kleinen Schlachten gewann, war der Katalysator für die gesamte Entwicklung.“

Nachdem Thomas Sattelberger unermüdlich daran gearbeitet hatte, die Säulen seines Tempels zu errichten, war der letzte Schritt – die tatsächliche Umsetzung und Eröffnung der Corporate University – beinahe mühelos. „Der Aufbau war durchgeführt und das Gebäude war so weit fertig“, erzählte er. „Als ich dann im März 1998 hörte, dass Daimler-Benz vorhatte, im Mai eine Corporate University zu gründen, sagte ich mir, dass ich es nicht zulassen würde, dass sie uns die Schau stehlen. Ich verfasste ein kurzes Memo für die bevorstehende Vorstandssitzung, in dem ich vorschlug, dass die Lufthansa School of Business am 1. April 1998 ihre Türen öffnen sollte." Obwohl der Vorstand das Thema der Eröffnung noch nicht besprochen hatte, gab es keine Debatten darüber. Nach vier Jahren Arbeit im Bereich der Personalentwicklung und der Umstrukturierungsprozesse verlief dieser formale Schritt ohne Probleme. „Wir gründeten die erste deutsche Corporate University im April 1998, neun Jahre, nachdem ich begonnen hatte, diese Idee zu verfolgen."

Manager, die allgemeine sowie spezifische Kompetenzen aufgebaut haben, fühlen sich demnach sicherer bei der tatsächlichen Nutzung ihrer Wahlmöglichkeiten.[114] Viele Manager zögern, Möglichkeiten zu nutzen, selbst wenn sie diese wahrnehmen. Ohne das erforderliche Gefühl von Kompetenz sind sie angesichts der Verantwortung und des Risikos, die unvermeidlich mit autonomem Handeln verbunden sind, überfordert. Häufig unterlassen sie es daher, Initiative zu ergreifen, weil sie sich in ihren Entscheidungen nicht sicher fühlen, ihrem Urteil nicht vertrauen oder das Gefühl haben, dass sie Vorgaben oder einen Rückhalt brauchen, um Ihre Entscheidungsfreiheit zu nutzen.[115] Dagegen fühlen sich Manager, die überzeugt davon sind, das notwendige Wissen zu besitzen, sicherer im Umgang mit unvorhergesehenen Ereignissen oder schwierigen Aufgaben, und es fällt ihnen leichter, Entscheidungen zu treffen.

6.3.4 Handlungsfreiheit genießen

Der entscheidendste Unterschied zwischen jenen Managern, die ihre Möglichkeiten erkennen und nutzen, und jenen, die dies nicht tun, ist aber im Endeffekt wohl die einfache Tatsache, dass sie ihre Ent-

114 Das Vertrauen in die eigene Fähigkeit, bestimmte Aufgaben oder Anforderungen erfüllen zu können, wird als Selbstwirksamkeitsüberzeugung bezeichnet. Vgl. Bandura (1997). Die empirischen Befunde deuten darauf hin, dass Menschen mit wenig Selbstvertrauen mit geringer Wahrscheinlichkeit handelnd aktiv werden, Menschen mit großem Selbstvertrauen dagegen mit größerer Wahrscheinlichkeit. Vgl. Phillips/Gully (1997).

115 Vgl. Frese et al. (1996).

scheidungs- und Handlungsfreiheit ganz einfach genießen. Das bedeutet in der Regel, dass sich Manager ihrer Freiheit und ihrer Entscheidungsmöglichkeiten erst einmal bewusst werden müssen.

In der Anfangsphase der Umstrukturierung bei der Lufthansa AG war der Unterschied zwischen Managern, die Entscheidungsfreiheit genossen, und jenen, die dies nicht taten, beispielsweise ganz klar erkennbar. Während das Arbeitsumfeld für alle extrem chaotisch und unstrukturiert war, gelang es Managern, die Handlungsfreiheit schätzten, den Umfang ihres Aufgabengebiets und ihre Wahlmöglichkeiten stark zu erweitern und ehrgeizige Ziele zu verfolgen. Wie einer der handlungsorientierten Manager erzählte: „Ich hatte das Gefühl, dass ich aus einem klassischen Unternehmen, in dem vor allem Statussymbole, Hierarchie und Ordnung zählen, plötzlich in eine Garagenwerkstatt geraten war. Und ich fühlte mich darin sofort wohl. Ich befand mich in einem Raum, in dem ich beschließen konnte, etwas zu machen, und dann die Ärmel hochkrempeln und es tatsächlich durchführen konnte."

Im Gegensatz dazu reagierten Lufthansa-Manager, die diese neue Freiheit nicht schätzten – die klar definierte Ziele, konkrete Erwartungen und eine enge Überwachung ihrer Handlungen vorzogen – auf den wahrgenommenen Mangel an Struktur mit Orientierungslosigkeit und einem Gefühl von Lähmung. Ohne Einschränkungen und klar definierte Anforderungen, ohne Regeln und stabile Prozesse fühlten sie sich extrem unwohl. Sie fühlten sich sogar weniger als vorher in der Lage, Entscheidungen zu treffen, und sahen weniger Handlungsmöglichkeiten. Einer dieser Manager erklärte uns: „Der gesamte Prozess war irgendwie diffus und intransparent ... Man konnte nichts planen. Langfristige Ziele waren offensichtlich unangemessen, und selbst kurzfristig fühlte man sich nicht in der Lage, irgendetwas zu beeinflussen." Der Mangel an Vorhersagbarkeit und Struktur in Verbindung mit Unsicherheit in Bezug auf Anforderungen und Rollen gab diesem Manager ein Gefühl sehr viel stärkerer Einschränkung, als er es in Zeiten bürokratischer Kontrolle verspürte. Für ihn wie auch für etliche andere der von uns beobachteten

Manager führte Unklarheit in Bezug auf Entscheidungsmöglichkeiten zu einem Gefühl von Angst, Stress und Bedrohung.[116]

Die Fähigkeit, Wahlmöglichkeiten zu erkennen und zu nutzen, ist im Endeffekt ein ganz individueller Charakterzug. Manche Manager genießen Entscheidungsfreiheit so sehr, dass sie ihnen Energie und Willenskraft gibt – was ihnen wiederum hilft, die Fallen des Nichthandelns zu überwinden (siehe Abb. 6-1). Glücklicherweise ist die Lust an Handlungsfreiheit etwas, was man lernen kann – einfach indem man handelt. Thomas Sattelberger tat genau das. Warum war er in der Lage, seinen Traum von einer Corporate University so hartnäckig zu verfolgen? Er erklärte uns dazu: „Ich genieße es einfach, Dinge in Bewegung zu setzen. Und ich bin mir nicht zu gut dafür, selbst die Ärmel hochzukrempeln und die dabei anfallende Arbeit zu erledigen. Eine Vision zu haben und Entscheidungen zu treffen ist wunderbar. Aber die wahre Freude und Befriedigung liegt darin, hart und ausdauernd zu arbeiten und Risiken einzugehen."

Der Unterschied zwischen Managern, die zielgerichtet handeln, und jenen, die das nicht tun, hat weniger mit ihrem Arbeitsumfeld zu tun als mit ihrer Fähigkeit, die Möglichkeiten in diesem Umfeld zu erkennen. Darauf verwies bereits der österreichische Wirtschaftswissenschaftler Joseph Schumpeter, von dem die Theorie der „kreativen Zerstörung" stammt: „Was unterscheidet den Unternehmer von anderen? Die meisten Menschen sind genug damit beschäftigt, einfach nur ihren normalen Alltagsaufgaben nachzugehen ... Eine Minderheit mit einem schärferen Verstand und einer reicheren Vorstellungskraft sieht zahllose neue Kombinationsmöglichkeiten ... Und eine noch kleinere Minderheit handelt entsprechend ... Die neuen Kombinationsmöglichkeiten sind immer vorhanden; das wahrhaft Unerlässliche und Entscheidende wird immer die Energie und das Handeln des Unternehmers sein."[117]

Wie bereits erwähnt, fördern die meisten Managerjobs eher blinden Aktionismus als zielgerichtetes Handeln. Daher ist es wirklich kein

---

116 Unklare Wahlmöglichkeiten können zu einem subjektiven Gefühl von mangelnder Kontrolle führen, das – besonders in Verbindung mit hoher Komplexität, häufigen Unterbrechungen und genereller Überlastung – einer der zentralen Gründe für Distress und erlernte Hilflosigkeit ist. Vgl. Frese (1989).

117 Vgl. Schumpeter (1912).

Wunder, dass viele Manager in die Falle überwältigender Anforderungen, unerträglicher Einschränkungen oder mangelnder Wahlmöglichkeiten geraten. Glücklicherweise kann man sich aus diesen Fallen befreien sowie die sonstigen Gründe für Nichthandeln überwinden, die wir bisher beschrieben haben.

Die Fallen des Nichthandelns überwinden — ***Abbildung 6-1***

Überwältigende Anforderungen	**Unerträgliche Einschränkungen**	**Mangelnde Wahlmöglichkeiten**
Eine persönliche Agenda entwickeln	Wichtige Einschränkungen identifizieren	Sich seiner Wahlmöglichkeiten bewusst werden
Langsames Management praktizieren	Kompromisse eingehen	Die eigenen Wahlmöglichkeiten erweitern
Kontaktzeiten strukturieren	Selektiv Regeln brechen	Persönliches Wissen und Kompetenzen aufbauen
Anforderungen und Erwartungen aktiv gestalten	Konflikte und Widersprüche tolerieren	Handlungsfreiheit genießen

Im ersten Teil dieses Buches ging es darum, wie Manager zu zielgerichtet Handelnden werden können, indem sie Energie und Fokus entwickeln, ihre Willenskraft aktivieren, ihre Gefühle mit ihren Zielen in Einklang bringen und schließlich die Fallen des Nichthandelns überwinden. Diese Entwicklung ist aber nicht nur für die individuelle Effektivität eines Managers von entscheidender Bedeutung, sie ist auch eine Voraussetzung, um andere führen zu können. Ohne Energie sind Manager nicht in der Lage, andere zu motivieren oder zu inspirieren. Ohne klaren Fokus auf ihre Prioritäten können sie keine Orientierung geben, die Energie ihrer Mitarbeiter nicht auf kritische Themen ausrichten oder die richtige Agenda für ihr Unternehmen entwickeln. Die wichtigste Aufgabe eines Managers besteht darin, seine eigene Fähigkeit zum willensbestimmten Handeln zu entwickeln. In zweiter Linie geht es dann darum, die Willenskraft in anderen zu fördern. Das ist eine echte Führungsaufgabe, bei der es darum geht, einen entsprechenden strukturellen Kontext zu schaffen, eine Kultur des Engagements zu pflegen und Manager persönlich dazu zu ermutigen, Dinge in Bewegung zu setzen, die über die reine Routine hinausgehen.

Wir wollen uns nun Teil II des Buches zuwenden, in dem wir untersuchen, wie sich die Art von Organisation schaffen lässt, die die Lust am Handeln fördert und widerspiegelt.

Teil II
Zielgerichtetes Handeln im Unternehmen kultivieren

Entwicklung zielgerichteter Manager als Verantwortung des Unternehmens

Kapitel 7

Manager müssen Macher sein.[118] Der erste Teil dieses Buches konzentrierte sich auf genau diese persönliche Dimension des Managerjobs. Doch Manager können ihre Ziele nicht in einem Vakuum erreichen; aus diesem Grund gibt es Unternehmen und Märkte. In diesem zweiten Teil wenden wir uns daher der Führungsrolle aller Manager zu, bei der es nicht etwa darum geht, andere zum Handeln zu motivieren (wie viele Manager glauben), sondern zielgerichtetes Handeln anderer zu ermöglichen.

Wie können Führungskräfte die Willenskraft in anderen Menschen aktivieren und dadurch Organisationen aufbauen, die eine durchgängige Orientierung auf zielgerichtetes Handeln aufweisen? Sobald sie sich selbst in zielgerichtet Handelnde verwandelt haben, müssen sie innerhalb der Organisation einen Kontext schaffen, der zielgerichtetes Handeln unterstützt. Führungskräfte können das tun, indem sie zwei entscheidende Dinge leisten: Erstens müssen sie die Herausforderungen meistern, die damit verbunden sind, eine Organisation zielgerichteter Manager aufzubauen. Zweitens müssen die Werte der Willenskraft und der persönlichen Verantwortung in der Unternehmenskultur selbst verankert werden. Zwei der von uns untersuchten Unternehmen – British Petroleum (BP) und die Hilti-Gruppe – sind gute Beispiele für die praktische Umsetzung dieser Voraussetzungen.

Zunächst wollen wir die Herausforderungen untersuchen, die damit verbunden sind, einen Kontext für zielgerichtetes Handeln zu schaffen, und darstellen, wie die Führungskräfte der BP diese Herausforderungen meisterten und damit den Ölkonzern in den 1990er Jahren vor dem Zusammenbruch retteten.

7.1 Eine Organisation zielgerichteter Manager aufbauen

Wie wir in Teil I erläutert haben, setzen Menschen ihre Willenskraft nur dann ein, wenn sie das Gefühl haben, dass sie eine direkte per-

---

118 Vgl. Elles/Nohria (1992).

sönliche Kontrolle über ihre Situation haben. Sie müssen davon überzeugt sein, dass sie Entscheidungsfreiheit besitzen, beispielsweise in Bezug auf die Ziele, den Inhalt und die Prozesse ihrer Arbeit. Sie müssen eine gewisse Autonomie verspüren, eine gewisse Wahl- und Handlungsfreiheit, das Gefühl, ihr eigener Boss zu sein. Mit einem Wort, sie müssen in ihrem spezifischen Arbeitsbereich ein Gefühl persönlicher Verantwortung haben.[119]

Solch einen Kontext herzustellen verlangt von dem Manager, der eine Organisation aufbauen möchte, die zielgerichtetes Handeln fördert, einige widersprüchliche Ziele miteinander in Einklang zu bringen. Erstens taucht die Frage auf, wie man sicherstellen kann, dass die autonomen Handlungen der einzelnen Manager mit den übergreifenden Zielen und der Ausrichtung des Unternehmens übereinstimmen. Zweitens geht es darum, wie man verhindern kann, dass das willensbestimmte Handeln eines einzelnen Managers ein entsprechendes Handeln anderer Manager behindert. Und schließlich muss geklärt werden, wie sich das Bedürfnis des Einzelnen nach Unterstützung durch andere mit deren Bedürfnis nach Entscheidungsfreiheit vereinbaren lässt.

Die erste Frage ist natürlich in der traditionellen, hierarchisch strukturierten Organisation überflüssig, da hier die Ausübung von Befehlsmacht und Kontrolle für eine enge Übereinstimmung der individuellen Aufgaben mit den Unternehmenszielen sorgt. Wie wir gesehen haben, hat diese starke Vorgabe von Zielen von oben nach unten aber dafür gesorgt, dass modernen Unternehmen ein großer Teil der Kraft und Energie fehlt, die durch menschliche Willenskraft entstehen können. Doch was ist mit dem entgegengesetzten Problem – wenn aufgrund persönlicher Entscheidungsfreiheit die Ziele eines Einzelnen sich von denen des Unternehmens entfernen oder sogar vollkommen in Widerspruch dazu geraten?

Um von willensbestimmtem Handeln zu profitieren, das im Einklang mit den Unternehmenszielen ist, müssen Führungskräfte dafür sorgen, dass die Mitarbeiter auf allen Ebenen das Gesamtziel des Unternehmens verinnerlichen. Die Ziele des Unternehmens müssen zu den persönlichen Zielen jedes Einzelnen werden. Das bedeutet,

---

[119] Vgl. Ajzen (1988) und Deci/Ryan (1988).

dass eine gemeinsame Vision und gemeinsame Werte aufgebaut werden müssen, denen sich jeder Mitarbeiter wirklich anschließen kann – nicht als einem von außen aufoktroyierten Zwang, sondern als einer Quelle persönlicher Identität und Sinnstiftung. Um einen Kontext für willensbestimmtes Handeln zu schaffen, müssen zielgerichtete Führungskräfte also dafür sorgen, dass bei ihren Mitarbeitern ein gemeinsames Engagement für eine Gesamtrichtung sowie ein System gemeinsamer Werte und Verhaltensnormen entstehen kann. Doch was ist der Preis für solch willensbestimmtes Handeln? Wie sieht es mit der Verantwortlichkeit aus? Das führt uns zu der zweiten Herausforderung in diesem Zusammenhang: Wie kann ein Vorgesetzter dafür sorgen, dass die Freiheit des Einzelnen nicht die Freiheit aller anderen einschränkt? Wenn zum Beispiel ein Manager sein Ziel darin sieht, möglichst niedrige Kosten zu erreichen, dann steht das im direkten Widerspruch zu dem Ziel eines anderen Managers, der möglichst schnelle Versandzeiten erzielen möchte – und irgendwie muss das Unternehmen die Freiheit beider berücksichtigen.

Individuelle Freiheit braucht also ganz klar Grenzen. Führungskräfte müssen Organisationen so aufbauen, dass sie die einzelnen Initiativbereiche gegeneinander abgrenzen – indem sie zum Beispiel verfügen, dass das Ziel eines Managers, den französischen Markt zu entwickeln, neben dem Ziel eines anderen stehen kann, der den chinesischen Markt aufbauen möchte. Doch ist eine Abgrenzung durch solche Regeln allein nicht ausreichend. Wenn die Handlungen des Managers in Frankreich der Marke schaden, dann wird der Manager in China irgendwann ebenfalls die Auswirkungen zu spüren bekommen – unabhängig von irgendwelchen Regelungen. Die Grenzen müssen also auch jene wichtigen Bereiche der Interdependenz umfassen, die über Geographie, Produkt und Funktion hinausgehen.

Und da Organisationen schließlich deshalb existieren, weil einzelne Menschen ihre Ziele nicht immer allein erreichen können, ist Teamwork – der Austausch von Informationen, das Teilen von Ressourcen und die gemeinsame Anstrengung – von entscheidender Bedeutung. Außerdem müssen sich die Mitarbeiter innerhalb einer Organisation auch emotional unterstützt fühlen. Das führt uns zur dritten Herausforderung: Wie kann eine Führungskraft das Bedürfnis der einzelnen Manager nach emotionaler Unterstützung mit dem Bedürfnis der anderen Manager nach Entscheidungsfreiheit in Einklang bringen?

Die Forderung nach Autonomie und Unterstützung gleichzeitig ist zwar einfach zu stellen, doch um sie tatsächlich zu erfüllen, muss man die Spannung zwischen diesen beiden Aspekten überwinden. Im Extremfall sind persönliche Freiheit und gegenseitige Unterstützung schwierig zu kombinieren: Extrem autonome Manager konzentrieren sich nur auf ihre eigenen Aufgaben und Ziele und neigen dazu, ihr Wissen und ihre Ressourcen nicht mit anderen zu teilen, und sie setzen auch nicht ihre Zeit und Energie dafür ein, anderen zum Erfolg zu verhelfen. Die Unterstützung anderer verlangt häufig ein gewisses Opfer in Bezug auf die Intensität, mit der man seine eigenen Ziele verfolgen kann. Doch um wirklich effektiv zu sein, muss ein Unternehmen mit einer Ausrichtung auf zielgerichtetes Handeln Möglichkeiten und Wege finden, um individuelle Autonomie mit freiwilligem Teamwork zu verbinden. Führungskräfte können beispielsweise die Bedeutung von Peer-Beziehungen institutionalisieren, indem sie sicherstellen, dass Manager regelmäßig ein 360-Grad-Feedback erhalten, das natürlich auch Rückmeldungen ihrer gleichgestellten Kollegen umfasst. Oder sie können es wie die Firma 3M machen und Managern eine bestimmte Anzahl von Stunden pro Woche einräumen, um persönliche Initiativen zu verfolgen und um andere in ihren Ideen zu unterstützen.

Damit haben wir kurz umrissen, wie Führungskräfte an die Herausforderungen beim Aufbau eines Kontexts für zielgerichtetes Management herangehen können. Die wirklichen Themen werden jedoch erst deutlich, wenn wir betrachten, wie einzelne Firmen im konkreten Fall damit umgehen. Deshalb wollen wir nun beispielhaft darstellen, wie BP, das größte Industrieunternehmen Großbritanniens und eine der drei wichtigsten Firmen innerhalb der Ölindustrie, ihren Managern innerhalb bestimmter Grenzen Autonomie einräumte und für praktische und emotionale Unterstützung sorgte, um ein Umfeld zu schaffen, das zielgerichtetes Management fördert.[120]

---

120 Vgl. Fallstudie von Rogan/Gratton/Ghoshal (2001).

Herausforderungen beim Aufbau eines Kontexts für zielgerichtetes Management **Abbildung 7-1**

• Wie kann man sicherstellen, dass die autonomen Handlungen jedes Managers mit den übergeordneten Zielen und der Ausrichtung des Unternehmens im Einklang sind?	• Es braucht ein gemeinsames Engagement für eine bestimmte Richtung sowie eine Verpflichtung auf gemeinsame Werte und gemeinsam abgestimmte Verhaltensnormen.
• Wie kann man verhindern, dass die zielgerichteten Handlungen eines Managers die Entscheidungs- und Handlungsfreiheit anderer Manager einschränken?	• Es braucht Grenzen rund um bestimmte Initiativbereiche, wobei gleichzeitig die Bereiche von Interdependenz zu berücksichtigen sind, die über Geographie, Produkt und Funktion hinausgehen.
• Wie kann man das Bedürfnis des einzelnen Managers nach emotionaler Unterstützung durch andere mit dem Bedürfnis der anderen nach Entscheidungsfreiheit in Einklang bringen?	• Es braucht eine Institutionalisierung gewisser Normen und Verhaltensweisen, die eine Verbindung von freiwilliger Teamarbeit mit individueller Autonomie erlauben.

7.1.1 Die Transformation von British Petroleum

Im Juni 1992 befand sich BP in einer finanziellen Abwärtsspirale, nachdem es von einer Reihe kritischer Ereignisse betroffen war: der Privatisierung, die mit dem Börsencrash von 1987 zusammengefallen war, dem Rückgang der Ölpreise nach dem Golfkrieg sowie zunehmenden Schulden und steigenden Stückkosten. Am 25. Juni musste das Board die Dividende kürzen und den CEO Robert Horton entlassen.

Zehn Jahre später, im Jahr 2002, war das Unternehmen führend in der Restrukturierung der Ölindustrie, hatte seine Kosten gesenkt, die Schulden reduziert und machte einen Gewinn nach Steuern von mehr als 1 Milliarde US-Dollar pro Monat. Bei einem jährlichen

Umsatz von 120 Milliarden US-Dollar beschäftigte BP einhunderttausend Menschen in mehr als hundert Ländern und war zu einer der drei Supermächte der Ölindustrie geworden. CEO John Browne, der maßgebliche Architekt der Restrukturierung, hatte es viermal nacheinander zu der Auszeichnung des „angesehensten CEO Großbritanniens" gebracht. Das Unternehmen galt als führend in den verschiedensten Bereichen, vom Umweltschutz über Corporate Governance bis zum Leistungsmanagement und Organisationsaufbau.

Wie war BP zu solch einem Vorbild sowohl im Bereich der finanziellen Leistungsfähigkeit als auch der gesellschaftlichen Verantwortung geworden? Die zwei einfachen Prinzipien, die das Kernstück der Umstrukturierungsmaßnahmen bei BP bildeten, zeigen gleichzeitig, wie sich die Herausforderungen beim Aufbau einer zielgerichteten Organisation meistern lassen:

1. *Freiraum*: Das erste Prinzip ist, dass Menschen ihren eigenen Raum brauchen – einen klar definierten Handlungsbereich, der jedem einzelnen zugeordnet ist –, denn nur innerhalb eines solchen Raums kann sich die Fähigkeit zu eigeninitiiertem und zielgerichtetem Handeln entfalten. Dieser Freiraum wird begrenzt von einem notwendigen Satz an Grenzen, die von den strategischen und operativen Vorgaben des Unternehmens – seiner Vision, seinen Werten und Überzeugungen – gebildet werden.

2. *Unterstützung*: Das zweite Prinzip besteht darin, dass die Hauptvorteile eines großen und vielfältigen Unternehmens darin zu finden sind, dass es individuelles Handeln unterstützen kann – in professioneller wie auch in emotionaler Hinsicht.[121] Zur praktischen professionellen Unterstützung zählt, dass die Manager innerhalb der Organisation auf ein verlässliches Netzwerk erfahrener Experten zurückgreifen können, die ihr Wissen mit anderen teilen und den Prozess zielgerichteten Handelns unterstützen können. Emotionale Unterstützung dagegen fördert die Fä-

---

121 Soziale Unterstützung erleichtert den Umgang mit Anforderungen der Arbeit in zweifacher Hinsicht. Erstens wird das Problemlösungsverhalten durch praktische und informative Unterstützung in Form von Ratschlägen, Anleitungen oder Rückhalt gefördert, und zweitens ermöglicht emotionale Unterstützung dem Betreffenden, mit seinen Gefühlen besser umzugehen. Vgl. House (1981).

higkeit eines Menschen zur Bewältigung der persönlichen Anforderungen seiner Arbeit – beispielsweise im Umgang mit Stress oder negativen Emotionen sowie beim Aufbau positiver Gefühle wie Mut, Stolz oder Begeisterung.[122] Auch diese Unterstützung stammt aus engen persönlichen Netzwerken, die häufig aus unmittelbaren Kollegen bestehen, aber auch Mentoren und Kollegen aus anderen Bereichen umfassen können. Die Führungskräfte selbst müssen natürlich eine Kombination von emotionaler und professioneller Unterstützung anbieten: Sie sind Vorbilder und vermitteln Inspiration, intellektuelle Stimulation und auch Rückhalt, wenn andere die Entscheidungen oder Handlungen eines Managers in Frage stellen.[123]

7.1.1.1 Raum schaffen für zielgerichtetes Handeln

John Browne vertritt die einfache Ansicht, dass Menschen in kleineren Einheiten besser arbeiten, weil sie Dinge umso leichter in Bewegung setzen können, je leichter sie sich mit den Zielen und Vorgaben identifizieren können. Um also insgesamt exzellente Ergebnisse zu erzielen, ist es am besten, die großen, langfristigen Ziele des Unternehmens aufzusplitten und an kleine Einheiten zu übergeben, die sich diese Ziele jeweils vollständig zu eigen machen können.

Browne hatte diese These bereits als CEO von Sohio, BPs nordamerikanischer Tochtergesellschaft, getestet. Er hatte damals einen Geschäftsbereich mit chronischen Verlusten als separate Einheit abgetrennt, „normale Manager" mit der Leitung beauftragt (um sicherzustellen, dass das Ergebnis nicht einfach nur das Resultat eines außergewöhnlich guten Managements war) und diesen Managern komplette Handlungsfreiheit gegeben, im Gegensatz zu der üblichen zentralen Kontrolle im Unternehmen. Die dramatische Ergebnisverbesserung innerhalb dieses Bereichs war für Browne ein Schlüsselerlebnis, das er mitnahm, als er im Jahr 1996 die Gesamtleitung von BP übernahm.

---

122 Vgl. Lazarus/Folkman (1984).

123 Wir konnten feststellen, dass transformationale Führung, wie Bass und Mitarbeiter sie vorschlagen, für zielgerichtetes Handeln besonders förderlich ist. Vgl. Bass/Avilio (1994).

Als CEO des gesamten Unternehmens sorgte Browne für eine Restrukturierung in 150 Geschäftseinheiten und gab den einzelnen Managern sehr viel Freiheit bei der autonomen Leitung ihrer Einheiten. Als wichtige Ergänzung zu diesem Konzept des Freiraums für zielgerichtetes Handeln entwickelte BP einen Prozess der Leistungskontraktierung, der eine klare Abstimmung der Aufgaben der einzelnen Unit-Manager mit den Gesamtzielen des Unternehmens ermöglichen sollte. Der Kontrakt, der jährlich neu erstellt und in jedem Quartal überprüft wird, spezifiziert verschiedene finanzielle Ziele – Gewinn vor Steuern, Cashflow, Investitionshöhe, Kapitalrendite – sowie einige wichtige nicht-finanzielle Ziele. „Sobald der Kontrakt vereinbart ist, haben die Leiter der einzelnen Einheiten vollkommene Freiheit, die Ziele auf ihre eigene Weise zu erreichen, ohne Einmischung von außen", erklärte Rodney Chase, BPs stellvertretender CEO. „Gleichzeitig handelt es sich dabei um einen Vertrag, den sie erfüllen müssen, und das ist allen klar." Alle nehmen diese Zielvorgaben sehr ernst; werden sie nicht erreicht, so bedeutet das in der Regel eine Versetzung des Managers.

British Petroleum entwickelte außerdem eine Erklärung zur Gesamtausrichtung des Unternehmens sowie ein Handbuch der Kernstrategien, die die Grenzen des individuellen Raums definieren und die eigeninitiierten Handlungen der Einzelnen mit dem Gesamtziel des Unternehmens in Einklang bringen sollen. Um wiederum Rodney Chase zu zitieren: „Der Raum der Einzelnen ist nicht grenzenlos; es gibt gewisse Grenzen. Diese Regeln sind nicht verhandelbar. Wer unserem Verein beitreten und das Vergnügen haben möchte, das eigene Unternehmen selbstständig und autonom zu leiten, muss sich an die Regeln des Vereins halten."

Mit der Vorgabe dieser Grenzen definierte das oberste Führungskader von BP ganz präzise die ökonomischen Ziele des Unternehmens sowie seine Rolle in der Gesellschaft. Die ökonomische Dimension ist einfach. Wie Chase es formulierte: „Unser Geschäft ist die Erforschung, Förderung, Verarbeitung und Vermarktung von Erdöl, Erdgas und damit verwandten chemischen Produkten. Alle im Unternehmen müssen sich darüber im klaren sein – niemand sollte auf die Idee kommen, mit dem Verkauf von Musik, Immobilien oder Sonstigem Geld zu machen. Das ist nicht unser Geschäft."

Während diese Definition des Kerngeschäfts die Manager darin unterstützt, ihre eigenen Ziele zu definieren, hat die vierteilige Philosophie des Unternehmens Einfluss auf die Mittel, wie diese Ziele zu erreichen sind. Der erste Teil betrifft dabei die persönliche Sicherheit. BP ist eine Ölfirma, und die Angestellten sind mit beträchtlichen Sicherheitsrisiken konfrontiert. British Petroleum nimmt diese Verantwortung sehr ernst. „Wenn man Menschen dazu einlädt, für die eigene Firma zu arbeiten", kommentierte Browne dazu, „dann sollte man sie auch so wieder nach Hause entlassen, wie sie gekommen sind. Das ist die Minimalvoraussetzung, die der Respekt vor dem Menschen gebietet, und diese muss man sehr ernst nehmen." Der zweite Teil bezieht sich auf die Verantwortung gegenüber der Umwelt. „Unsere Aktivitäten sollten keine Umweltschäden zur Folge haben", sagt Browne. Die dritte Vorgabe bezieht sich auf faires und nicht diskriminierendes Handeln. „Rasse, Geschlecht, sexuelle Orientierung oder Religion spielen keine Rolle", stellt Browne fest. „Alles, was zählt, ist die individuelle Leistung." Im vierten Teil geht es darum, gesellschaftliche Verantwortung zu übernehmen und in die Gemeinden, aus denen die Angestellten kommen, zu investieren, um „die Kluft zwischen dem Leben im Unternehmen und außerhalb zu schließen". Ein kurzes Strategiehandbuch gibt einen Überblick über die praktischen Auswirkungen dieser vierteiligen Philosophie, der sich alle Angestellten verpflichten.

7.1.1.2 Unterstützende Netzwerke aufbauen

Fünfzehn Peergruppen bilden den Kern der unterstützenden Netzwerke bei BP. Jede Peergruppe besteht aus einem Netzwerk miteinander verbundener Geschäftseinheiten innerhalb eines bestimmten Geschäftsbereichs – im Prinzip jeweils innerhalb ähnlicher Geschäftsfelder, die mit ähnlichen Herausforderungen konfrontiert sind. Beispielsweise gehören alle großen, entwickelten Erdgasfelder zu einer Peergruppe; alle Marketingleiter Europas befinden sich in einer Peergruppe, ebenso alle Geschäftseinheiten, die für neue Projekte verantwortlich sind, und so weiter.

Ursprünglich konzentrierte sich der Einsatz der BP-Peergruppen auf einen als Peer Assist bezeichneten Prozess. Die Leiter der Geschäftseinheiten trafen sich regelmäßig, um sich innerhalb der Peergruppe Unterstützung zukommen zu lassen – um die besten Strategien zu entwickeln, mehr über ein neues Arbeitsfeld herauszufinden oder Entscheidungen durch Ratschläge oder direkten Input eines Peergruppenmitglieds zu klären. Zum Beispiel bat Polly Flinn, eine ehemalige Amoco-Managerin, die zur Leiterin von BPs Vertriebseinheit (VE) in Polen bestellt worden war, vier weitere VE-Leiter innerhalb ihrer Peergruppe um Unterstützung. Sie trafen sich als Peer Assist-Gruppe, um die Strategie in Polen zu prüfen und Flinn Ratschläge zukommen zu lassen. Nachdem Flinn – die im Vertrieb relativ neu war – die Vorschläge der Gruppe umgesetzt hatte, stieg das Ergebnis der Geschäftseinheit von einem Verlust von 20 Millionen US-Dollar im Jahr 1999 auf einen Gewinn von 6 Millionen US-Dollar im Jahr 2000. „Das war BP von seiner besten Seite", kommentierte Flinn dazu. „Mein Polen-Team und ich erhielten strategische und operationale Tipps von den besten Experten innerhalb von BP. Gleichzeitig war es auch eine Herausforderung für die Mitarbeiter, die gefragt waren, uns zu unterstützen."

Nachdem Peer Assist institutionalisiert worden war, erweiterte BP den Einsatz der Peergruppen auf einen als Peer Challenge bezeichneten Prozess, bei dem die Peergruppen für das Leistungsmanagement und die Zuteilung von Ressourcen innerhalb des Unternehmens zuständig sind. Peer Challenge bedeutet, dass alle Leiter von Geschäftseinheiten ihre Geschäftspläne, einschließlich der Investitionspläne, von ihren Peergruppenmitgliedern absegnen lassen müssen, bevor der Leistungsvertrag mit dem Top-Management abgeschlossen wird. Polly Flinn kommentierte dazu: „Dabei geht es darum, die Mitarbeiter in gleichrangiger Position von den eigenen Investitionsvorhaben zu überzeugen, wobei sich alle bewusst sind, dass das jeweilige Kapital auch für andere Vorhaben eingesetzt werden könnte, dabei zu einem gemeinsamen Konsens zu finden – und sich während der anschließenden Monate und Quartale einer laufenden Überprüfung der Ergebnisse zu unterziehen."

BP erweiterte den Peer-Prozess sogar noch um eine zusätzliche Variante – die drei besten Geschäftseinheiten innerhalb einer Peergruppe sind nun für die Ergebnisverbesserung der drei schlechtesten Einheiten verantwortlich. Laut Rodney Chase gelang es mit Peer Assist und Peer Challenge, „es so weit zu bringen, dass alle, die eine gute Idee haben, dafür verantwortlich sind, diese an die Peergruppe weiterzugeben, und dass alle, bei denen die Ergebnisse schlecht sind, die Unterstützung der Peergruppe einholen."

Während die Peergruppen bei BP das wichtigste Instrument sind, um Managern professionelle sowie emotionale Unterstützung zukommen zu lassen, wird dies ergänzt durch die Rolle der Senior Manager als Trainer und Mentoren, die den Mitarbeitern Inspiration und Führung vermitteln. Diese Verantwortung der Führungskräfte ist tief in der BP-Organisation verankert: Die Vorstände sind verantwortlich für das Coaching und Mentoring der Leiter der Geschäftseinheiten und so weiter. Auf der Top-Management-Ebene besteht die Unterstützung außerdem aus einem erfahrenen Team externer Berater, die fortlaufend mit den einzelnen Managern arbeiten.

7.1.1.3 Der positive Kreislauf zielgerichteten Handelns

Offensichtlich ist es BP gelungen, die drei Herausforderungen beim Aufbau einer Organisation zielgerichteter Manager zu meistern. Erstens sorgte das Top-Management von BP für eine Übereinstimmung der autonomen Handlungen ihrer Manager mit den Zielen des Unternehmens, indem sie die ökonomischen Ziele sowie die allgemeinen und sozialen Verhaltensregeln klar definierten. Zweitens gelang es ihnen mit dem Peergruppen-Prozess, zu verhindern, dass die Handlungsautonomie eines einzelnen Managers die Handlungsfreiheit der übrigen einschränkt. Schließlich sorgt dieser Peergruppen-Prozess auch dafür, dass die Leiter der einzelnen Geschäftseinheiten von ihren Kollegen die professionelle und emotionale Unterstützung bekommen, die sie für eine erfolgreiche Bewältigung ihrer Aufgaben benötigen.

Bisher haben wir die Fallstudie von BP nur als einen Schnappschuss betrachtet – als ein statisches Beispiel dafür, wie die Faktoren individuelle Autonomie, Ausrichtung an den Zielen des Unternehmens und gegenseitige Unterstützung tatsächlich in einem Unternehmen verwirklicht wurden. Was in dieser Beschreibung noch fehlt, ist die lebendige Dynamik der Organisation, der symbiotische Prozess, in dem sich die Faktoren Raum und Unterstützung mit der Zeit gegenseitig verstärken und einen positiven Kreislauf zielgerichteten Handelns entwickeln.

Sobald die Kombination von Freiraum und Unterstützung das zielgerichtete Handeln der Manager zu fördern begann, begann sich auch das Geschäftsergebnis von BP zu verbessern. Dies führte zu zwei Ergebnissen. Erstens entstand bei den Top-Managern – John Browne, Rodney Chase und anderen – zunehmendes Vertrauen in ihre Strategie, Verantwortung an die Leiter der Geschäftsbereiche zu delegieren, wodurch das Gefühl von Autonomie und persönlicher Kontrolle bei diesen weiter zunahm.[124] Zweitens standen der Firma damit mehr Ressourcen zum Ausbau der Infrastruktur einschließlich der IT-Systeme sowie der Kommunikationssysteme zur Verfügung. Diese Investitionen verstärkten wiederum die Mechanismen und Prozesse der Peer Assist- und Peer Challenge-Systeme.

Als diese symbiotische Wirkung von Freiraum und Unterstützung sich entwickelte, entstand allmählich eine Kultur der aktiven Zusammenarbeit. Rodney Chase beschrieb diesen Prozess der Veränderung der Unternehmenskultur folgendermaßen: „Aus unserem Privatleben als Väter, Mütter, Brüder oder Schwestern wissen wir, wie viel Freude es macht, wenn wir anderen zum Erfolg verhelfen können. Warum sind wir der Meinung, dass es im Geschäftsleben anders sein sollte? Das war der Durchbruch, und man gelangt dorthin, wenn Menschen stolz darauf sind, dass sie ihren Kollegen zum Erfolg verholfen haben." Die Entwicklung dieser Unternehmenskultur führte zu zwei unterschiedlichen, aber miteinander verbundenen Resultaten. Erstens nahm das Selbstvertrauen der Manager stark zu. Dadurch, dass sie sich hohe, aber erreichbare Ziele setzten und diese Ziele durch ihre eigene Initiative und die Unterstützung ihrer Kollegen erreichten, entwickelten sie so viel Selbstvertrauen, dass sie sich beim nächsten Mal noch etwas höhere Ziele setzen konnten. Durch diesen Prozess wurden ihr Autonomiegefühl und ihre Willenskraft weiter gestärkt. Zweitens führte diese Unternehmenskultur auch zu einer Stärkung des gegenseitigen Vertrauens und der Freundschaften untereinander, wodurch die Peergruppen-Prozesse im Bereich professioneller und emotionaler Unterstützung noch wirksamer wurden.

Das Gesamtresultat dieser positiven Feedbackprozesse war, dass zielgerichtetes Handeln bei BP mit der Zeit immer mehr zunahm. Bei einer hierarchischen Organisation mit einer von oben nach unten wirkenden Befehls- und Kontrollkette wirken die Mechanismen der Koordination durch vertikale Prozesse der Anleitung und Res-

---

[124] Vgl. Wrzesniewski/Dutton (2001).

sourcenallokation so, dass sie der Autonomie und Handlungsfreiheit des Einzelnen oder einzelner Geschäftsbereiche entgegenstehen. Die Organisationsstruktur von BP dagegen, mit ihrer Basis von Freiraum und Unterstützung, stärkte kontinuierlich sowohl das individuelle Handeln als auch die Koordination und Integration des Unternehmens, und das auf der Basis zielgerichteten Handelns.

Insgesamt gesehen bilden die Konzepte von Freiraum, Grenzen, Unterstützung und Ausrichtung die Grundlage eines zielgerichteten Unternehmens. Bei BP wurden diese Konzepte auf eine ganz bestimmte Art und Weise implementiert; andere Unternehmen können sie auf unterschiedliche Weise einsetzen. Nichts an diesen Konzepten ist nicht praktikabel. Jedes Unternehmen könnte beispielsweise ein System wie Peer Assist einführen. Doch nur wenige tun es. Wenn Manager die Kraft zielgerichteten Handelns in ihrem Unternehmen freisetzen möchten, müssen sie den Mut haben, die Art radikaler Veränderungen vorzunehmen, die John Browne, Rodney Chase und ihre Kollegen an der Spitze von BP riskierten.

Die Lust am Handeln in einer Organisation zu entwickeln und zu stärken ist aber nur ein Teil des Gesamtbildes. Der andere Teil besteht darin, die Werte eines zielgerichteten Managements in der Organisationskultur selbst zu verankern. Menschen, die sich intellektuell oder emotional abhängig fühlen, die es vorziehen, dass man ihnen sagt, was sie tun sollen, und die lieber im sicheren Umfeld des Gewohnten arbeiten, werden in der Art von Unternehmensumfeld, wie wir es hier beschrieben haben, vermutlich nicht gut funktionieren. Ein zielgerichtetes Unternehmen braucht Menschen, die fähig sind, ihre eigenen Ziele und Prioritäten zu setzen, und die den Mut haben, zu diesen Zielen zu stehen.

Wir wollen uns nun dem Thema zuwenden, wie Organisationen solche Manager aufbauen können, indem sie die Lust am Handeln zu einem inhärenten Teil der Unternehmenskultur machen.

7.2 Zielgerichtetes Handeln in der Unternehmenskultur verankern

„Unser Top-Management sagt uns dauernd, dass wir im mittleren Management Initiative ergreifen sollten", beklagte sich ein Manager aus dem Finanzdienstleistungsbereich. „Sie sagen, dass sie von uns Innovationen und Kreativität erwarten. Doch wie sie selbst handeln und wie sie mit Ideen aus dem mittleren Management umgehen, spricht eine ganz andere Sprache. Und was noch schlimmer ist, sie sind sich überhaupt nicht bewusst, dass sie weder selbst strategische Initiativen ergreifen noch wollen, dass wir das tun."

In den meisten Firmen ist es so, dass die Rhetorik der Führungskräfte die Autonomie der Mitarbeiter betont und das autonome Handeln der Manager in den Vordergrund stellt. Doch die Realität sieht häufig ganz anders aus. Organisationsstrukturen und Managementprozesse können autonomes Verhalten von Managern unterstützen oder behindern, doch sie können nicht dafür sorgen, dass sich ein solches Verhalten über einen längeren Zeitraum tatsächlich durchsetzt. Entwickelt ein Unternehmen eine Organisationsform, die den Mitarbeitern Autonomie verschafft, dann wird es vermutlich zu einer kurzfristigen Zunahme an Initiativen kommen, sobald die Mitarbeiter ihre neu gewonnene Freiheit nutzen. Doch das wird nicht so bleiben, wenn die Kultur und die Werte des Unternehmens nicht mit dezentralem, zielgerichtetem Handeln im Einklang sind.

Um die Willenskraft von Menschen zu aktivieren, müssen die obersten Führungskräfte nicht nur eine Organisation aufbauen, die Entscheidungs- und Handlungsfreiheit fördert, sie müssen zielgerichtetes Verhalten auch als zentrales Element der Unternehmenskultur verankern. Denn im Endeffekt ist es die Kultur eines Unternehmens (die gemeinsamen Werte, informellen Normen, Gewohnheiten und Traditionen rund um das Geschäftsgebaren der Firma) und nicht seine Struktur (die expliziten, greifbaren, formalen Regeln, Richtlinien und Strategien), die den Managern Mut macht, ihre Entscheidungsfreiheit zu nutzen und ihre Handlungsfreiheit zu genießen.

Es gibt keine einfachen Patentrezepte oder festen Regeln für den Aufbau einer solchen Kultur. Werte lassen sich in einem Unternehmen nicht durch ein kurzfristiges Projekt oder Programm verankern. In Unternehmen wie Sony oder 3M wurde zielgerichtetes Management durch das konsequente Handeln vieler Generationen von Führungskräften auf oberster Ebene tief in der Organisationsstruktur verankert. Bei General Electric brauchte Jack Welch zwei Jahrzehnte, um die Unternehmensbürokratie erfolgreich aufzubrechen und das Prinzip dezentraler Initiative so zu verankern, dass der Unternehmergeist seiner Manager wirklich geweckt wurde. Und während es John Browne bei BP innerhalb kürzester Zeit gelungen ist, eine Organisationsstruktur aufzubauen, die Initiative in vorderster Front ermöglicht, steht er doch erst am Anfang des langen, harten Weges, bei dem es darum geht, die Werte aufzubauen, die zielgerichtetes Handeln der Manager zu einer alltäglichen, normalen Gewohnheit machen.

Der Aufbau einer entsprechenden Infrastruktur, die Handlungsfreiheit, unterstützende Netzwerke und inspirierende Führung umfasst, ist ein wichtiger Schritt zu einer neuen Willenskultur im Unternehmen. Doch all diese Maßnahmen sind nur dann wirksam, wenn das Unternehmen bereits über eine Tradition oder Kultur des aktiven Managements verfügt. Ist das nicht der Fall, dann führen strukturelle Interventionen nur zu einer oberflächlichen Wirkung, die sich darin zeigt, dass die Manager zwar anfangs Initiative ergreifen, sobald sie neue Handlungsspielräume erhalten. Doch es besteht die Gefahr, dass das Bewusstsein ihrer Entscheidungsfreiheit langsam wieder nachlässt, dass Unsicherheiten auftauchen, wie diese Entscheidungsfreiheit zu nutzen ist, und dass die Manager in alte Verhaltensmuster zurückfallen, sofern das Unternehmen keine Kultur der Entscheidungsfreiheit entwickelt und seine Manager entsprechend fördert. Um Willenskraft innerhalb eines Unternehmens zu entwickeln, braucht es eine Willenskultur und Manager, die ihre Wahlmöglichkeiten bewusst, mutig und freudig nutzen.

Die obere Führungsebene wird und muss in gewissem Umfang unvermeidlich versuchen, bestimmte Wahlmöglichkeiten auszuschließen. In der Regel wird dies formal wie auch informell geschehen, durch Strategievorgaben und Richtlinien wie auch durch die Kultur, mit der das Verhalten der Manager beeinflusst werden soll. Das Top-Management muss sich dabei darüber im klaren sein, welche Art von Kultur und welche Art von Managern es wirklich anstrebt. Man kann sich dabei leicht etwas vormachen und der Meinung sein, dass man sich zielgerichtet handelnde Manager wünscht, gleichzeitig aber nichts dafür tun, um die Manager dabei zu unterstützen, ihre Willenskraft wirklich zu aktivieren und eine Kultur des zielgerichteten Handelns aufzubauen.

Wir stellten große Unterschiede darin fest, wie Manager die Unterstützung durch das Top-Management wahrnehmen. Ein Personalleiter bei einer kleinen Privatbank in Liechtenstein kommentierte das Verhalten der Führungsebene folgendermaßen: „Die Leitung unserer Firma sagt uns dauernd, dass wir innovativ sein sollen. Doch andererseits lassen sie es nicht wirklich zu. Letzten Monat beschäftigte sich der Vorstand mehrere Tage lang mit der Entscheidung, wer einen Flachbildschirm bekommen soll und wer nicht – ein Beispiel unter vielen, das Bände spricht. Ich bin mir ziemlich sicher, dass ihnen überhaupt nicht bewusst ist, dass sie selbst nicht strategisch handeln und es erst recht nicht von uns erwarten."

Ein Manager eines großen amerikanischen Lebensmittelunternehmens kommentierte die gelebten Werte seiner Firma folgendermaßen: „Kritik ist nicht erwünscht. Das ist die Botschaft, die wir von unseren Vorgesetzten bekommen. Sie sind so damit beschäftigt, Strategien zu definieren und sich einzureden, dass alles wunderbar läuft, dass sie einfach nicht zuhören. Sie wären tatsächlich entsetzt, wenn jemand anfangen würde, Fragen zu stellen oder andere Möglichkeiten vorzuschlagen. Alle Informationen werden mehrfach gefiltert. Das ist kein Missverständnis; sie wollen wirklich nicht, dass wir selbst denken oder Entscheidungen treffen. Das entspricht einfach nicht der Kultur hier. Und sie sind es, die die Kultur formen. Wenigstens wissen wir, was sie von uns erwarten."

Das Top-Management hat einen starken Einfluss darauf, in welchem Umfang Manager Wahlmöglichkeiten erkennen und ergreifen können, und ebenso auf die Wahrnehmung von Anforderungen und Einschränkungen. Die Unternehmenskultur und damit das Ausmaß, in dem Manager ihre Willenskraft einsetzen und zielgerichtet handeln, wird durch die Philosophie der obersten Führungsebene stark beeinflusst. Aber obwohl die Mitglieder der obersten Führungsschiene die Erwartungen und Gewohnheiten ihrer Manager entscheidend prägen, haben wir nur wenige gefunden, die bewusst die Verantwortung dafür übernehmen, eine Willenskultur in ihrem Unternehmen zu schaffen und zielgerichtetes Handeln zu fördern.

7.2.1 Entwicklung des Willens bei Hilti

Die systematischste und langfristigste Initiative zur Förderung einer Willenskultur und zur Entwicklung der Willenskraft bei Managern, die wir innerhalb unserer Untersuchung fanden, war bereits 1984 von Michael Hilti – bis 1994 CEO der Liechtensteiner Hilti-Gruppe und seither Vorsitzender des Aufsichtsrats des Unternehmens – in Angriff genommen worden. Diese Initiative, die seit nunmehr über 20 Jahren läuft und Implementierungskosten in Höhe von 16 Millionen Dollar verursachte, führte zu einer grundlegenden Veränderung in der Kultur und im Verhalten der Manager und trug unmittelbar zu der explosiven Entwicklung neuer Produkte bei, die das Unternehmen zum Weltmarktführer in seinem Bereich machte. „Ich möchte, dass unsere Manager für das, was sie tun, die Verantwortung übernehmen. Eine der zentralen Voraussetzungen dafür ist, dass sie das, was sie tun, wirklich gern tun. Die zweite ist, dass sie wissen, dass sie eine Wahl haben. Die dritte ist, dass sie sich bedingungslos ihrer Aufgabe verpflichten", erklärte uns Michael Hilti.

Folgende allgemeine Prinzipien sollten Führungskräfte berücksichtigen, wenn sie eine Unternehmenskultur aufbauen möchten, die Lust am Handeln vermittelt. Es gilt beispielsweise,

- die Werte zielgerichteten Handelns – und die damit verbundenen Verhaltensweisen – in alle Werkzeuge und Systeme des Unternehmens zu integrieren.
- Manager zu entlassen, deren Verhalten nicht mit diesen Werten übereinstimmt, unabhängig von ihrer Leistung.
- dauerhaft Zeit, Geld und Energie zu investieren, um diese Werte im Unternehmen zu verankern und zu stärken – vor allem dadurch, dass sie auch im Verhalten der Führungskräfte präsent sind.

Die Hilti-Gruppe, die mehr als vierzehntausend Mitarbeiter in einhundertzwanzig Ländern der Welt beschäftigt, nutzte diese Prinzipien, um Willenskraft als nachhaltige Kernkomponente ihrer Unternehmenskultur zu installieren.

7.2.1.1 Aufbau einer Willenskultur bei Hilti

Die Hilti-Gruppe, 1941 gegründet, galt jahrzehntelang als Weltmarktführer in der Entwicklung, Herstellung und Vermarktung von hochwertigem Werkzeug für die Bauindustrie. Schon immer hatte das Unternehmen eine Kultur gefördert, die die persönliche Entscheidungsfreiheit und Willenskraft ihrer Manager unterstützt. Lange bevor der Begriff „Empowerment“ im Managementwortschatz auftauchte, vertrat der Unternehmensgründer Martin Hilti das Prinzip, seinen Mitarbeitern möglichst viel Freiheit und Autonomie zuzugestehen. Einer seiner Führungsgrundsätze, den er im Umgang mit seinen Angestellten immer betonte, lautete: „Ihr seid freie Menschen. Ihr habt euch entschieden, bei uns zu arbeiten. Wenn jemand nicht mehr hier arbeiten möchte, weil er sich mit der Arbeit oder den Bedingungen nicht identifizieren kann, sollte er das Unternehmen verlassen ... Ich betrachte es als meine Hauptaufgabe, für ein Klima zu sorgen, in dem jeder den Willen und das Engagement entwickeln kann und sollte, die bestmögliche Leistung zu erbringen und Freude an der Arbeit zu haben.“[125]

Trotzdem begann das Unternehmen zu Beginn der 1980er Jahre an Wettbewerbskraft einzubüßen – und war in Gefahr, auch das Engagement seiner Angestellten zu verlieren. Während der vorangegangenen zehn Jahre war es aufgrund des raschen Wachstums und des Internationalisierungsprozesses zunehmend schwierig geworden, die notwendige kreative Energie zu erhalten, um innovative Produkte zu entwickeln. Außerdem befand sich die Baubranche in Europa und den USA in einer akuten Rezession, was zu einem starken Rückgang der Verkaufserlöse im Jahr 1982 geführt hatte – der erste Rückgang in der gesamten Geschichte von Hilti – und das Unternehmen befand sich in einer Abwärtsspirale in Richtung Stagnation.

Hiltis Top-Management war davon überzeugt, dass das Geschäftsmodell des Unternehmens – das auf Marktführerschaft im Bereich Innovation, Qualität und Service beruhte – ohne engagiertes und autonomes Handeln seiner Mitarbeiter nicht aufrechtzuerhalten war. Dem Management war außerdem bewusst, dass Hilti vor einem Übergang stand, dem Schritt von einer Ära, in der die charis-

---

125 Vgl. Fallstudie von Bruch/Bieri (2003).

matischen Führungsqualitäten des Gründers die Initiativkraft der Mitarbeiter beflügelt hatten, hin zu einer Ära, in der die Aktivierung der Willenskraft der Mitarbeiter tief in der Unternehmenskultur selbst verankert sein musste. In einer relativ kleinen und wenig internationalisierten Firma konnten die Überzeugungen und Handlungen Einzelner für Engagement und persönliche Verantwortung sorgen; in dem großen, globalen Unternehmen, zu dem Hilti geworden war, mussten diese Qualitäten in der Kultur verankert werden.

Das Management-Team begann also 1984 das Kernelement des Transformationsprozesses zu implementieren – das INNO-Trainingsprogramm, das bis heute ein integraler Bestandteil der Kultur der Hilti-Gruppe geblieben ist. Das INNO-Programm, das alle Hilti-Manager darin unterstützen soll, ihr Engagement, ihre Willenskraft und ihre Handlungsfähigkeit bei ihren Alltagsaufgaben zu nutzen, umfasst drei Teile und dauert insgesamt neun Monate. Das Programm wird in allen Unternehmensbereichen weltweit auf dieselbe Art und Weise von speziell dafür ausgewählten Mitarbeitern durchgeführt. (Die Tatsache, dass jedes Vorstandsmitglied von Hilti regelmäßig zwei INNO-Trainings pro Jahr durchführt, zeigt, welch hohe Priorität das Unternehmen dem Faktor Kultur beimisst.)

Das Programm beginnt mit einem dreitägigen Intensiv-Seminar zu den fünf Kernprinzipien der Unternehmenskultur – mit fünf entsprechenden Modulen. Workshops, Filme und Gruppendiskussionen sollen die Teilnehmer systematisch dazu anregen, ihre Aufgaben und ihr tägliches Verhalten zu analysieren, sich selbst im Spiegel anderer zu betrachten und darüber zu reflektieren, wie sie mit Verantwortung, Entscheidungsfreiheit und ihrem Arbeitsumfeld umgehen.

Punkt 1: Regeln umreißen ein Handlungsspielfeld

Bei der Diskussion dieses ersten Punkts geht es darum, dass Regeln notwendig sind, um eine Ausrichtung und einen Kontext für die Kreativität und Initiative der Manager zu schaffen, wenn eine produktive Zusammenarbeit entstehen soll. Doch Regeln sollten nicht als Einschränkungen gesehen werden; sie sollten lediglich auf die Möglichkeiten und Grenzen des Handlungsspielraums aufmerksam machen, die von ihnen umrissen werden. Die Herausforderung für die einzelnen Manager besteht also darin, zu lernen, die verfügbare Freiheit voll auszunutzen.[126]

Eine zweite Herausforderung besteht darin, die Regeln als gemeinsame Verpflichtung zu betrachten und sicherzustellen, dass alle sich mit ihnen identifizieren können. Hilti ermutigt also seine Manager, Regeln in Frage zu stellen und gemeinsam mit anderen an ihrer Ausformung und Verbesserung zu arbeiten.

Punkt 2: Gewohnheit und Routine können zur Falle werden

Beim zweiten Modul lernen die Manager, wie alte Gewohnheiten neue Erfahrungen verhindern können. Ziel ist es, den Seminarteilnehmern zu zeigen, wie leicht sie als Manager zu Sklaven ihrer Gewohnheiten werden können, sobald sie aufhören, neue Ideen und Möglichkeiten auszuprobieren. Ein solches Verhalten führt häufig zu einem Teufelskreis, bei dem die Manager am Ende Entschuldigungen dafür finden, warum sie keine Initiative übernehmen. Eingehende Diskussionen helfen den Managern zu begreifen, dass sie selbst – und nicht ihre Vorgesetzten oder die Organisation als Ganzes – für die positiven oder negativen Ergebnisse ihrer Handlungen verantwortlich sind. Wie einer der Manager nach diesem Trainingsmodul erkannte: „Es war ziemlich schockierend zu erkennen, dass ich mich im Grunde immer wie ein Roboter verhalten habe ... Ich hatte mir immer gewünscht, einen der Qualitätszirkel zu leiten, doch ich hatte es nie geschafft, mich aufzuraffen und das auszusprechen, was ich wirklich tun wollte. Das Seminar ermöglichte es mir, mich von meinen alten Gewohnheiten zu befreien, die mich zurückhielten, sodass ich es wagte, mein Ziel wirklich anzugehen. Aber das ist nicht alles. Wann immer ich mich heute bei dem Gedanken erwische: „Irgendwann würde ich gerne mal ...", dann gehe ich sehr viel bewusster als früher damit um und frage mich: ‚Wieso mache ich das eigentlich nicht? Worauf warte ich noch?'"

---

126 Nur wenige Manager erkennen und nutzen ihre Wahlmöglichkeiten. Vgl. Stewart (1982).

Punkt 3: Entscheidungsfreiheit nutzen

Es hat sich gezeigt, dass das Programmmodul zum dritten Punkt der Hilti-Philosophie am meisten Wirkung auf die Manager hat. Dabei lernen die Teilnehmer, zu erkennen, dass sie ihr Schicksal selbst bestimmen. Der Slogan „Change it, leave it, or love it" zeigt den Managern, dass sie selber handeln müssen, statt passiv zu bleiben oder darauf zu warten, dass jemand anderer die Umstände verbessert. Einer der INNO-Trainer meinte dazu: „Die Hauptwirkung von INNO ist, dass wir damit all jene kurieren, die dazu neigen, sich ständig zu beklagen. Es gibt immer jede Menge Leute, die sagen: ‚Ich würde ja gern, aber ich kann einfach nicht, und das Ganze wird immer nur schlimmer.' Während des INNO-Seminars machen wir diesen Leuten klar, dass ... sie ganz allein die Verantwortung tragen."

Dieses Bewusstsein von Entscheidungsfreiheit hat die Unternehmenskultur von Hilti entscheidend geprägt. Zwei Jahre nach dem INNO-Seminar sagte uns einer der Teilnehmer: „Mein Wahlspruch in fast allen Dingen ist: ‚Change it, leave it, or love it'. Jeden Tag bin ich mit Situationen konfrontiert, in denen ich nicht mehr voll engagiert bin und am liebsten das Handtuch werfen würde. Doch dann denke ich daran, dass ich jederzeit die Dinge in die Hand nehmen und die Ziele verwirklichen kann, die ich mir vorgenommen habe. Dieses Mantra hilft mir auch durch schwierige Phasen."

Punkt 4: Rückschläge erwarten und akzeptieren

Beim vierten Programmmodul geht es um den wichtigen Kernpunkt, dass Initiative zu ergreifen und neue Wege einzuschlagen auch ein größeres Risiko bedeutet.[127] Bei diesem Modul lernen die Manager, Rückschläge und Fehlschläge neu zu interpretieren. Fehler und negative Erfahrungen werden in dieser Sichtweise zu Lernmöglichkeiten, die mindestens genauso wichtig sind wie Erfolge und positive Erfahrungen. Wichtig ist dabei nur, nicht absichtlich oder aus Sorglosigkeit Fehler zu machen. Nach der Hilti-Philosophie können Manager, die ihr Bestes geben, um etwas zu erreichen, keine Fehler machen. Nicht immer läuft alles optimal,

---

127 Vgl. Frese et al. (1996).

doch das gilt in der Hilti-Philosophie nicht als Fehler. Wie der frühere CEO und heutige Aufsichtsratsvorsitzende Michael Hilti es formuliert: „Der größte Fehler ist, keine Fehler zu machen."

In diesem Modul lernen die Manager, dass es fast mit Sicherheit zu Stagnation führt, wenn man immer nur nach garantierten Erfolgen strebt. Manager müssen in der Lage sein, mit guten und schlechten Erfahrungen gleichermaßen gelassen umzugehen. Vor allem müssen sie sich die Philosophie zu eigen machen, dass Rückschläge und Fehlschläge Gelegenheiten zum Lernen sind und dass es gilt, diese Gelegenheiten als Energiequelle für zukünftiges Handeln zu nutzen.

Es ist immer schwierig, die Einstellung von Menschen zum Thema Fehler zu verändern, doch gilt dies insbesondere für Hilti, dessen Qualitätsstrategie im gesamten Herstellungsprozess höchste technische Präzision und Perfektion erfordert. Hiltis Manager, in der Regel selbst Techniker und Ingenieure, neigen seit jeher dazu, Fehler als persönliches Versagen zu betrachten. Doch ganz allmählich ist es dem Programm gelungen, die Manager dazu zu ermutigen, häufiger Risiken einzugehen und gelegentliche Rückschläge zu akzeptieren.

Punkt 5: COTOYO - Commit to yourself

Das fünfte und letzte Modul enthält einen Aufruf an die Mitarbeiter, sich voll für das zu engagieren, was sie tun. Mithilfe von Gruppendiskussionen lernen die Manager, wie sie auch schwierige Herausforderungen annehmen können. Je größer die Herausforderung, desto lauter ist meist die innere Stimme, die sagt: „Das ist doch viel zu schwierig", „Das willst du doch nicht wirklich machen, oder?" oder „Das kann auch jemand anderer tun".[128] Während des Trainings lernen die Manager, diese Stimme durch mentale Kraft und Willensstärke zu überwinden und die Herausforderung schwieriger oder unangenehmer Aufgaben anzunehmen. Diese Art von Engagement, die aus dem freien Willen des Einzelnen entsteht, bedeutet, dass man die Herausforderung aus freien Stücken angeht – und aus persönlichem Stolz bei der Sache bleibt.

---

128 Vgl. Kuhl/Kazén (1999).

7.2.1.2 Die Unternehmenskultur im Alltag verankern

In welchem Ausmaß sind diese fünf Punkte tatsächlich ein Teil von Hiltis Alltagskultur geworden? Bei unseren Gesprächen mit Hilti-Managern unterschiedlicher Ebenen und Funktionen wurden zwei Dinge deutlich. Erstens nahm jeder, mit dem wir sprachen, diese Werte sehr ernst. Zweitens waren alle der Überzeugung, dass diese Werte das Unternehmen einzigartig machen und der Hauptgrund für seinen Wettbewerbserfolg in einem zunehmend schwierigen globalen Markt sind. (Beispielsweise konnte das Unternehmen zwischen 1998 und 2000 ein kumulatives Umsatzwachstum von 19 Prozent und eine Steigerung des Gewinns um 36 Prozent verzeichnen.)

Typisch war der folgende Kommentar eines Marketing-Managers: „Die Kultur von Hilti ist einzigartig. Es sind nicht die Werte, die uns von anderen Unternehmen unterscheiden, sondern die Tatsache, dass diese Werte auch gelebt werden ... Bei Hilti wird mit sehr viel Unabhängigkeit und persönlicher Verantwortung gearbeitet. Beispielsweise gibt es keine vorgegebenen Arbeitszeiten. Man geht nach Hause, sobald die Arbeit erledigt ist. Die Mitarbeiter von Hilti sind nicht selbstzufrieden; sie versuchen, die Probleme zu lösen, statt sich zu beklagen."

Wie bereits erläutert, gibt es mehrere Faktoren, die Hiltis Erfolg beim Einsatz von Trainings zur Verankerung von Willenskraft als grundlegendes Merkmal der Unternehmenskultur erklären. Erstens hat das Unternehmen seine Werte – und die damit verbundenen Verhaltensweisen – in all seine Managementwerkzeuge und -systeme integriert. Dadurch sind diese Werte immer sichtbar und im Gespräch. Zweitens hat das Unternehmen alle Manager, deren Verhalten nicht mit diesen Werten übereinstimmt, strikt entfernt, unabhängig von ihrer professionellen Leistung. Drittens investierte Hiltis Top-Management immer wieder Zeit, Geld und Energie, um die Werte des Unternehmens zu verankern und zu stärken, in guten wie in schlechten Zeiten. Lassen Sie uns diese Faktoren nun im Detail betrachten.

Ein wichtiges Managementwerkzeug, in das Hilti seine Werte integriert hat, ist die Mitarbeiterumfrage, die auf allen Ebenen des Unternehmens sehr ernst genommen wird. Diese Umfrage, die darauf ausgerichtet ist, Hiltis Managementsystem zu prüfen und zu verbessern, befragt die Mitarbeiter zu verschiedenen Themen, die von der Unternehmenskultur und den Arbeitsbedingungen bis hin zu Fragen der Führung und Unternehmensstrategie reichen. Im Anschluss an die Auswertung werden die Ergebnisse im gesamten Unternehmen veröffentlicht. Getreu dem Wahlspruch „Change it, leave it, or love it" überträgt Hilti die Verantwortung für die Verbesserung problematischer Bereiche an alle – von den Linienmanagern bis zum Top-Management.

Hiltis Werte sind außerdem zutiefst in die Systeme zur Rekrutierung, Auswahl und Bewertung von Managern sowie zur Entwicklung strategischer Entscheidungen und Finanzpläne integriert. Dadurch, dass sie in die regulären Managementsysteme des Unternehmens eingebunden sind, machen die Führungskräfte den Angestellten deutlich, dass diese Werte mehr sind als nur Worte; sie sind vielmehr für alle und auf allen Ebenen des Unternehmens verpflichtend.

Sehr wirksam war außerdem, dass das Unternehmen strikt darauf bestand, dass Manager, die sich nicht diesen Werten entsprechend verhalten, das Unternehmen verlassen müssen – unabhängig von ihrer Leistung. Wie Michael Hilti es formuliert: „Unsere Unternehmenskultur gibt klare Spielregeln vor. Hilti möchte keine Manager, die sich wie Stars oder Diven verhalten. Selbst Top-Manager müssen im Interesse der Mehrheit handeln ... Wir spielen hier Fußball. Alle, die sich nicht an die Grundregeln des Spiels halten und stattdessen Tennis spielen wollen, müssen gehen."[129]

Solche Manager auszusortieren war in manchen Fällen auch eine harte Entscheidung. Wie Egbert Appel, Vorstandsmitglied für den Bereich Personal, Finanzen und IT, uns erklärte: „Wir mussten Leute entlassen, deren Leistungen hervorragend waren, die sich aber nicht an unsere Kultur hielten – Leute, die versuchten, auf Kosten anderer voranzukommen. Was diese Manager vollbrachten, war fantastisch, aber *wie* sie es vollbrachten, war nicht akzeptabel. Ihr Verhalten und ihr Führungsstil hinderte andere daran, autonom zu handeln. In der Vergangenheit hatten wir das Verhalten von Managern niemals in Frage gestellt, solange ihre Ergebnisse in Ordnung waren. Heute

---

129 Vgl. Bruch/Bieri (2003).

entlassen wir Mitarbeiter, wenn ihr Verhalten unsere Werte verletzt."

Ein weiterer wichtiger Faktor beim Aufbau einer Willenskultur bei Hilti war schließlich das alltägliche Verhalten der obersten Führungsriege. Es gelang ihnen, durchgehend Hiltis Werte zu verkörpern und damit als Kulturträger zu wirken. Dies war eine nicht immer einfache Aufgabe. Eine Kultur, die das Recht jedes Angestellten betont, Handlungen des Managements in Frage zu stellen, die aus ihrer Sicht wichtige Werte verletzen, ist eine Kultur, in der auch das Top-Management von Zeit zu Zeit Fehler eingestehen muss. In solch einer Kultur müssen die Führungskräfte sicherstellen, dass ihr eigenes Verhalten diese Werte widerspiegelt.

Beispielsweise wurde das Engagement des Top-Managements für die Unternehmenswerte im Jahr 2002 ernsthaft auf die Probe gestellt, als das Unternehmen mit der schwersten Krise seiner gesamten Geschichte konfrontiert war – einem sehr viel stärkeren Marktrückgang als während der Stagnation 1982, die damals die Einführung des INNO-Programms ausgelöst hatte. 1982 hatte das Unternehmen die Krise ohne größere Entlassungen überstanden. Im Jahr 2002 war das nicht möglich. Zum ersten Mal in seiner sechzigjährigen Geschichte erwies sich Hiltis Profit-Assured-Programm – eine Reihe von Kostensenkungsmaßnahmen, die bei einem Geschäftsrückgang automatisch ausgelöst werden – als nicht ausreichend, um mit dem Umsatzrückgang fertig zu werden. Hilti musste Angestellte in seine Zweigstellen im europäischen Ausland oder in Lateinamerika verlagern.

Der Vorstand verbrachte viele Stunden mit Diskussionen über Hiltis Strategie sowie seine Willenskultur. In Krisenzeiten konnte sich die Dezentralisierung der Verantwortung und die starke Autonomie der Angestellten als ernsthaftes Problem erweisen. Konnte das Unternehmen grundlegende Umgestaltungsmaßnahmen in Angriff nehmen, ohne seine Kultur und seine Werte aufzugeben? Konnte das Unternehmen die notwendige rasche Handlungsfähigkeit realisieren, ohne zu einer Struktur von Befehl und Kontrolle zu wechseln?

Schließlich beschloss der Vorstand einstimmig, in Bezug auf die Unternehmenskultur keine Kompromisse einzugehen. Egbert Appel erzählte uns: „Im Gegenteil, wir kamen zu dem Schluss, dass dies der erste und kritischste Test für unsere Kultur war. Wir wollten nun sogar noch mehr darin investieren. Wir wollten mit unserer Kultur und durch unsere Kultur auf diese Herausforderung reagieren ... Wir gingen also zu allen dezentralen Geschäftseinheiten und sprachen mit den Leuten. Sie mussten das Ausmaß der Krise und die Ursachen verstehen, um die richtigen Entscheidungen treffen zu können und ein entsprechendes Engagement zur Lösung der Probleme zu entwickeln."

Der Erfolg der Hilti-Manager zeigt ganz deutlich, wie vorteilhaft die Unternehmenskultur von Freiheit, Autonomie und Verantwortung ist. Jahr für Jahr aktivieren diese Manager rund um den Globus ihre Willenskraft, um ehrgeizige Ziele zu erreichen, die für ein beständiges Wachstum des Unternehmens sorgen. CEO Pius Baschera identifizierte die Kraft des menschlichen Willens als Schlüssel für den nicht nachlassenden Ehrgeiz des Unternehmens, trotz seiner Marktführerschaft und der langen Erfolgsgeschichte: „Viele unserer Manager versuchen die Sterne vom Himmel herunterzuholen, um schließlich zu akzeptieren, dass das nicht möglich ist. Die Logik dahinter ist, dass man möglicherweise 140 Prozent erreicht, wenn man 150 anstrebt, aber nur 95, wenn man sich an 100 orientiert ... Unsere Leute werden von einem permanenten Willen und einer Leidenschaft zum Erfolg angetrieben. Sie sind niemals mit dem Erreichten zufrieden."

Nachdem wir untersucht haben, wie willensorientierte Führungskräfte Organisationsstrukturen und eine darunter liegende Kultur aufbauen, die zielgerichtetes Handeln fördern, werden wir uns nun dem letzten Aspekt zuwenden, der die Lust am Handeln unterstützt: die Aktivierung der Unternehmensenergie selbst. Wie können Führungskräfte die kollektive Handlungsfähigkeit einer Organisation mobilisieren und ausrichten? Wie können sie die Unternehmenskräfte so in Einklang bringen und bündeln, dass ein gemeinsamer Fokus entsteht und zielgerichtetes Handeln innerhalb der gesamten Organisation angeregt wird? Diese und weitere Fragen werden wir im folgenden Kapitel ansprechen.

Energie für kollektives Handeln mobilisieren

Kapitel 8

Ende 1991 verfügte Jürgen Weber, Vorstandsvorsitzender der Lufthansa AG, nur noch über Liquidität für zwei Wochen. Nachdem jede größere deutsche Bank weitere Kredite verweigert hatte, bekam er schließlich eine Zusage von der Kreditanstalt für Wiederaufbau – und startete damit den Kampf um das Überleben der Fluggesellschaft. Der Prozess war anstrengend und forderte jeden Einzelnen in der Firma aufs Äußerste. Uns interessierte, wie die Lufthansa-Angestellten diese schwierige Zeit wahrnahmen. Einer der Manager erzählte uns: „Diese Krise führte uns an die Grenzen unserer Leistungsfähigkeit. Es war eine harte Zeit, aber niemand beklagte sich. Im Gegenteil, wir hatten sogar Spaß dabei. Wir erreichten etwas, was wir niemals für möglich gehalten hätten. Es ist unglaublich, welche Kräfte während dieser Zeit freigesetzt wurden." Das Ergebnis war, dass Lufthansa mehr als nur überlebte; das Unternehmen schaffte nicht nur den Turnaround, sondern wurde eine der weltweit führenden Luftfahrtgesellschaften.

Als der amerikanische Ölkonzern Conoco den Geschäftsbereich Kohlefaserherstellung aufzubauen begann, setzte sich das Management hohe Ziele: Eine Abteilung mit dem Namen Cevolution sollte dieses ungewöhnliche neue Material aus leichten, unzerbrechlichen Fasern zur Massenproduktion führen, und zwar zu möglichst niedrigen Kosten. Was Cevolution in nur achtzehn Monaten nach seiner Gründung im Januar 2000 vollbrachte, erstaunte selbst Conocos Top-Management: Die Abteilung wuchs von 5 auf 250 Mitarbeiter, eine neue Produktionsanlage wurde gebaut und ein mit 38 Patenten geschützter Herstellungsprozess entwickelt. Was hatte zu diesen außergewöhnlichen Leistungen geführt? Einer der Cevolution-Manager sagte dazu: „Die Möglichkeiten waren so faszinierend und aufregend – fast schon überwältigend. Jeder wusste: Wenn uns das gelingt, werden wir die Welt verändern. Es ist unglaublich, welchen Drive dieser Prozess dadurch bekam. Die gesamte Abteilung war wie elektrisiert."

Auch wenn sich diese beiden Szenarien unterscheiden – auf der einen Seite ein Kampf ums Überleben und auf der anderen die Verwirklichung eines Traums –, so haben sie doch ein wichtiges Merkmal gemeinsam: Sie sind Beispiele für eine äußerst produktive organisationale Energie in Aktion.[130]

In diesem Kapitel wollen wir uns einem wichtigen abschließenden Aspekt zielgerichteten Handelns zuwenden: der Aktivierung organisationaler Willenskraft, die nicht nur bei einzelnen Managern, sondern im gesamten Unternehmen zu einer Verstärkung der produktiven Energie und des Fokus führt. Wir konnten mehrfach solch eine konzentrierte organisationale Energie in Aktion beobachten: bei der Lufthansa, insbesondere zwischen 1991 und 1993 sowie nach 2001, bei BP zwischen 1996 und 2000, bei Sony zwischen 2000 und 2002 sowie bei Conocos Kohlefaser-Abteilung zwischen 2000 und 2002. Nur wenige Unternehmen können solch eine hohe kollektive Energie über längere Zeiträume aufrechterhalten, und nicht jedes Management-Team kann solch eine Energie mobilisieren. Doch es *ist* möglich, und Unternehmen können damit Ergebnisse erzielen, die ihre kühnsten Erwartungen weit übertreffen. Im Rückblick bezeichnen Mitarbeiter, die an diesem Prozess teilnahmen, diese Zeit immer als etwas Besonderes, auch wenn sie nicht genau sagen können, warum. In jedem dieser Unternehmen hatten die Führungskräfte die die *Energie im Unternehmen* freigesetzt, wodurch eine starke kollektive Kraft entstand, die zielgerichtetes Handeln förderte – und zu außergewöhnlichen Resultaten führte.

Wie konnte dies gelingen? Erstens schafften es diese Führungskräfte, die Organisation um eine bestimmte strategische Initiative zu vereinen. Wir betrachten dies als einen zweistufigen Prozess, bei dem die Energie der Organisation zunächst mobilisiert und anschließend fokussiert werden muss.[131] Weiter unten in diesem Kapitel werden wir mehrere Strategien zu diesem Zweck beschreiben, Strategien, die wir unter anderem als „den Drachen töten“ und „die Prinzessin erobern“ bezeichnet haben.

---

130 Organisationale Energie umfasst Stärke, Vitalität und Ausdauer. Sie zeigt sich im Ausmaß von Temperament, Intensität, Geschwindigkeit und Durchhaltevermögen bei Veränderungs- und Innovationsprozessen eines Unternehmens. Vgl. Levy/Merry (1986). Die Stärke organisationaler Energie spiegelt sich in der Fähigkeit eines Unternehmens wieder, sein Energiepotenzial zur Verfolgung seiner Ziele einzusetzen. Vgl. auch Bruch/Ghoshal (2003).

131 Vgl. Tushman/O'Reilly III (1996).

Gleichzeitig war diesen Führungskräften bewusst, dass kein Unternehmen in einem Zustand ständiger Beschleunigung leben und dauerhaft nach einem immer höheren Energieniveau streben kann. Diese Manager hatten Erfolg, weil es ihnen gelang, die Energie ihrer Organisation so zu nähren, dass die Mitarbeiter sie über eine längere Zeit halten konnten.

Die meisten Manager haben Erfahrung mit den Rhythmen und Zyklen der Energie in großen Organisationen. Sie wissen, dass Unternehmen sich unterscheiden im Hinblick auf die Intensität, Geschwindigkeit und Nachhaltigkeit, mit der sie auf Bedrohungen reagieren, neue Möglichkeiten verfolgen und Veränderungen managen. Viele kennen die Symptome eines niedrigen Energieniveaus: Apathie, Trägheit, Müdigkeit, Inflexibilität und Zynismus.[132] Diese Manager wissen, dass auch Organisationen mit viel Energie ins Stolpern geraten können, wenn ihre Energie ins Negative umschlägt: Ihre Kraft fließt dann in destruktive Handlungen und interne machtpolitische Spiele, Sorgen und Ängste oder hektischen Aktionismus ohne produktiven Wertbeitrag. Auf der anderen Seite kennen manche Führungskräfte auch die freudige Erregung in Organisationen, die sich auf ein bestimmtes Geschäftsziel ausgerichtet haben und ihre Ziele mit Kraft und Freude verfolgen. Manager wissen außerdem, dass alle Angestellten über eine zusätzliche Energiereserve verfügen, die – wenn sie freigesetzt wird – zu enormen Anstrengungen und Leistungen befähigt.

Da das Einschätzen des jeweiligen Energiezustands einer Organisation die erste Voraussetzung für den bewussten Umgang mit der Unternehmensenergie ist, wollen wir nun die verschiedenen Energiezustände betrachten, die für Unternehmen kennzeichnend sein können.

---

132 Dean/Brandes/Dharwadkar beschrieben die Ursachen und Konsequenzen dieses Energiezustands in ihrem Artikel „Organizational Cynicism" (1998).

8.1 Die vier Energiezonen von Unternehmen

Haben Sie jemals in einer Organisation gearbeitet, in der alle Mitarbeiter auf dieselben gemeinsamen Ziele und Visionen ausgerichtet schienen? In einem Unternehmen, in dem Innovationen mit außergewöhnlichem Esprit und Durchhaltevermögen generiert wurden – und in einem erstaunlich raschen Tempo? Dann haben Sie wahrscheinlich in einem Unternehmen gearbeitet, das wir als Organisation mit hoher energetischer Intensität charakterisieren. Solche Unternehmen weisen ein hohes Niveau an emotionaler Spannung, kollektiver Erregung und Einsatz für die Unternehmensziele auf. Die intensive emotionale Energie verstärkt ihre Wachsamkeit und Schnelligkeit. Solche Unternehmen erkennen und beheben sofort alle Schwächen, zeigen eine schnelle Informationsverarbeitung und können ihre Ressourcen rasch mobilisieren.

Vermutlich kennen Sie auch Unternehmen oder bestimmte Phasen in Ihrer Organisation, bei denen Sie das Gefühl hatten, dass die Mitarbeiter sich nicht inspiriert fühlen und sich nicht voll für das einsetzen, was sie tun, statt auf eine Vision oder ein Ziel ausgerichtet zu sein. Diese Art von Unternehmen, das auf einem relativ niedrigen Niveau von Emotion, Aufmerksamkeit und Aktivität arbeitet, bezeichnen wir als eine Organisation mit niedriger energetischer Intensität.

Bei dem Versuch, die typischen Energiezustände von Organisationen zu beschreiben, fanden wir es sinnvoll, einen Rahmen aus zwei Merkmalen aufzuspannen: Intensität und Qualität der Energie. Die *Qualität* organisationaler Energie lässt sich in positiv (z.B. Enthusiasmus, Freude, Befriedigung) und negativ (z.B. Angst, Frustration, Depression) unterteilen. Die *Intensität* bezieht sich auf die Stärke der organisationalen Energie, wie sie sich am Ausmaß der Aktivität, Interaktion, Wachsamkeit und emotionalen Intensität erkennen lässt. Die jeweilige Verbindung von Intensität und Qualität bestimmt den Energiezustand einer Organisation, der gewöhnlich in einen von vier Bereichen fällt: die Komfortzone, die Resignationszone, die Korrosionszone und die produktive Zone (vgl. Abb. 8-1). Die Aufteilung in diese vier Zonen mag vertraut klingen und an unsere Einteilung der Manager in Hyperaktive, Distanzierte, Zauderer und

Zielgerichtete erinnern. Aber auch wenn es eine Verbindung gibt, so entspricht die organisationale Energie doch nicht einfach der Summe der Energie ihrer einzelnen Mitglieder. Der Unterschied zwischen individueller und organisationaler Energie, der Managern schon lange vertraut ist, findet inzwischen auch in der wissenschaftlichen Literatur zunehmend Beachtung.[133] Individuelle Energie, vor allem die Energie von Führungskräften, hat Einfluss auf die organisationale Energie – und die Organisationsenergie beeinflusst ihrerseits wiederum die individuelle Energie.

Auch wenn einzelne Abteilungen in einer Organisation manchmal in vollkommen unterschiedlichen Bereichen liegen können, befinden sich doch die meisten Unternehmen zu einem bestimmten Zeitpunkt jeweils in einer vorherrschenden Energiezone (mit Ausnahme sehr stark diversifizierter und dezentralisierter Unternehmen, bei denen die Geschäftseinheiten die entsprechende Ebene zum Analysieren und Managen der Energie darstellen. Dabei sollten Sie aber auch im Auge behalten, dass unterschiedliche Energiezustände in einem Unternehmen manchmal auf einen Mangel an Integration innerhalb der Organisation hinweisen können). Ziel jedes Unternehmens ist natürlich, sich in der produktiven Zone aufzuhalten. Zunächst wollen wir aber jede dieser Zonen einzeln betrachten.

Die vier Energiezonen einer Organisation — ***Abbildung 8-1***

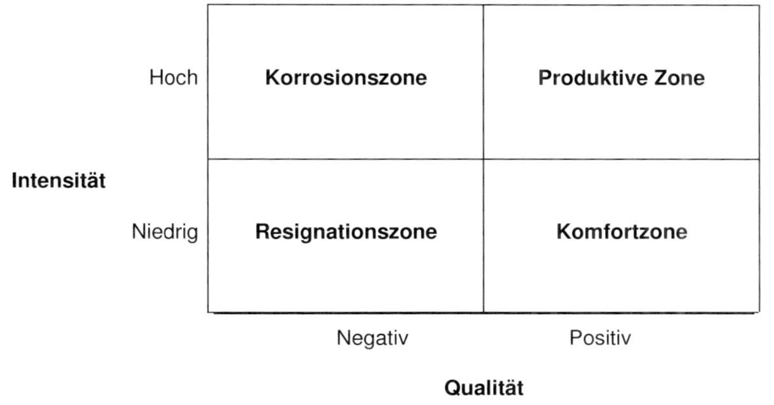

133 Eine Übersicht sowie ein wichtiger Beitrag dazu finden sich bei Huy (2002).

8.1.1 Die Komfortzone

Old Mutual, Südafrikas größtes und finanziell erfolgreichstes Versicherungsunternehmen, befand sich jahrzehntelang in einem Zustand schwacher Aktivität, geringer emotionaler Spannung und großer interner Selbstzufriedenheit, bis etwa Mitte der 1990er Jahre. Mit einer fast ausschließlich weißen Belegschaft und einer Reputation als rechtschaffenes und verantwortungsbewusstes Unternehmen war Old Mutual die südafrikanische Version der alten amerikanischen Telefongesellschaft Bell (vor der Deregulierung des amerikanischen Telekommunikationsmarktes): überheblich, bequem und selbstzufrieden. Die Manager von Old Mutual waren stets höflich, vermieden strittige Themen und arbeiteten in gleichmäßigem Rhythmus, ohne viel Stress oder Anspannung. Ihr Gehalt war relativ bescheiden und sie lebten im Stil der Mittelklasse. Die finanziellen Ergebnisse des Unternehmens waren zwar nicht spektakulär, aber in beinahe jedem Bereich guter Durchschnitt, und fast jedermann innerhalb oder außerhalb der Organisation fand die Firma sympathisch und respektabel.

Unternehmen wie Old Mutual, die in einem relativ stabilen Umfeld über einen langen Zeitraum hinweg erfolgreich sind, richten sich häufig in der Komfortzone ein.[134] Typisch für sie sind schwache, aber angenehme Emotionen wie Ruhe und Zufriedenheit, und es fehlt ihnen an der inneren Vitalität, Wachheit und emotionalen Spannung, die für kühne strategische Vorstöße oder bedeutsame organisationale Veränderungen notwendig ist. Mit der Zeit werden solche Unternehmen unvermeidlich träge. Warum? Weil positive Rückmeldungen und andere Erfolgssignale ihnen signalisieren, dass sie auf dem richtigen Weg sind, sodass sie ihre bisher erfolgreichen Managementsysteme immer nur geringfügig verbessern. Solange sich das Umfeld nicht allzu radikal verändert, funktioniert diese Strategie der langsamen Verbesserung und Verfeinerung auch ganz gut. Doch bei größeren Veränderungen des Umfelds – die irgendwann immer eintreten – finden sich diese Unternehmen häufig in

---

134 Der Begriff „Komfortzone" wurde von Kotter (1995) eingeführt.

der Komfortfalle wieder und sind nicht in der Lage, die notwendige Energie für kühne, radikale Veränderungen aufzubringen.[135]

Old Mutual war mit genau dieser Art von Herausforderung konfrontiert, als sich die Wirtschaft nach der Abschaffung der Apartheid zu verändern begann. Einerseits wurde die dominierende Position Old Mutuals von einem ganzen Schwarm junger und aggressiver Finanzdienstleistungsfirmen angegriffen, und andererseits taten sich nun neue Möglichkeiten auf, vor allem die Gelegenheit zu einer Expansion ins Ausland. Zwar hat das Unternehmen inzwischen genug Energie mobilisiert, um auf diese Bedrohungen und Chancen zu reagieren, doch musste die Leitung drastische Maßnahmen ergreifen, um das Unternehmen wieder aus der Komfortzone zu befreien, unter anderem eine Veränderung der Gesellschaftsform, Aufnahme an der Londoner Börse und Start eines umfassenden Restrukturierungsprogramms.

8.1.2 Die Resignationszone

Unternehmen in der Resignationszone weisen dieselbe niedrige Energieintensität auf wie jene in der Komfortzone, doch sind ihre Mitarbeiter mit negativen Emotionen wie Frustration und Enttäuschung konfrontiert, statt sich ruhig und zufrieden zu fühlen. Üblicherweise zeigen sie ein niedriges Niveau emotionalen Engagements, sind nicht sehr wach und strengen sich kaum noch an. Da sie sich mit den Zielen des Unternehmens nicht identifizieren können, distanzieren sie sich häufig deutlich voneinander und von der Organisation generell.

Manche Unternehmen geraten in die Resignationszone, nachdem Veränderungsversuche mehrfach fehlgeschlagen sind, worauf die Mitarbeiter zynisch und hoffnungslos wurden. Fehlende Transparenz bei Veränderungsprozessen hat häufig dieselbe Wirkung und führt zu einem kollektiven Mangel an Engagement und zu Pessimismus. Ein weiterer Weg in die Resignationszone ist eine lange Phase unterdurchschnittlicher oder schlechter Leistungen: Dem Unternehmen gelingt es beispielsweise nicht, das Marktpotenzial

135 Vgl. Sull (1999).

wirklich auszuschöpfen und seine Möglichkeiten zu nutzen, oder es leidet fortwährend unter massiven organisatorischen Problemen. Ständige Mittelmäßigkeit führt dazu, dass die Angestellten ihr Selbstvertrauen im Umgang mit Problemen oder Herausforderungen verlieren. Sie kommen zu dem Schluss, dass nichts, was sie tun könnten, eine Besserung bewirken wird, und finden sich passiv mit ihrem Schicksal ab.

SKF, das schwedische Unternehmen, das Anfang des 20. Jahrhunderts das Kugellager erfand und während seiner gesamten Geschichte in diesem Segment Weltmarktführer war, befand sich beinahe zwei Jahrzehnte lang in der Resignationszone. Während dieser Zeit war die Leistung leicht unbefriedigend – trotz ihrer hervorragenden Technologie, Markenstärke und globalen Präsenz war die Firma unter finanziellen Aspekten nur wenig profitabel. Zwar war ihr Marktanteil weltweit leicht zurückgegangen, doch nur so marginal, dass die Leitung dies bei ihren Präsentationen durch Aufrundung der Zahlen stets verschleiern konnte. Trotz des geringen Wachstums und des stagnierenden Aktienkurses unternahm das Unternehmen jedoch mehr als zwei Jahrzehnte lang keine durchgreifenden Restrukturierungsmaßnahmen.

Als technisches Unternehmen hatte SKF immer hoch qualifizierte, zurückhaltende Mitarbeiter angezogen, die deutlich zur Schau gestellte Aggressivität oder offenes Konkurrenzstreben verabscheuten. Angesichts der Unternehmenslage litten die Manager schon länger unter einem leichten Gefühl von Frustration und Enttäuschung, mit dem sie aber zu leben gelernt hatten. Im Gegensatz zu Unternehmen in der Komfortzone, deren Trägheit aus der Überzeugung herrührt, dass sie das ultimative Erfolgsrezept gefunden haben, hegen Unternehmen in der Resignationszone die Überzeugung, dass sie einfach nicht gut genug sind, um erfolgreich zu sein. Bedrohungen von außen oder ernste Probleme verstärken dieses Selbstbild weiter und führen in eine Negativspirale der Hoffnungslosigkeit.

Glücklicherweise hat SKF inzwischen eine Neubelebung gestartet und einen positiveren Trend eingeleitet. Sune Carlsson, CEO von September 1998 bis April 2003, rüttelte die Firma durch erste radikale Veränderungsmaßnahmen auf, und im April 2003 initiierte der neue CEO Tom Johnstone einen intensiven Restrukturierungsprozess, der zu verstärktem Wachstum führen soll.

8.1.3 Die Korrosionszone

Unternehmen in der Korrosionszone weisen ein hohes Niveau von Energie, Aktivität und emotionalem Engagement auf. Diese Intensität stammt jedoch aus starken negativen Emotionen wie Zorn, Angst oder Hass. Solch eine Kombination aus intensiver Energie und destruktiven Reaktionen zählt zu den ungünstigsten Energiezuständen, in denen sich Unternehmen befinden können. Wenn ein großer Teil der Energie im Unternehmen für interne Konflikte, Gerüchte, politische Machtspiele oder andere destruktive Aktivitäten eingesetzt wird, zehrt die Konfrontation mit Angst, Argwohn und Rivalitäten an der Kraft der Mitarbeiter, wodurch wenig Energie für produktive Arbeit übrig bleibt.

Wie kommt es zu einem solch korrosiven Energiezustand in einer Organisation? Üblicherweise entsteht er dadurch, dass ein Unternehmen mit einer äußeren Bedrohung oder Chance konfrontiert ist, die Energie freisetzt – doch interne Blockaden, ein Mangel an Integrität oder eine generelle Atmosphäre von Ungerechtigkeit führen rasch zu einem Nachlassen der Moral und des Teamgeists. In den meisten Fällen ist es das Verhalten des Top-Managements, das in die Korrosionsfalle führt. Unvermeidlich tauchen Misstrauen und Zorn auf, wenn deutlich erkennbares Eigeninteresse oder ein Mangel an persönlichem Engagement innerhalb der oberen Führungsebene die Mitarbeiter daran hindern, eine gemeinsame Anstrengung zu unternehmen und sich der Herausforderung geschlossen zu stellen.

Genau das geschah in der Firma Westinghouse unter der Leitung von Paul Lego. Seine persönliche Arroganz und seine Isolation innerhalb eines kleinen Kreises von Favoriten führten schließlich zu einem vollkommenen Zusammenbruch von Vertrauen und Kooperation unter den Managern der Firma. Jeder Abteilungsleiter betrachtete alle anderen als seine Hauptkonkurrenten und richtete seinen Ärger und Unmut auf die Kollegen innerhalb der Organisation. Obwohl die Probleme der Firma im Finanzdienstleistungsbereich auf allen Ebenen des Unternehmens bekannt waren – Probleme, die schließlich zum Untergang des Unternehmens führen sollten –, wagte es kein Mensch, den CEO damit zu konfrontieren. Zu dem Zeitpunkt, als Michael Jordan die Leitung übernahm, war die Firma bereits nicht mehr zu retten: Die korrosiven Kräfte interner

Rivalität und Eifersucht hatten ihr destruktives Werk bereits vollbracht.

Wenn ein großer Teil der Energie in internen Kämpfen, Schuldzuweisungen und Stress gebunden ist, sind Unternehmen in der Korrosionszone nicht mehr in der Lage, wichtige Aufgaben anzugehen. Negative Energie besitzt häufig eine sich selbst verstärkende Dynamik, die bereits durch Kleinigkeiten in Gang gesetzt werden kann. Die Menschen reagieren unbewusst auf die emotionale Energie der anderen, indem sie sie nachahmen oder sogar verstärken. Wird diese Spirale nicht rechtzeitig durchbrochen, kann das destruktive Verhalten einiger weniger zu einer vernichtenden Kraft werden, die dann auch vom Top-Management nicht mehr kontrolliert werden kann.[136]

Ein typisches Beispiel für eine solche Entwicklung war 2002 in einem großen, international agierenden europäischen Unternehmen zu beobachten. Während einer offensichtlichen Krise gelang es dem Management, ein Gefühl von Dringlichkeit zu wecken, und es entstand eine kollektive Bereitschaft, diese Krise zu überwinden. Die Mitarbeiter vertrauten ihrer Leitung, die lebhaft die Problematik der Situation beschrieb und die Solidarität der Angestellten beschwor. Alle waren bereit, dem Aufruf zu mehr Einsatz zu folgen und Opfer zu bringen. Beispielsweise akzeptierten die Angestellten bei den nachfolgenden Gehaltsverhandlungen freiwillig eine moderate Erhöhung um nur 3 Prozent. Die Situation änderte sich jedoch abrupt, als die Angestellten erfuhren, dass die Vorstandsmitglieder sich gleichzeitig eine Gehaltserhöhung um 14 Prozent genehmigt hatten. Die Energie innerhalb der Organisation geriet daraufhin rasch in die Korrosionszone, es kam zu schweren internen Kämpfen, Forderungen nach einer 17-prozentigen Gehaltserhöhung der Angestellten und frostigen Verhandlungen, begleitet von massiven Streiks. Die Krise wurde immer schlimmer, bis das Top-Management das Unternehmen sechs Monate später geschlossen verlassen musste.

---

136 Verschiedene Ursachen, wie emotionale Ansteckung oder Verhaltensimitation, können zu einer abwärts gerichteten emotionalen Spirale beitragen. Vgl. Kelly/Barsade (2001). Die Dynamik kollektiver Gefühle resultiert aus der Nachahmung und Übersteigerung (exaggerating) der Gefühle anderer. Vgl. Parkinson (1996). Eine Übersicht dazu findet sich bei Hambrick/D'Aveni (1988).

8.1.4 Die produktive Zone

Im Gegensatz zu Unternehmen in der Korrosions-, Resignations- und Komfortzone zeigen jene in der produktiven Zone eine hohe emotionale Spannung, Wachheit und Aktivität. Die Angestellten kommunizieren und arbeiten schneller und sind eher von Enthusiasmus, positiver Erregung, Freude und Stolz an ihrer Arbeit motiviert als durch Ärger, Angst oder interne Rivalitäten. Wie wir am Beispiel der Lufthansa AG gesehen haben, kann diese intensive positive Energie solche Unternehmen zu außergewöhnlichen Leistungen befähigen, wobei sie mit großer Beweglichkeit agieren und ihre Kraft konstruktiv für gemeinsame Ziele einsetzen. So wie Conoco beim Aufbau der Cevolution-Abteilung streben solche Unternehmen üblicherweise nach herausragenden Leistungen oder sind mit außergewöhnlichen Herausforderungen konfrontiert, die über die normale Alltagsroutine hinausgehen. Während Unternehmen mit niedrigem Energieniveau nach Standardisierung und Institutionalisierung streben und Überraschungen und Risiken möglichst vermeiden, nutzen Unternehmen in der produktiven Zone das Feld von Überraschungen, unbekannten Faktoren und neuen Chancen für ihr Wachstum.

Betrachten wir zum Beispiel Cartier, den französischen Luxusartikelhersteller, unter der Ägide von Alain Perrin. In den 1980er Jahren führte dieser legendäre CEO die Firma in weniger als einem Jahrzehnt von einem Umsatz von unter 50 Millionen Dollar auf mehr als 1 Milliarde Dollar. Als junger Mann hatte Perrin mit dem französischen Popstar Johnny Halliday geboxt, war mit den Beatles ausgegangen und hatte das ausgelassene Pariser Luxusleben der 60er Generation genossen. Diese „joie de vivre" brachte er mit zu Cartier, damals ein relativ traditioneller französischer Juwelier. Obwohl die Firma in starker Konkurrenz zu Rolex, Chanel und Christian Dior stand, konzentrierte sich Perrin niemals auf seine Wettbewerber. Stattdessen legte er den Schwerpunkt auf Kreativität und ermutigte seine Mitarbeiter, ihre Visionen in Designs umzusetzen. Perrins Fokus baute auf einer langen Tradition der Firma Cartier auf. Jean Cocteau, der französische Dichter, Maler und Philosoph, hatte Louis Cartier, Gründer des Unternehmens und Juwelier zahlreicher Monarchen, einmal als einen subtilen Magier beschrieben, „der den Mond in Stücke bricht und ihn in gesponnenen Goldfäden einfängt". Perrin richtete das gesamte Unternehmen so aus, dass diese

Magie für alle Angestellten in Reichweite lag. „Das ist das Geheimnis von Cartier", erklärte er. „Wir geben jedem die Chance, schöpferisch zu sein."

Seit langem etablierte Normen innerhalb des Unternehmens stärkten diesen kreativen Geist und die positive, auf Erfolg ausgerichtete Energie. Beispielsweise verlangte Perrin, dass alle Produkte Altes und Neues in sich verbinden sollten. Sie sollten den Zeitgeist und die Form einer von Louis Cartiers Kreationen aus dem frühen 20. Jahrhundert aufgreifen. Diese Entwürfe waren in den Archiven den Unternehmens sicher verwahrt. Gleichzeitig sollten die neuen Produkte einen Aspekt zeitgenössischer Kunst des späten zwanzigsten Jahrhunderts verkörpern. Eine weitere Regel schrieb vor, dass neue Produkte nicht einfach nur auf die Kundenwünsche ausgerichtet sein sollten. „Cartier ist ein Tempel", erklärte Perrin, „und jedes neue Produkt kann nur dann im Markt eingeführt werden, wenn es das Siegel dieses Tempels verdient."

Schwache Emotionen veranlassen Menschen nicht zu positivem Handeln, während starke Emotionen auch zu negativen Verhaltensweisen führen können. Unternehmen, die durch schwache Emotionen gekennzeichnet sind, ob sie sich nun in der Komfortzone oder der Resignationszone befinden, agieren auf einem relativ niedrigen Niveau von Aufmerksamkeit, Engagement und Aktivität. Unternehmen wie Cartier dagegen, die durch intensive positive Energie charakterisiert sind, zeigen ein höheres Niveau emotionaler Spannkraft, kollektiver Begeisterung und Handlungsfähigkeit – die insgesamt zu einer außergewöhnlichen Produktivität führen.[137]

Eines der hervorstechendsten Merkmale von Unternehmen in Phasen mit hoher Energie ist ein Gefühl von Wachheit und Eiligkeit, das es ihnen erlaubt, Informationen rasch zu verarbeiten und Ressourcen schnell zu mobilisieren. Solche Organisationen haben in der Regel außerdem Leiter, die ihre Mitarbeiter zu gemeinsamen Zielen anspornen, wobei sie das Potenzial des Unternehmens bündeln, indem sie die kollektiven Wahrnehmungen, Gefühle und Aktivitä-

---

[137] Eine Diskussion des Zusammenhangs von Energie und Leistung findet sich bei Cross/Baker/Parker (2003).

ten so in Einklang bringen, dass sie zu erfolgskritischem Handeln befähigen.

So entscheidend positive Energie für die Unternehmensleistung ist, so gilt es doch auch zu beachten, dass diese Energie sich zu schweren Pathologien entwickeln kann, wenn sie nicht vorsichtig und weise gemanagt wird. Die größte Gefahr dabei ist, in die Beschleunigungsfalle zu geraten.[138] Angesichts der ungewöhnlichen Leistungen, zu denen Unternehmen in Phasen intensiver Energie fähig sind, kommen manche Führungskräfte auf die Idee, das Außergewöhnliche zum Normalfall werden zu lassen. Nach dem olympischen Motto „schneller, höher, weiter" treiben sie ihre Organisationen an den Rand ihrer Kapazität und darüber hinaus. Dieser Versuch, einen Zustand dauernder Beschleunigung zu erzielen, führt letztendlich zu einem organisationalen Burnout.[139] Das Unternehmen und seine Mitarbeiter sind irgendwann vollkommen erschöpft.

Viele Unternehmen geraten in diese Falle, weil sie gedankenlos eine größere Veränderung nach der anderen in Angriff nehmen, ohne für die Regeneration oder Erholung des Unternehmens ausreichend Zeit zu lassen. Statt einen Veränderungsprozess als außergewöhnliches Ereignis in einem Firmenleben gelten zu lassen, werden viele Organisationen ganzen Umstrukturierungsserien oder sogar ständigen Veränderungen unterworfen.[140] Unter diesen Umständen ist der Aufruf zu „vollem Einsatz" irgendwann nicht mehr glaubwürdig, da Menschen nicht auf Dauer mit vollem Einsatz arbeiten können.

Der große europäische Anlagenbauer ABB litt unter der Führung von Percy Barnevik und einigen nachfolgenden CEOs unter genau dieser pathologischen Erscheinung. Zu Beginn, zwischen 1988 und 1995, funktionierten Barneviks Pläne ganz hervorragend, als das Unternehmen auf seine radikalen Umstrukturierungsmaßnahmen großartig reagierte. Es gelang ihm, die Kosten zu senken, mehrere Neuerwerbungen erfolgreich zu integrieren und das Unternehmen auf einigen neuen Märkten in eine gute Position zu bringen. In diesem Zeitraum stieg der Umsatz von ABB von 17,8 auf 36,2 Milliar-

138 Der Begriff „Beschleunigungsfalle" wurde von Zaugg/Thom (2003) eingeführt.

139 Der Begriff „organizational burnout" stammt von Greenwood III/Greenwood Jr. (1979).

140 Zur Belastung durch Veränderungsprozesse siehe Pettigrew/Whipp (1991).

den US-Dollar, und die Erlöse aus dem operativen Geschäft nahmen von 854 Millionen auf 3,2 Milliarden US-Dollar zu.

Während dieser Zeit hatte Barnevik das gesamte Unternehmen jedoch unter enormen Druck gesetzt – und irgendwann zeigte dies Folgen. Im Kraftwerksbereich beispielsweise kam es zu schweren internen Konflikten. Die gesunde Spannung in der Matrix des Unternehmens begann sich in intensive Rivalitäten zu verwandeln und einige der leistungsstärksten Manager des Unternehmens kündigten.

Goran Lindahl als neuer CEO zwang der bereits erschöpften Organisation im September 1998 eine weitere drastische Reorganisation auf. Wieder mussten sich die Mitarbeiter umstellen, die etablierten Beziehungen zu ihren Regionalleitern aufgeben und nun an relativ junge, im Allgemeinen ehrgeizigere und aggressivere Geschäftsbereichsleiter berichten. Zu diesem Zeitpunkt begannen sich die klassischen Symptome organisationaler Erschöpfung zu zeigen: schlechte Prioritätensetzung, unrealistisch hohe Erwartungen und mangelnder Fokus.[141] Unter dem Druck, radikale Verbesserungen in einem breiten Feld von Leistungsparametern zu erreichen, gerieten die operativen Manager vor Ort größtenteils in einen Zustand der Hektik und verfielen in blinden Aktionismus, statt wirksame Maßnahmen durchzuführen

Trotz der Erschöpfung der Organisation setzten sowohl Lindahl als auch sein Nachfolger Jürgen Centerman das Unternehmen weiter unter Druck. Als die Ergebnisse immer schlechter wurden und ABB mit zunehmender Kritik der Medien und der Aktionäre konfrontiert war, besaß die Firma aufgrund dieser pathologischen Beschleunigung nur noch wenig Energie für eine Revitalisierung. Glücklicherweise konnte ABB seit September 2002 durch ein Notprogramm des aktuellen CEO Jürgen Dormann, das auf einer langfristigen Unternehmensvision beruht, wieder aufgebaut werden, sodass sich bereits positive Wirkungen zeigen. Bereits ein Jahr nach Dormanns Ernennung verbesserte sich das operative Ergebnis des Unternehmens um 14 Prozent, und der Aktienkurs stieg von rund 1,10 US-Dollar auf 5,90 US-Dollar. Außerdem startete ABB mehrere innova-

141 Vgl. Davenport/Beck (2000).

tive Projekte, wie zum Beispiel die damals längste unterirdische Stromleitung (im September 2003 fertiggestellt), die sogar eine Auszeichnung gewann. Am entscheidendsten ist jedoch, dass sich die Energie innerhalb des Unternehmens verändert hat. Hoffnung und ein positiver Geist sind zurückgekehrt, was von vielen Seiten auf Dormanns positiven Führungsstil zurückgeführt wird.

8.2 Wie man Unternehmen in die produktive Zone führt

Unternehmen, bei denen wir wirklich radikale Veränderungen beobachten konnten, hatten immer Führungskräfte, die eine von insgesamt drei möglichen Strategien einsetzten, um die Energie ihrer Organisation zu fokussieren und sie in die produktive Zone zu führen.

Eine dieser Strategien, die wir als „Den Drachen töten" bezeichnet haben, besteht darin, die Mitarbeiter aus der Komfortzone hochzuschrecken, indem man die gesamte Aufmerksamkeit und Aktivität auf eine zu überwindende Krise oder Bedrohung ausrichtet. Andere verfolgen die Strategie „Die Prinzessin erobern", wobei sie ihre Organisation mobilisieren, indem sie den Enthusiasmus der Mitarbeiter für eine bestimmte vielversprechende Vision gewinnen und sie damit in die produktive Zone führen. Wiederum andere setzen eine dritte Strategie ein, die aus einer Kombination der ersten beiden besteht. Zwar konnten wir diese dritte Strategie weniger häufig beobachten, doch waren die Ergebnisse dabei häufig phänomenal.

Unternehmen, für die es weder einen Drachen zu töten noch eine Prinzessin zu erobern gibt, geraten häufig in eine energetische Falle, denn sie verfallen allmählich in einen Zustand der Mittelmäßigkeit und sehen sich irgendwann schließlich einer ausgewachsenen Krise gegenüber.

8.2.1 Den Drachen töten

Die Energie von Organisationen ist in der Regel besonders hoch und produktiv, wenn die Mitarbeiter mit einer äußeren Bedrohung oder einem gemeinsamen Feind konfrontiert sind. Bei der Strategie „Den Drachen töten" müssen sich die Führungskräfte dabei auf zwei wichtige Aufgaben konzentrieren (siehe Abb. 8-2).

Erstens müssen sie den „Drachen" klar definieren und beschreiben, indem sie eine bestimmte, unverkennbare und greifbare Bedrohung identifizieren. Diese Bedrohung kann ein Bankrott sein, ein besonders gefährlicher Wettbewerber oder eine neue Technologie, die das Potenzial besitzt, die Produkte oder Dienstleistungen des Unternehmens überflüssig zu machen. Damit die Menschen wirklich aus ihrer Routine hochschrecken, müssen sie diese Bedrohung nicht nur sehen, sondern auch emotional fühlen können.[142] Diese Strategie ist besonders geeignet, um Unternehmen aus der Komfortzone aufzuschrecken. Bei Unternehmen in der Resignationszone besteht dagegen die Gefahr, dass sie dadurch noch tiefer in den Morast von Hoffnungslosigkeit und Frustration geraten.

Zweitens muss die Leitung die dadurch entstandene Energie innerhalb der Organisation in kollektives Handeln lenken. Üblicherweise erzeugt das Erkennen einer Bedrohung Gefühle wie Angst oder Zorn. Um mögliche negative Reaktionen in produktive Energie umzuwandeln, müssen die Führungskräfte glaubhaft machen, dass sich der Drachen durch gemeinsames Handeln tatsächlich besiegen lässt. Aus Angst und Zorn können nur dann Optimismus und Enthusiasmus werden, wenn die Menschen eine Möglichkeit sehen, die Bedrohung durch emotionalen Zusammenhalt und gemeinsames Handeln zu überwinden. Gelingt es der Leitung nicht, die durch eine Bedrohung erzeugte Energie in eine gemeinsame Reaktion zu kanalisieren, landet das Unternehmen in der Regel in der Korrosionsfalle, in der es mit der negativen Dynamik zerstreuter oder destruktiver Energie konfrontiert ist.

---

142 Manchmal braucht es ein intensives Trauma, bevor ein Unternehmen eine Bedrohung wahrnehmen kann und für Veränderungen bereit ist. Diese Vorstellung geht auf das Prozessmodell „unfreezing – move – refreezing" zurück, das Lewin in seinem Artikel „Frontiers in Group Dynamics" einführte (1947). Eine aktuellere Beschreibung dieses Modells findet sich bei Tushman/O'Reilly III (1996).

Strategie zum Fokussieren organisationaler Energie: Den Drachen töten

Abbildung 8-2

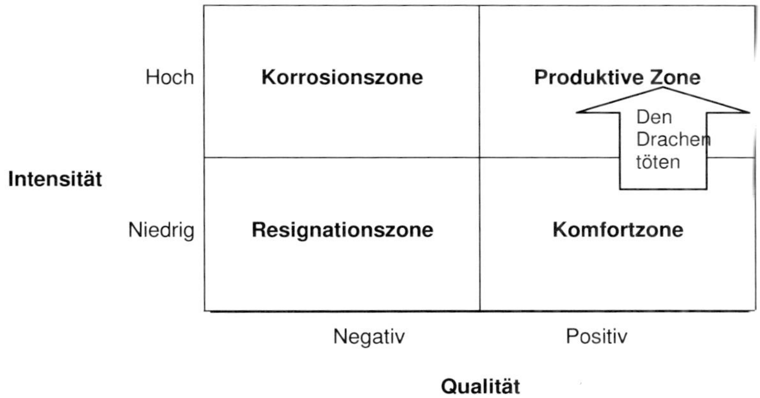

Nehmen wir als Beispiel den Fall von Philips, einem niederländischen Elektronikkonzern. Im Juli 1990 schockierte das Unternehmen die Finanzwelt mit der Ankündigung eines Verlusts in Höhe von 2 Milliarden Gulden (1,06 Milliarden US-Dollar), verursacht in erster Linie durch die Halbleitersparte des Unternehmens. Der radikale Turnaround, der dieser Sparte schließlich gelang, war Ergebnis einer klassischen Strategie des „Drachen-Tötens", eingesetzt von Heinz Hagmeister, dem neuen CEO des Geschäftsbereichs.

Jan Timmer, der neue CEO des Gesamtunternehmens, hatte einen Aspekt dieser Strategie bereits in Gang gesetzt – durch die Aktivierung starker, intensiver Emotionen. Bei einem Meeting, das später als Centurion I bezeichnet wurde, schockierte er den gesamten oberen Führungsstab mit der Präsentation einer fiktiven Zeitungsausgabe, sieben Monate in die Zukunft datiert, mit der Schlagzeile „Philips meldet Konkurs an". Die Teilnehmer betrachteten den Bericht anfangs voller Unglauben, doch die Finanzdaten, die Timmer im Anschluss daran präsentierte, machten bald allen klar, dass ein Konkurs tatsächlich unvermeidlich war, falls die Kosten nicht sofort reduziert würden.

Hagmeister unterzog das Managementteam seines Geschäftsbereichs derselben Art von Schocktherapie. Detaillierte Benchmark-Daten im Vergleich zu Motorola demonstrierten dramatische Unterschiede nicht nur beim Lagerbestand, bei den Vertriebskosten und den Gesamtkosten, sondern auch bei den Lieferzeiten und der Entwicklungszeit für neue Produkte. Angesichts der Krise im Gesamtunternehmen war ein Abbau oder sogar eine komplette Schließung des Geschäftsbereichs eine reale und unmittelbare Bedrohung. Dadurch war der Drachen klar und deutlich definiert – und weckte nicht nur die Angst der Manager vor dem Verlust ihres Arbeitsplatzes, sondern auch ein Gefühl der Verpflichtung gegenüber den Mitarbeitern und dem Unternehmen, bei dem die meisten ihre gesamte berufliche Laufbahn verbracht hatten.

Nachdem Hagmeister diese intensiven Gefühle geweckt hatte, kanalisierte er sie in gemeinsame positive Handlungen, die dazu dienen sollten, den Drachen zu töten. Er organisierte eine Reihe spezifischer Projekte, um die Mitarbeiterzahl zu reduzieren, die Vertriebskosten zu senken, die Lieferzeiten zu verbessern, das Produktportfolio zu verkleinern und den amerikanischen Halbleiterhersteller Signetics in die Bereichsstruktur zu integrieren. Für jedes Projekt gab es spezifische und klar definierte Zuständigkeiten, Meilensteine, Maßnahmen und Termine. Durch einen laufenden Überwachungsprozess, als Centurion II bezeichnet, wurde der Fortschritt all dieser Projekte bis ins kleinste Detail kontrolliert.

Hagmeister selbst zeigte kompromisslose Disziplin, wenn es um bestimmte Regeln ging, wie zum Beispiel „Das Budget ist heilig" oder „Nenn Schlechtes schlecht und Gutes gut." Wenn unangenehme Aufgaben auftauchten, erledigte er sie selbst, statt sie zu delegieren. Alle Zahlen mussten genau sein: Wenn ein Projektvorschlag ungenaue Angaben zur Kostenreduktion aufwies, wie zum Beispiel „zwischen 2 und 3 Millionen Gulden", schickte er ihn zurück. Und wenn ein Standort eine Mitarbeiterzahl von sechsundzwanzig statt der geplanten vierundzwanzig hatte, bekam er einen Wutanfall. „Es gibt keine unwichtigen und keine ungefähren Zahlen", pflegte er zu sagen.

Das Ergebnis war spektakulär. Innerhalb von drei Jahren nach der Ankündigung finanzieller Verluste im Juli 1990 gelang der Halbleitersparte des Unternehmens ein bemerkenswerter Turnaround – von einem Verlust von mehr als 600 Millionen Gulden (320 Millionen US-Dollar) zu einem Gewinn von 340 Millionen Gulden (181 Millionen US-Dollar).

Weil es sich bei Zorn, Angst und Hass um sehr starke Emotionen handelt, kann die Strategie des „Drachen-Tötens“ extrem wirkungsvoll sein, um rasch kollektive Energie aufzubauen und sie in entschlossenes Handeln zu lenken. Gleichzeitig enthält diese Strategie aber auch implizite Risikofaktoren, die ihre langfristige Wirksamkeit einschränken. Ein Nachteil dieser Strategie besteht darin, dass sie Unternehmen kurzsichtig machen kann. Wird die Energie zu sehr auf ein spezifisches, klar definiertes Ziel ausgerichtet, kann die Organisation dadurch ihren Blick fürs Ganze verlieren. Genau das geschah bei Komatsu, dem japanischen Hersteller von Erdbewegungsmaschinen.

Eine ganze Generation von Business-School-Absolventen ist vertraut mit Komatsus berühmtem Slogan „Maru-C“, ein klassisches Beispiel der Strategie des „Drachen-Tötens“. Angesichts der Herausforderung, die der Eintritt von Caterpillar in Komatsus bisher geschützten Heimmarkt darstellte, konzentrierte Ryoichi Kawai, der damalige CEO, die gesamte Energie des Unternehmens auf das Ziel, Caterpillar zu schlagen. „Maru-C“ stand für „Umzingelt Caterpillar“, und um den Drachen sichtbar und allgegenwärtig zu machen, kaufte Kawai den größten lieferbaren Bulldozer von Caterpillar und stellte ihn auf dem Dach des Firmenhauptsitzes aus.

Diese Geschichte, die zeigt, wie Kawai die Aggressionen gegen Caterpillar in einen disziplinierten und wirksamen Prozess zum Aufbau von Komatsus Stärke und Marktposition nutzte, war in den letzten fünfzehn Jahren die am häufigsten zitierte Fallstudie der Harvard Business School. Weniger bekannt ist die langfristige Wirkung, die diese Strategie auf die weitere Entwicklung des Unternehmens hatte. Der zwei Jahrzehnte währende intensive Konkurrenzkampf mit Caterpillar hinderte das Unternehmen daran, neue Möglichkeiten in angrenzenden Geschäftsbereichen zu erkennen und wirklich bahnbrechende Entwicklungen in seinem Kerngeschäftsbereich in Angriff zu nehmen. Tetsuya Katada, der 1989 die Leitung übernahm, schaffte schließlich den Slogan „Maru-C“ formell ab und ließ alle Symbole für den Kampf mit Caterpillar entfernen. Resultat davon war, dass die Firma erfolgreich in verwandte Bereiche wie zum Beispiel Robotertechnik expandierte sowie eine Reihe fundamental neuer und hoch innovativer Produkte entwickelte, wie beispielsweise Erdbewegungsgeräte für Unterwasseroperationen.

Eine weitere Gefahr der Strategie des „Drachen-Tötens" besteht darin, dass sie in eine Art Sackgasse führen kann, wenn die wahrgenommene Bedrohung zurückgeht. Im Glauben, dass sie einen harten Kampf ausgefochten und gewonnen haben, möchten sich die Mitarbeiter der Organisation eine kleine Ruhepause gönnen. Doch nur allzu oft schlafen sie dabei ein! In gewisser Weise litt Lufthansa in den späten 1990er Jahren unter genau diesem Problem. Wir haben bereits über Lufthansas Turnaround angesichts einer drohenden Insolvenz in den frühen 90er Jahren berichtet. Etwa um die Mitte des Jahrzehnts hatte sich die Situation des Unternehmens jedoch grundlegend geändert. Ab 1997 fuhr das Unternehmen jedes Jahr Rekordgewinne ein und die Gefahr einer Insolvenz war vollkommen vom Tisch, sodass das Unternehmen allmählich in die Komfortfalle zu geraten drohte. Der damalige Personalleiter Thomas Sattelberger drückte ganz klar seine Besorgnis aus: „Lufthansa scheint immer eine tatsächliche oder mögliche Krise zu brauchen, um wirkliche Veränderungen in Angriff zu nehmen." Auch der Vorstandsvorsitzende Jürgen Weber war dieser Ansicht: „Lufthansa muss jetzt seinen erfolgreichen Umstrukturierungsprozess weiter verfolgen und darf nicht arrogant werden. Die schwierigste Aufgabe ist nun, die Motivation der Mitarbeiter aufrechtzuerhalten, nachdem der Druck nachgelassen hat."

Um dieser Falle zu entgehen, wurde im April 2001 bei Lufthansa das Programm D-Check gestartet – das vierte strategische Umstrukturierungsprogramm seit 1992. Zweck des Programms war es, vom 1. Juni 2001 bis zum 31. Mai 2004 durch Kosteneinsparungen und verschiedene andere Maßnahmen 1 Milliarde Euro zu generieren, um für alle erkennbaren zukünftigen Risiken gerüstet zu sein. Natürlich konnte das Unternehmen zu jenem Zeitpunkt nicht voraussehen, wie erfolgskritisch dieser Prozess werden würde: Am 11. September 2001, nur wenige Monate nach Beginn des Programms, wurde das World Trade Center zerstört und die Luftfahrtindustrie geriet in eine schwere Krise. Peter Gerber, Projektleiter und Koordinator von D-Check, erzählte uns: „Vor dem 11. September sahen nicht alle Mitarbeiter die Notwendigkeit eines weiteren Umstrukturierungsprojekts ein. Wir befanden uns in einer positiven Phase und waren ein wenig träge geworden. Der Anschlag auf das World Trade Center führte jedoch zu einer vollständigen Kehrtwende. Von einer Sekunde zur nächsten waren wir mit einer massiven Krise konfrontiert. Im Anschluss daran gab es keine weiteren Debatten über die Notwendigkeit von Veränderungen."[143]

Tatsächlich initiierte Lufthansa nach dem 11. September ein zusätzliches Programm, D-Check Akut, zur Sicherstellung der Liquidität für das Jahr 2002. Dank dieses Programms, das unter anderem zusätzliche Sicherheitsgebühren für Passagiere und Luftfracht umfasste, konnte die Fluggesellschaft innerhalb von dreieinhalb Monaten einen Cashflow von 530 Millionen Euro generieren. Durch die äußeren Ereignisse angetrieben, konnte das Programm sogar die Vorgaben übertreffem: Bis August 2002 war das für das gesamte Geschäftsjahr geplante Ziel bereits erreicht. Bis Juli 2003 war das Gesamtziel von 1 Milliarde Euro zusätzlichem Cashflow, das eigentlich erst für Mai 2004 geplant gewesen war, bereits überschritten, wodurch Lufthansa zu einer der erfolgreichsten Luftfahrtgesellschaften weltweit wurde.

8.2.2 Die Prinzessin erobern

Organisationen können aber nicht nur aus der Wahrnehmung einer Bedrohung heraus eine extrem produktive Energie entwickeln, sondern auch aus dem Glauben an Chancen und Möglichkeiten. Die Strategie „Die Prinzessin erobern" beruht darauf, dass es der Führung eines Unternehmens gelingt, solch einen Glauben an eine Zukunftsvision aufzubauen, zum Beispiel an das Potenzial eines neuen Produkts, eines neuen Marktes oder einer neuen Akquisition (vgl. Abb. 8-3). Diese Strategie funktioniert besonders gut, wenn es darum geht, Unternehmen aus der Resignationszone in die produktive Zone zu führen. Beachten Sie jedoch, dass diese Strategie oft weniger effektiv ist, um Unternehmen in der Komfortzone neue Energie zu vermitteln, da in solchen Fällen häufig eher eine Bedrohung als eine positive Vision nötig ist, um sie aus ihrer Selbstzufriedenheit zu wecken.

Die positive Wirkung dieser Strategie beruht darauf, dass sie dem Unternehmen durch starke Gefühle von Erregung und Begeisterung Energie vermittelt. Wie beim Töten des Drachens kann das Erobern

---

[143] Vgl. Bruch (2003b).

der Prinzessin nur gelingen, wenn die Führungskräfte die Herausforderung lebendig und glaubhaft vermitteln können. Es ist von der Sache her sehr viel schwieriger, Menschen dazu zu bringen, an einen Traum zu glauben und sich für eine Vision zu engagieren, die – jedenfalls zu Beginn – nur im Kopf des Träumers existiert, als sie eine reale Bedrohung erkennen zu lassen. Ein Unternehmen mit dieser Strategie zu aktivieren und zum Handeln zu bringen ist daher eine anspruchsvollere Führungsaufgabe als der Einsatz von Angst als motivierendem Faktor.

Der Schlüssel für diese Strategie ist die klare Definition und Vermittlung einer spezifischen Chance, die das Unternehmen ergreifen sollte.[144] Dabei müssen Sie ein eindeutiges Objekt der Begierde – die zu erobernde Prinzessin – vorstellen und dafür sorgen, dass das Verlangen nach dieser Prinzessin stark genug ist, um den Menschen so viel Energie zu geben, dass sie ihre Resignation überwinden. Um die Mitarbeiter dazu zu bringen, sich emotional mit einer wenig greifbaren zukünftigen Entwicklung zu identifizieren, müssen Sie die Möglichkeiten für jeden Einzelnen konkret erfahrbar machen; die Menschen müssen sich vorstellen können, wie sie selbst zu diesem Ziel beitragen können. Sie müssen also die Chancen so formulieren, dass sie überzeugend und persönlich bedeutungsvoll sind, indem Sie einfache, greifbare Bilder und eine klare, schlüssige Botschaft verwenden. Außerdem muss Ihr eigenes Engagement für alle deutlich werden – indem Sie den Reden Taten folgen lassen und Ihre eigenen Handlungen und Verhaltensweisen klar auf das angestrebte Ziel ausrichten.

---

144 Vgl. Shamir/House/Arthur (1993) und Senge (1990).

Strategie zum Fokussieren organisationaler Energie: Die Prinzessin erobern

Abbildung 8-3

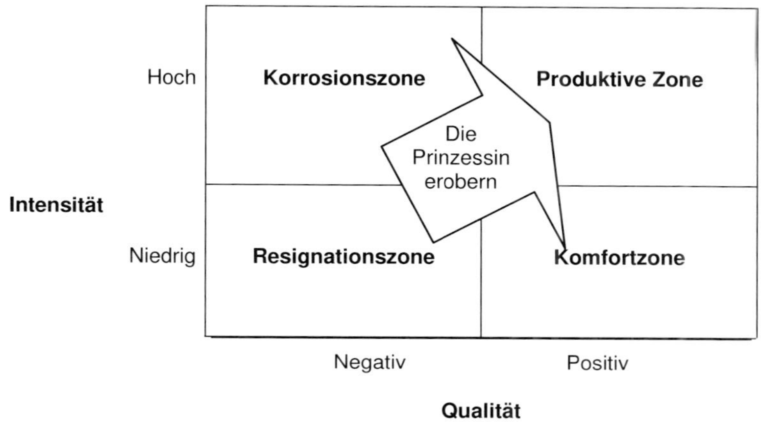

Nehmen wir als Beispiel das Unternehmen Sony, das diese Strategie einsetzte, um seine Mitarbeiter für eine neue Vision zu begeistern. Nur wenige Unternehmen waren zu Beginn des 21. Jahrhunderts so vielen fundamentalen Veränderungen ausgesetzt wie Sony. Als traditioneller Hersteller von Audio- und Videoprodukten auf der Basis analoger Technologien war Sony mit einer vollständigen Umstrukturierung seines Geschäftsfelds konfrontiert. Die IT-, Medien- und Elektronikindustrie entwickelte sich allmählich immer mehr in Richtung eines digitalen, internetbasierten, integrierten Home-Entertainment. Darauf aufbauend entwickelte Sonys CEO Nobuyuki Idei die Vision eines völlig neuartigen PCs und versuchte, das Unternehmen für seine Idee zu begeistern. „Alt und jung sind gleichermaßen von der digitalen Technologie fasziniert", sagte er zu seinen Mitarbeitern. „Diese Menschen, die ‚digitale Generation', sind unsere zukünftigen Kunden. Wir müssen auf allen Ebenen zu digitalen Visionären werden, um etwas Neues zu erschaffen, etwas, das die Erwartungen unserer zukünftigen Kunden erfüllt." Doch niemand im Unternehmen reagierte auf diesen ersten Handlungsaufruf ihres CEO. Zu jenem Zeitpunkt glaubte niemand bei Sony, dass solch ein Projekt erfolgreich sein könnte, denn Sony war bei dem Versuch, in den PC-Markt vorzudringen, bereits zweimal gescheitert. Trotzdem ging Idei nun nicht einfach dazu über, seine Idee per Befehl und Kontrolle durchzusetzen. Stattdessen wurde er selbst zu einer Quelle der Inspiration. Um die „Prinzessin" greifbarer zu machen, ließ er Kunitake Ando (der später Sonys COO wurde) die VAIO-Welt entwickeln, eine virtuelle Organisation, die den Menschen zeigte, wie die Vernetzung der verschiedenen Sony-Angebote die zukünftigen Wünsche der Kunden an die Unterhaltungsindustrie erfüllen und ihnen sogar noch mehr bieten konnte.[145] Die VAIO-World war eine verführerische Einladung, die die Mitarbeiter von dem Konzept überzeugte, sodass alle, die schließlich mitarbeiteten, dies auf freiwilliger Basis taten, weil sie von der Vision begeistert waren, und nicht einfach nur, weil man ihnen eine Aufgabe übertragen hatte.[146] Auch wenn im Augenblick noch nicht abschließend zu beurteilen ist, ob es Sony gelingen wird, alle Aspekte der VAIO-World erfolgreich zu entwickeln, hat diese Vision doch bereits zur Entwicklung des neuen VAIO-Computers im Jahr 1997 geführt.

Während das Töten des Drachens also eine energische, mutige und entschlossene Führung benötigt, braucht es für das Erobern der Prinzessin eher zurückhaltende, inspirierende und einfühlsame Leiter, die bei anderen Begeisterung und Leidenschaft auslösen können. Die Führungskräfte müssen außerdem eine Umgebung von Neugier, Erregung und Identifikation schaffen, wie es Idei mit der VAIO-World gelang.

Die Prinzessin zu erobern ist eine lange und aufregende Reise, kein Kampf, und erfordert Freiheit zum Forschen und Ausprobieren sowie ein Gefühl von Freude und Spaß daran. Bei dieser Strategie müssen die Menschen einen Spielraum für ihre Eigeninitiative erkennen können. Ohne dieses Gefühl persönlicher Freiheit kann niemand Begeisterung und Enthusiasmus über einen längeren Zeitraum aufrechterhalten. Beispielsweise basiert der Erfolg von Cartiers Geschäftsführer Alain Perrin, der selbst ein starker, pragmatischer Führer ist, darauf, dass er seinen Mitarbeitern vollkommene Freiheit beim Entwickeln neuer Ideen gibt: „Ein Unternehmen ist

---

[145] VAIO steht für „Video Audio Integrated Operations" und damit für die Herausforderung, die unterschiedlichen Produkt- und Serviceangebote von Sony zu integrieren. Gleichzeitig symbolisiert es die notwendige Verbindung von analogen (VA) und digitalen (IO) Technologien. Vgl. Sony-Fallstudie von Kida/Yamaguchi (2002).

[146] Dieses Führungsmodell wird sowohl von Bennis (2000) als auch von Weick (2000) befürwortet..

nicht einfach eine Geldmaschine; es ist ein Mosaik aus Männern und Frauen – ein Platz, an dem Menschen zusammen arbeiten, verbunden durch menschliche Beziehungen, und an dem jeder die Möglichkeit hat, sich kreativ auszudrücken."[147] Jedes Jahr werden von Cartiers 4600 Mitarbeitern durchschnittlich 1200 neue Produktvorschläge generiert – ein sichtbarer Beweis dafür, dass sie an diese Freiheit glauben.

Das Erobern der Prinzessin erfordert Ausdauer und die Fähigkeit, Hindernisse anzugehen und zu überwinden. Aus diesem Grund muss eine zielgerichtete Führung auch mit Nachdruck daran arbeiten, dass die Mitarbeiter daran glauben, dass das Unternehmen dazu fähig ist, den gemeinsamen Traum zu verwirklichen – indem sie die Kompetenz der Mitarbeiter fördert und sie ermutigt und unterstützt. Führungskräfte, die über eine Zukunftsvision sprechen, aber ihre gesamte Zeit damit verbringen, kurzfristige operative Probleme zu lösen, werden damit beispielsweise kein Engagement für diese Vision schaffen können. Perrin dagegen zeigt seine Ausrichtung auf Kreativität dadurch, dass er mehr als 80 Prozent seiner Zeit mit der Entwicklung neuer Produkte verbringt – und persönlich alle der 1200 neuen Entwürfe pro Jahr begutachtet.

8.2.3 Der Drachen, der die Prinzessin hütet

Jede dieser beiden Strategien zum Fokussieren organisationaler Energie hat natürlich ihre Grenzen. Das Töten des Drachens basiert darauf, unangenehme Gefühle zu wecken und sie in produktive Energie zur kurzfristigen Lösung von Problemen zu verwandeln – mit dem Risiko, dass die langfristige Entwicklung dabei vernachlässigt wird. Das Erobern der Prinzessin konzentriert sich darauf, Energie zum Verfolgen einer gemeinsamen Zukunftsvision aufzubauen und einzusetzen, kann aber die Aufmerksamkeit von wichtigen kurzfristigen Problemen wie Effizienz und Produktivität ablenken.

Theoretisch wäre es ideal, die Unmittelbarkeit, Entschlossenheit und Disziplin der Strategie "Drachen töten" mit der Leichtigkeit, Freude

[147] Vgl. Cartier-Fallstudie von Ghoshal/Huard/Butler (1992).

und Begeisterung der Strategie des "Prinzessin erobern" zu verbinden. In der Praxis ist es jedoch sehr schwierig für die Führung, eine Top-Down-Strategie, die auf Planung basiert und sich auf den Überlebenskampf konzentriert, mit der Experimentierlust, Kreativität und Spielfreude zu verbinden, die beim Verfolgen einer langfristigen Vision notwendig sind. Außerdem können die Widersprüchlichkeiten und Gegensätze, die mit solch einer Vorgehensweise unvermeidlich verbunden sind, im schlimmsten Fall dazu führen, dass die Energie weder in der einen noch in der anderen Richtung wirklich wirksam mobilisiert wird. Bis zu einem gewissen Grad litt Eastman Kodak unter genau diesem Problem, als das Unternehmen versuchte, im traditionellen Fotogeschäft gegen Fuji anzutreten und gleichzeitig eine Marktführerposition in der eben aufkommenden Digitaltechnologie zu erringen. Aufgrund der fehlenden direkten Verbindung und der geringen positiven Rückkopplung zwischen diesen beiden Strategien litt das Unternehmen mehr als fünf Jahre lang unter Verwirrung und mangelnder Kohäsion, was statt zu einer Freisetzung neuer Energien zu einer Pattsituation führte.

Die einzige wirksame Art, die Strategie des Drachen-Tötens mit dem Erobern der Prinzessin zu verbinden, besteht darin, einen Weg zu einer langfristigen Vision zu entwerfen, der zunächst eine Abwehr und Lösung der kurzfristigen Bedrohungen und Probleme erfordert. Genau das versucht im Moment Larry Ellison, CEO von Oracle, bei der Restrukturierung des Unternehmens. Seine Vision ist es, die IT-Industrie zu einem Versorgungsbetrieb zu machen, ähnlich wie es bei Elektrizität oder Wasser der Fall ist: Die Hardware, die Daten und die Anwendungen liegen an einem zentralen Platz bereit, sodass die Kunden sie – über das Internet – je nach Bedarf beziehen können. Oracle würde sich dadurch von einem Software-Unternehmen zu einem integrierten Dienstleister entwickeln, der ein vollständiges Spektrum kompatibler Anwendungen anbietet, von der Unternehmensplanung über Customer Relationship Management und Supply Chain Management bis hin zum Human Resource Management. Den Kunden stehen dabei nicht nur alle Datenbankprodukte, sondern auch die sonstigen erforderlichen Anwendungen voll integriert von einem Anbieter – Oracle – zur Verfügung.

Für die Mitarbeiter von Oracle ist vollkommen klar, was die „Prinzessin" ist. Die Idee, dass jeder überall auf der Welt mit nicht mehr als einem PC und einem Browser Zugriff auf alle Möglichkeiten der IT haben kann, besitzt eine enorme intellektuelle und emotionale Anziehungskraft. Falls es den Mitarbeitern von Oracle gelingen sollte, Ellisons Vision zu verwirklichen, dann würde sich die Firma automatisch zum weltweit dominierenden Software-Unternehmen entwickeln.

Ellison hat bei seiner Strategie auch einen Drachen eingebaut. Erstens würde Oracle automatisch seinen Wettbewerbern schaden, falls es der Firma gelingen würde, diese Vision zu realisieren. Entfällt der Bedarf für komplexe Systemintegration, verliert IBM automatisch seine Hauptumsatzquelle. Gleichzeitig ist Microsoft dann nicht mehr in der Lage, den IT-Zugang für Geschäftskunden zu kontrollieren, und wird durch Oracle ersetzt. Zweitens musste Oracle sein eigenes Testfeld werden, um die Kunden davon zu überzeugen, dass ein Set standardisierter und integrierter Anwendungen über das Internet wirklich eine Lösung für ihren Bedarf sein kann. „Eat your own dog food", war Ellisons Motto, als er verkündete, dass durch den Einsatz dieser Strategie bei Oracle eine Kosteneinsparung in Höhe von 1 Milliarde US-Dollar – 10 % des Unternehmensumsatzes – erzielt werden sollte. Genau das gelang dem Unternehmen zwischen 2000 und 2001, wodurch es seine operative Marge von 14 auf 35 Prozent verbessern konnte.

8.2.4 Die Wahl der richtigen Strategie

Natürlich kann nicht jedes Unternehmen wie Oracle vorgehen, das zwischen den drei hier vorgestellten Strategien die freie Wahl hatte. Wenn ein Unternehmen mit einer realen und sichtbaren Bedrohung konfrontiert ist, muss die Führung die Strategie des Drachen-Tötens einsetzen, da sich Mitarbeiter nicht emotional für eine Vision aktivieren lassen, wenn sie sich gleichzeitig um das Überleben der Firma Sorgen machen. Auf der anderen Seite kann man ohne tatsächliche unmittelbare Bedrohung keinen glaubhaften Drachen erschaffen. Manager, die in solch einer Situation versuchen, eine Pseudokrise aufzubauen, werden unvermeidlich einen Fehlschlag erleiden.

Doch in vielen Fällen können Manager wählen, in welche Richtung sie die Energie ihrer Organisation lenken möchten. Wie können sie nun am besten entscheiden, welche Strategie jeweils einzusetzen ist? Nach unserer Beobachtung liefern äußere Faktoren wie Wettbewerber, Marktklima und so weiter selten eine überzeugende Basis für eine Entscheidung in die eine oder andere Richtung. In der Regel hängt die Wahl vielmehr von inneren organisationalen Faktoren ab: dem persönlichen Stil des Top-Managements, dem aktuellen Energiezustand des Unternehmens und seinem organisationalen Erbe.

Der möglicherweise wichtigste Faktor bei der Wahl der geeigneten Strategie ist der Führungsstil des Top-Managements. Auf der Basis ihrer beruflichen Erfahrungen und persönlichen Vorlieben neigen die meisten Manager entweder mehr zu der einen oder zu der anderen Strategie, und es ist hilfreich, wenn sie dabei realistisch und aufrichtig sich selbst gegenüber sind. Das Töten des Drachens verlangt eine Führungskraft, die mit Befehl und Kontrolle leitet: mutig, diszipliniert und kompromisslos. Bedrohungen lassen sich am besten durch gezielte Anweisungen von oben und durch detailliert ausgearbeitete Pläne bekämpfen. Das Erobern der Prinzessin dagegen erfordert eine Leitung, die eher zu einem ermutigenden, unterstützenden und optimistischen Stil neigt. Führungskräfte, die den Stil von Befehl und Kontrolle verkörpern, können ihre Mitarbeiter nicht auf eine lange und aufregende Reise mitnehmen. Nur wenige CEOs sind tatsächlich in der Lage, beide Strategien erfolgreich einzusetzen – Ellison ist dafür ein gutes Beispiel –, doch den meisten gelingt dies nicht. Ein Unternehmen hat daher bessere Erfolgschancen, wenn die Strategie zur Mobilisierung der Energie dem persönlichen Führungsstil seines CEO entspricht.

Ein weiteres Kriterium für die Wahl der richtigen Strategie ist der aktuelle Energiezustand des Unternehmens. Das Töten des Drachens ist bei Unternehmen, die in der Komfortzone gefangen sind, leichter durchführbar und wirksamer zur Mobilisierung von Energie. Die relative Zufriedenheit in solchen Unternehmen macht es schwierig, mit der Vision einer besseren Zukunft nachhaltig Energie zu generieren. Unternehmen in der Resignationszone hingegen nehmen bereits eine Diskrepanz zwischen der Realität und dem Idealzustand wahr. Bei ihnen funktioniert die Strategie des Eroberns der Prinzessin am besten, weil sich die latente Sehnsucht dadurch am leichtesten in produktive Energie verwandeln lässt.

Drei Strategien, um in die produktive Zone zu gelangen — **Abbildung 8-4**

Den Drachen töten

Weckt die Energie des Unternehmens durch eine gemeinsame äußere Bedrohung.

- Der „Drachen" muss klar definiert und beschrieben werden, indem man eine bestimmte unverkennbare und greifbare Bedrohung identifiziert.
- Die durch die Bedrohung geweckte Energie muss innerhalb der Organisation in gemeinsames Handeln umgesetzt werden. Das bedeutet, dass Emotionen wie Angst oder Zorn in produktive Energie verwandelt werden müssen, zum Beispiel in die optimistische und begeisterte Überzeugung, dass der Drachen tatsächlich zu besiegen ist.

Die Prinzessin erobern

Weckt die Energie des Unternehmens durch den Glauben an eine Zukunftsvision - das Potential eines neuen Produkts, eines neuen Marktes oder einer neuen Akquisition.

- Eine spezifische Chance, die das Unternehmen ergreifen sollte, muss so definiert, beschrieben und kommuniziert werden, dass die Menschen die Vision erkennen, an sie glauben und sich für sich verpflichten können. Die Menschen müssen eher dazu verführt als dazu gezwungen werden, sich an diesem gemeinsamen Traum zu beteiligen. Um Enthusiasmus und Begeisterung auszulösen, müssen sich alle Mitarbeiter vorstellen können, wie sie persönlich zu dem Ziel beitragen können.
- Um ihren Resignationszustand zu überwinden, muss man den Glauben der Mitarbeiter an die Fähigkeit des Unternehmens, diese Vision zu verwirklichen, stärken.

Der Drachen, der die Prinzessin hütet

Fokussiert die Energie des Unternehmens auf eine langfristige Zukunftsvision sowie auf eine gemeinsame äußere Bedrohung.

- Verbindet die Unmittelbarkeit, Entschlossenheit und Disziplin des Drachen-Tötens mit der Leichtigkeit, Freude und dem Stolz des Eroberns der Prinzessin.
- Der Weg zur langfristigen Vision erfordert unvermeidlich das Überwinden kurzfristiger Bedrohungen und Probleme.

Und drittens spielt auch die Geschichte des Unternehmens eine wichtige Rolle. Für Cartier war eine spielerische Herangehensweise immer schon typisch gewesen – gekennzeichnet durch die Herstellung verführerischer neuer Produkte, denen die Kunden einfach nicht widerstehen können. Einem Unternehmen wie diesem, das nicht nur durch das Genie von Louis Cartier geprägt war, sondern auch durch die außergewöhnlichen Freunde, die ihn inspiriert hatten – den Uhrmacher Jaeger, den Glasdesigner Lalique, den damaligen König von England, Edward IV., und den Maler und Dichter

Jean Cocteau –, fällt die Strategie des Eroberns der Prinzessin natürlich sehr viel leichter. Indem er sich auf Kreativität statt auf Konkurrenz konzentrierte, nutzte Alain Perrin ein altes Erbe des Unternehmens, das in der Nachkriegszeit einfach nur vergessen worden war.

Theorie und Praxis des Managements verfolgen beim Thema Erfolg seit fast fünfzig Jahren einen sehr technischen und analytischen Ansatz, der die Bedeutung von Energie größtenteils geleugnet hat. Doch solche „weichen" Faktoren wie Energie, Emotionen und Stimmungen haben großen Einfluss auf die Leistungskraft von Unternehmen. Ohne ein hohes Energieniveau kann ein Unternehmen nicht wachsen, produktiver werden oder Innovationen verwirklichen.

Was hindert ein Unternehmen daran, die für den Erfolg notwendige Energie aufzubauen und zu fokussieren? Das Fehlen eines gemeinsamen Ziels bei den Mitarbeitern – entweder eine Vision, die es zu verwirklichen gilt, oder eine Bedrohung, gegen die es zu kämpfen gilt. Zielgerichtete Führungskräfte müssen daher zunächst einmal den speziellen Energiezustand ihres Unternehmens erkennen. Dann müssen sie bewusst eine Strategie einsetzen, die die Energie ihres Unternehmens weckt und nutzt. In diesem Kapitel haben wir gezeigt, wie Führungskräfte solch ein gemeinsames Handeln fördern können, indem sie die Energie ihrer Organisation entweder auf einen Drachen oder auf eine Prinzessin ausrichten – oder auf beides.

Im nächsten, abschließenden Kapitel wollen wir die wichtigsten Erkenntnisse, die wir in diesem Buch dargestellt haben, zusammenfassen und Ihnen zeigen, wie Sie als Manager die Willenskraft in sich selbst wie auch in Ihren Mitarbeitern wecken können, indem Sie bei Ihren alltäglichen Führungsgewohnheiten einfache Veränderungen vornehmen.

Handlungsfreiheit als Führungsaufgabe

Kapitel 9

Den meisten Unternehmensleitern ist bewusst, dass ihre Mitarbeiter die Träger des organisationalen Handelns sind und daher die Leistungsfähigkeit des Unternehmens bestimmen. Wie bereits erläutert, ist Motivation in der Regel ausreichend für einfache und kurzfristige Routineaufgaben, die überwiegend gewohnheitsmäßiges Handeln erfordern.[148] Für die meisten Managementaufgaben hingegen, die komplex und weitreichend sind, genügt bloße Motivation nicht. Die Strategien, die viele Führungskräfte einsetzen, um ihre Manager zu motivieren, führen in der Regel nur zu einer oberflächlichen Identifikation mit den vorgegebenen Zielen statt zu einem bewussten und tiefen Engagement. Tatsächlich scheinen sich viele Führungskräfte mit ihren Mitarbeitern verschworen zu haben, eine Ethik der Oberflächlichkeit zu entwickeln. Daraus entstehen ein unechter Konsens, kluges Gerede und eine geringe Handlungsfähigkeit.

Damit sich echtes Engagement für ein Vorhaben oder ein Ziel entwickeln kann, müssen Führungskräfte ihre Mitarbeiter daran hindern, allzu oberflächlich an die Dinge heranzugehen. Eine echte willensbestimmte Verpflichtung für ein Projekt entsteht nur, wenn der Einstieg schwieriger und nicht etwa leichter gemacht wird.[149] Tatsächlich stellten wir bei unserer Untersuchung fest, dass hinter jedem Frontlinienmanager, der eine Aufgabe mit diszipliniertem Einsatz ausführte, ein Vorgesetzter stand, der konkrete Schritte eingebaut hatte, um ein nur oberflächliches Engagement zu verhindern.

9.1 Strategien, um die Lust am Handeln zu wecken

Wir begannen unsere Argumentation in diesem Buch mit der Beobachtung, dass engagiertes, zielgerichtetes und entschlossenes Handeln in den meisten Unternehmen eine Seltenheit ist. In den vorangegangenen acht Kapiteln haben wir gesehen, warum das so ist, wie

---

148 Vgl. Kuhl (1985).

149 Das Eingehen einer Verpflichtung schwieriger zu machen ist deshalb wirksam, weil Willenskraft nur bei Problemen auftaucht. Einfache oder Routineaufgaben erfordern und fördern keine Willenskraft. Vgl. Kuhl/Kazén (1999).

einzelne Manager lernen können, mit Willenskraft zu handeln – und wie Führungskräfte ihre Organisation zu solch zielgerichtetem Handeln hinführen können. In diesem abschließenden Kapitel geht es nun um letzte Ratschläge für das Top-Management von Unternehmen: Was können Sie tun, um Ihren Mitarbeitern die Möglichkeit zu geben, ihre Willenskraft für zielgerichtetes Handeln zu aktivieren?

Der Einsatz von Willenskraft ist ein sehr persönlicher, fast schon intimer Prozess, bei dem Menschen eine sehr kraftvolle Quelle menschlichen Verhaltens nutzen. Nachfolgend sind sechs Strategien für Führungskräfte aufgeführt, die dazu beitragen können, dass Mitarbeiter diese Kraft aktivieren und Lust am entschlossenen Handeln entwickeln.

9.1.1 Strategie 1: Klare Vorstellungen vom Ziel entwickeln lassen

Manager haben oft Schwierigkeiten, sich für ein Ziel zu engagieren, weil sie nur eine vage Vorstellung davon haben, was sie erreichen möchten. Als zielgerichtete Führungskraft können Sie Ihren Mitarbeitern dabei helfen, eine rein oberflächliche Zustimmung zu generellen Zielen zu überwinden, indem Sie sie dazu anregen, ihre Vorstellungen in konkrete Intentionen zu verwandeln. Wie Michael Hilti uns erklärte: „Eines meiner wichtigsten Führungsprinzipien geht auf den Psychoanalytiker Erich Fromm zurück, der sagte: ‚Wenn das Leben keine Vision bietet, die man realisieren möchte, dann gibt es auch keinen Grund, sich anzustrengen.'"

Wie bereits erläutert, müssen Manager ein klares und lebhaftes Bild davon haben, was sie erreichen möchten, um wirkliches Engagement aufbauen zu können.[150] Sie müssen sich nicht nur ihr Ziel, sondern auch den Prozess, wie sie ihr Ziel erreichen, genau vorstellen können. Wir sahen, wie es Jessica Spungin gelang, solch ein Bild

---

[150] Ein zentrales Resultat von Achs Experimenten war das „Prinzip der spezifischen Entscheidung", das besagt, dass die Geschwindigkeit und Wahrscheinlichkeit der Durchführung einer Intention positive Funktionen ihrer Spezifität sind. Vgl. Ach (1935).

zu entwerfen, in dem es darum ging, ihr Ziel zu verwirklichen und schließlich Partnerstatus bei McKinsey zu erreichen. Doch viele Manager benötigen angesichts ihrer zahlreichen Möglichkeiten und Wünsche Unterstützung, um ihr Ziel greifbar werden zu lassen. Als Vorgesetzter können Sie Ihren Mitarbeitern helfen, ihre Willenskraft zu aktivieren, indem Sie den Prozess der Visualisierung des jeweiligen Ziels fördern.

Nehmen wir zum Beispiel Jim Taylor. Als er im Jahr 2000 mit dem Aufbau von Cevolution, dem Kohlefaser-Geschäftsbereich von Conoco, begann, rang er zunächst mit der verschwommenen Definition seines neuen Produkts. Kohlefaser ist ein leichtes, unzerbrechliches und nichtrostendes Material, das immer sehr teuer in der Herstellung gewesen war. Taylors Abteilung hatte vor, etwas zu erreichen, was niemals zuvor versucht worden war: diese Fasern in hoher Quantität zu niedrigen Preisen zu produzieren. Obwohl er von dem enormen Potenzial dieses Materials überzeugt war (es ist in der Lage, Stahl zu ersetzen), hatte er Schwierigkeiten mit dem Start des Projekts, da er von der schieren Menge und Vielfalt der Möglichkeiten überwältigt war. Allein im Bereich des Transportwesens konnte es beispielsweise eingesetzt werden, um Asphaltstraßen zu verstärken, den Stahl bei Verkehrszeichen zu ersetzen, Autos mit leichten Kohlefaserverbundwerkstoffen zu produzieren und so weiter. Er beschrieb es folgendermaßen: „Dieses Material ist so vielseitig, dass man fast alles daraus herstellen kann. Das ist fantastisch, aber es war für mich auch ein Problem. Ich hatte keine Vorstellung davon, um was es sich bei diesem Produkt eigentlich handelte. Zuerst genoss ich dieses aufregende Gefühl einer riesigen, undefinierten Chance, doch später war ich mir nicht mehr sicher, ob ich in der Lage sein würde, dieses Potenzial auch ‚auf den Boden zu bringen' und das Projekt wirklich anzugehen."

Für Jim Taylor kam der Wendepunkt, der ihn schließlich zum Handeln ermutigte, während eines Strategie-Meetings, bei dem Taylor den Anwesenden erklärte, dass im Prinzip alles möglich war – aus diesem Produkt konnte man etwas ganz Großes entwickeln. Dann bat er das Senior Management um Hinweise, in welche Richtung er dieses neue Geschäftsfeld lenken sollte. Statt nun einen konkreten Vorschlag zu machen, wie und womit er anfangen sollte, forderten ihn seine Chefs auf, das Potenzial, das ihm vorschwebte, sichtbar und greifbar zu machen. Sie drängten ihn dazu, ein konkretes Beispiel zu benennen, wie dieses „wirklich große Potenzial" aussehen könnte.

„Allmählich wurde mir klar, dass ich eine Brücke bauen wollte", erzählte uns Taylor. „Ich stellte mir eine Brücke aus Kohlefaser vor: leicht wie Plastik und hart wie Stahl, eine Brücke, die weder zusammenbrechen noch rosten würde. Das wurde also zu meinem persönlichen Ausgangspunkt." Taylor hatte eine starke emotionale Verbindung zu diesem Bild, die darauf zurückzuführen war, dass er im Nordosten der Vereinigten Staaten aufgewachsen war, wo er oft Brücken gesehen hatte, die der salzigen Meeresluft ausgesetzt waren und entsprechende Korrosionsschäden aufwiesen. Nun stellte er sich plötzlich vor, dass Conoco die neuartigen Eigenschaften dieses Materials nutzen konnte, um nicht rostende Brücken aus Kohlefaser zu bauen.

Nach diesem Meeting begann Jim Taylor Cevolution mit entschlossener Konsequenz aufzubauen – und inspirierte auch seine Mitarbeiter zu dieser Art zielgerichteten Handelns. Um seine Vorstellung konkret werden zu lassen, beauftragte er seine Abteilungsmitarbeiter, auf einer Weltkarte alle Gebiete zu markieren, die weniger als einen Quadratkilometer vom Meer entfernt lagen. In diesen Gebieten, so erklärte er ihnen, befand sich ihr Kundenstamm. Das Ergebnis war, dass bis zum Jahr 2002 ein Produktionsprozess entwickelt wurde, der 38 Patente umfasste, und eine neue Produktionsanlage entstand. Der Geschäftsbereich Kohlefaser war von einem Kernteam von 5 Leuten auf eine Abteilung mit 250 Mitarbeitern angewachsen. Auch wenn das Management nach dem Merger mit der Phillips Petroleum Company im August 2002 den Geschäftsbereich aufgrund von Marktunsicherheiten auflöste, ist ConocoPhillips immer noch weltweit führend in bestimmten Kohlefasertechnologien, und Jim Taylor bereut nicht eine einzige Minute, die er in den Aufbau von Cevolution investiert hat.

9.1.2 Strategie 2: Auf Hindernisse vorbereiten

Um Manager für ein bestimmtes Projekt zu gewinnen, malen Führungskräfte häufig ein möglichst rosiges Bild der Aufgaben, wobei sie die möglichen Hindernisse und Risiken herunterspielen und die potenziellen Chancen und Möglichkeiten betonen. Sie versuchen ihre Manager durch gutes Zureden und Schönfärberei dazu zu überreden, die notwendigen Aufgaben zu übernehmen. Doch wie wir bereits herausgestellt haben, beruht ein großer Teil der Oberflächlichkeit in Organisationen auf dieser Definition der Führungsrolle als „Überredungskunst". Dagegen sehen Führungskräfte, die ein wirklich starkes Engagement bei ihren Managern auszulösen vermögen, ihre Aufgabe ganz anders. Statt Hindernisse zu verschleiern und Risiken herunterzuspielen, müssen Sie als zielgerichtete Führungskraft dafür sorgen, dass Ihre Manager die potenziellen Kosten- und Nutzenaspekte einer Aufgabe klar erkennen können, bevor sie sich dafür verpflichten.

Sven Olafson, der Geschäftsführer einer europäischen Tochterfirma von IBM, ist ein gutes Beispiel für solch eine Führungskraft. Olafson hatte beobachtet, dass bei IBM zahlreiche Aktivitäten, die mit großem Enthusiasmus gestartet worden waren, oft nur halbherzig ausgeführt oder auf halbem Wege abgebrochen wurden. Vor allem in den frühen 1990er Jahren, als sich die Firma in einer schwierigen Phase befand, wurden zahlreiche Projekte gestartet, doch nur 15 Prozent von ihnen wurden jemals zufriedenstellend zu Ende geführt.

IBM besaß ein Sounding Board, das dafür zuständig war, Prioritäten zu setzen, über neue Projekte zu entscheiden und die Ressourcen zu verteilen. Olafson bemerkte, dass Projektvorschläge, die diesem Gremium vorgelegt wurden, immer viel zu optimistisch und vielversprechend waren. Außerdem konzentrierten sie sich ausschließlich auf die geschäftlichen Aspekte. Um dies zu verändern, führte Olafson einen neuen Prozess zum Priorisieren von Projekten ein. Alle Vorschläge mussten nun Informationen zu insgesamt vier Aspekten enthalten: Geschäftschancen und -risiken sowie persönliche Vor- und Nachteile. Manager, die Projektvorschläge präsentierten, mussten Antwort geben auf Fragen wie: „Was würde es mich persönlich kosten, dieses Projekt zu übernehmen?", „Was kann ich dann nicht mehr machen?" oder „Was würde ich tun, wenn ich dieses Projekt nicht in Angriff nehmen würde?" Das Sounding Board spielte dabei die Rolle des Advocatus Diaboli – in Bezug auf die geschäftlichen ebenso wie die persönlichen Themen. Die Kandidaten mussten erklären, warum sie ihr jeweiliges Projekt trotz eines gewissen persönlichen Aufwands in Angriff nehmen wollten. Wenn das Sounding Board einem Vorschlag dann zustimmte, endete die

Interaktion damit, dass der Vorsitzende demjenigen, der den Vorschlag eingebracht hatte, ein letztes Mal die Frage stellte, ob er oder sie tatsächlich bereit war, dieses Projekt durchzuführen. Resultat dieses neuen Prozesses war, dass sehr viel weniger Projekte gestartet wurden – dass dafür aber 95 Prozent von ihnen erfolgreich abgeschlossen wurden.

9.1.3 Strategie 3: Ambivalenz deutlich machen

Ein vom Willen bestimmtes Engagement erfordert einen Einklang in den Gedanken und Gefühlen eines Menschen, sodass die daraus entstehende Intention außerhalb der rein kalkulierenden Ratio und ständiger Kosten-Nutzen-Analysen liegt. Andererseits ist ein solches Engagement auch nicht irrational oder durch einen Mangel an Reflexion charakterisiert. Ob Willenskraft erfolgreich für ein Vorhaben aktiviert werden kann oder nicht, hängt von der richtigen Fragestellung ab. Führungskräfte, die Motivation als ihre Hauptaufgabe sehen, versuchen Manager durch Anreize oder attraktive Belohnungen zu gewinnen. Dadurch ermutigen sie ihre Manager, sich zu fragen: „Was wird von mir erwartet?“, „Was springt für mich dabei heraus?“ oder „Was ist vernünftig?“ Wenn Führungskräfte ihre Manager durch äußere Anreize zu bestimmten Tätigkeiten motivieren, reduzieren sie damit systematisch deren Fähigkeit, sich emotional für ihre Arbeit zu engagieren. Letzten Endes fördern sie damit einen nur oberflächlichen Konsens und *verhindern* im Grunde die Ausbildung eines echten, bewussten Engagements.

Wenn Ihnen als Führungskraft bewusst ist, dass es oberflächliches Engagement zu vermeiden gilt, müssen Sie Ihre Manager dazu zwingen, sich mit ihrer inneren Ambivalenz auseinander zu setzen, bevor sie sich entschließen, sich in einem Projekt zu engagieren. Auf diese Weise ist es zwar sehr viel schwieriger, Menschen für Projekte zu gewinnen. Doch im Endeffekt ist es sehr viel effektiver – und weniger riskant –, als auf eine halbherzige Zustimmung zu bauen. Wirkliches Engagement erfordert, dass sich die Manager mit ihren Gefühlen auseinander setzen und darüber reflektieren, ob sie persönlich mit Herz und Verstand hinter einem Ziel stehen können. Um solch ein Engagement zu erreichen, müssen Sie Ihre Mitarbeiter ermutigen, sich selbst die Frage zu stellen: „Fühlt sich dieses Projekt für mich richtig an?“ und „Will ich das wirklich machen?“

Wir haben bereits beschrieben, wie Heinz Hagmeister durch sein persönliches Engagement und seine Disziplin das Halbleitergeschäft bei Philips gegen jede Wahrscheinlichkeit wieder zum Erfolg führte. Interessant war aber auch, wie er überhaupt zum CEO dieses Geschäftsbereichs wurde. Als deutlich wurde, dass sich das Halbleitergeschäft in einer Krise befand, entschied Wim Dekluver, Vorstand der Komponentenabteilung bei Philips – zu der das Halbleitergeschäft damals zählte –, dass Hagmeister der einzige in der ganzen Organisation war, der das technische Know-how und die erforderlichen Führungsfähigkeiten besaß, um den Geschäftsbereich vor dem drohenden Zusammenbruch zu retten. Für Hagmeister selbst war diese Wahl dagegen nicht so offensichtlich. Aufgrund seiner angegriffenen Gesundheit hatte er sich auf einen vorgezogenen Ruhestand gefreut. Er hatte bereits ein Haus in Deutschland gebaut, in dem er sich zur Ruhe setzen wollte, und hatte sich eine Teilzeitbeschäftigung gesucht, um etwas zu tun zu haben. Das Letzte, was er sich wünschte, war, seine Gesundheit aufs Spiel zu setzen und seinen Ruhestand hinauszuschieben, um die enorm anstrengende Aufgabe zu übernehmen, ein anscheinend hoffnungsloses Geschäft zu retten.

Statt Hagmeisters Gefühle zu ignorieren, verwickelte Wim Dekluver ihn in eine angeregte Diskussion über das Für und Wider der beiden Optionen. Obwohl Hagmeister eigentlich in den Ruhestand gehen wollte, hatte er doch auch ein starkes Gefühl von Verantwortung für das Unternehmen und seine Mitarbeiter. Er hatte sein Leben lang für Philips gearbeitet und das Halbleitergeschäft aufgebaut: „Ich war ein Teil des Managementteams gewesen, das dieses Problem verursacht hatte; wie konnte ich da jetzt einfach das sinkende Schiff verlassen?“

Diese offene und ehrliche Diskussion mit Dekluver ermöglichte Hagmeister schließlich die Erkenntnis, dass er eigentlich doch bleiben und die Probleme beseitigen wollte, zu denen er ursprünglich beigetragen hatte. Als er sich entschloss, diese Aufgabe zu übernehmen, hatte er sich also bereits mit all seinen Zweifeln auseinander gesetzt und seine ambivalenten Gefühle geklärt. Diese Position gab ihm die Kraft, den Umstrukturierungsprozess in Gang zu setzen, der schließlich so erfolgreich sein sollte.

9.1.4 Strategie 4: Ein Klima der Wahlfreiheit schaffen

Ein Problem im Arbeitsumfeld des Managements ist meist, dass den Managern nur wenig Wahlmöglichkeiten zur Verfügung stehen und sie daher nur wenig Gelegenheit haben, ihre Willenskraft zu entwickeln. Um Manager aufzubauen, die aus ihrer persönlichen Willenskraft heraus handeln, müssen Sie ihnen Wahlmöglichkeiten bieten und ihren Mut fördern, diese Möglichkeiten auch zu ergreifen – und dann einen Schritt zurücktreten. Sie müssen neue Wege finden, das Handeln Ihrer Manager zu unterstützen, ohne vorab zu definieren und festzulegen, was sie tun sollen.

Weiter oben stellten wir das Beispiel der Sony-Manager vor, die aus eigenem Willensantrieb den VAIO-Computer entwickelten. Der VAIO war für Sony aber kein Einzelfall, vielmehr enthält die Geschichte des Unternehmens zahlreiche Beispiele für solch entschlossenes und konsequentes Handeln. Die Basis dieser Tradition willensgesteuerten Handelns ist die Kultur des Unternehmens, das statt eines von Befehl und Kontrolle bestimmten Modells der Unternehmensführung ein System bevorzugt, bei dem alle Manager einen hohen Grad an Entscheidungsfreiheit über ihre Arbeit und ihre Karriere besitzen. Bei Sony ist es nicht so, dass den Ingenieuren durch das Top-Management oder eine zentral verwaltete Personalabteilung Projekte zugewiesen werden. Vielmehr werden alle Jobs offen ausgeschrieben, und jeder kann sich für jeden Job bewerben. Wird von dem Manager, der den jeweiligen Job ausgeschrieben hat, ein bestimmter Bewerber ausgewählt, so kann der aktuelle Vorgesetzte diesen Wechsel nicht verhindern. Mit anderen Worten, alle Angestellten haben das Recht, sich für bestimmte Aufgabenbereiche zu bewerben und dafür auch in Betracht gezogen zu werden.

Ein ähnliches Klima der Wahlfreiheit schuf John Browne auch bei British Petroleum (BP). Das Unternehmen mit seinen 100 000 Mitarbeitern schreibt alle Stellen außer den obersten 200 in seinem internen Portal „My Job Market“ aus, und jeder Angestellte kann sich für jede dieser Stellen bewerben. Um den Pool von Bewerbern noch zu vergrößern, vergleicht das Portal sogar automatisch die ausgeschriebenen Stellen mit den Lebensläufen der Angestellten, um sowohl die potenziellen Mitarbeiter als auch die Ausschreibenden über mögliche passende Angebote bzw. Kandidaten zu informieren, selbst wenn diese sich nicht beworben hatten.

Ein Klima der Wahlfreiheit umfasst neben Handlungsfreiheit immer auch Verantwortung und die Pflicht zur Rechenschaft. Bezieht man Manager in Entscheidungsprozesse mit ein und gibt ihnen Freiraum zum Handeln, so entsteht dadurch auch ein Klima von Verantwortung. Genau das verwirklichte die Lufthansa AG mit dem strategischen Programm D-Check.[151] Das Vorhaben, innerhalb von drei Jahren einen zusätzlichen Cash Flow von 1 Milliarde Euro zu generieren, und das in einem Unternehmen, das bereits seit zehn Jahren durch massive Umstrukturierungsprozesse gegangen war, war eine enorme Herausforderung. Der Erfolg des Programms hing davon ab, dass alle Manager Verantwortung dafür übernahmen und innovative Lösungen entwickelten. Lufthansas Top-Management schuf also ein Klima der Wahlfreiheit, indem es die Manager aller fünf Geschäftsbereiche und Zentraleinheiten daran beteiligte, die Ziele von D-Check vorzugeben – und die damit verbundenen Risiken in realen Zahlen zu bestimmen. Resultat dieses Vorgehens war, dass die Manager das Gefühl hatten, dass es sich bei D-Check nicht einfach nur um ein Umstrukturierungsprogramm handelte, das vom oberen Management erfunden und nun allen aufoktroyiert worden war. Stattdessen empfanden sie das Programm als ein Projekt, mit dem sie dazu beitrugen, die Zukunft des Unternehmens zu sichern – und für dessen Erfolg sie alle persönlich verantwortlich waren.

9.1.5 Strategie 5: Ein sich selbst regulierendes System aufbauen

Die Kehrseite von Wahlfreiheit ist Disziplin. Wenn Manager das Recht haben zu wählen, müssen sie auch die Disziplin besitzen, anzuhalten und eine falsche Wahl zu korrigieren. Tatsächlich ist ein grundsätzliches Problem der Willenskraft die Tatsache, dass sie

151 Vgl. Bruch (2003b).

Menschen blind machen kann, sodass ein Rückzug extrem schwierig und schmerzhaft ist. Jedes willensbestimmte Engagement muss irgendwann auch wieder enden – ob sich das Ziel nun als unerreichbar oder unerwünscht herausstellt oder schlicht und einfach erreicht worden ist.

Geht diese Disziplin jedoch von oben aus – wenn beispielsweise ein Vorgesetzter der Meinung ist, dass ein Manager eine falsche Entscheidung getroffen hat –, dann wird dieser Manager beim nächsten Mal weniger geneigt sein, seine Wahlfreiheit zu nutzen. Wenn man den Mitarbeitern ein wirkliches Gefühl von Entscheidungsfreiheit geben möchte, muss man deshalb sich selbst regulierende Systeme einbauen, um die Risiken, die mit dem freien Willen verbunden sind, zu kontrollieren. Beispielsweise kann man darauf bestehen, dass Manager, die Projekte initiieren, auch die Verantwortung für deren Beendigung übernehmen. Dazu müssen die jeweiligen Manager von Anfang an ihre eigenen Kriterien für einen Abbruch definieren: bestimmte kritische Ereignisse oder Zwischenergebnisse, deren Eintreten einen Abbruch des Projekts nach sich zieht.

Doch wie lässt sich das bei innovativen Projekten verwirklichen, bei denen das Aufstellen konkreter Kriterien für einen Abbruch kaum möglich ist? In solchen Fällen können die Führungskräfte dafür sorgen, dass bestimmte „soziale Abbruchmechanismen" eingesetzt werden, die dieselbe Schutzwirkung besitzen, aber flexibler sind.

Lars Kolind, der CEO von Oticon, einer stark dezentralisierten dänischen Hörgerätefirma mit ausgeprägtem Unternehmergeist, entwickelte für sein Unternehmen solch einen sozialen Regelmechanismus. In der sich selbst regulierenden Firma gibt es keine formalen Abteilungen, und alle Angestellten bis auf einige wenige Führungskräfte der obersten Ebene werden als „Associates" bezeichnet, ohne jede hierarchische Struktur. Jeder Angestellte kann ein Projekt initiieren, falls er Kollegen überzeugen kann, freiwillig an diesem Projekt mitzuarbeiten, und falls er eine der Top-Level-Führungskräfte als Sponsor für das Projekt gewinnen kann. Hier kommt der soziale Abbruchmechanismus ins Spiel, und zwar mit einer einfachen Regel: Jedes Projekt wird automatisch beendet, wenn entweder der Initiator des Projekts es aufgibt, die freiwilligen Team-Mitglieder ihre Teilnahme aufkündigen oder der Sponsor aus dem Top-Management zurücktritt. Auf diese Art und Weise können Projekte, die einmal vielversprechend aussahen, sich später aber als unrealistisch oder nicht wirklich lohnenswert erweisen, abgebrochen werden, ohne dass der Initiator des Projekts das Gefühl bekommt, dass es sich dabei um eine willkürliche Entscheidung handelt. Vielmehr ist der Prozess vollkommen transparent, wodurch politische Intrigen und negative Überraschungen vermieden werden, was für alle Beteiligten Frustration vermeidet.

9.1.6 Strategie 6: Die Sehnsucht nach dem Meer wecken

Der französische Pilot und Philosoph Antoine de Saint-Exupéry schrieb einmal: „Wenn du ein Schiff bauen möchtest, dann trommle nicht deine Männer zusammen, um Bäume zu fällen, das Holz zu sägen und die Planken zusammenzufügen, sondern wecke in ihnen die Sehnsucht nach dem Meer."

Diese Metapher enthält eine grundlegende Wahrheit in Bezug auf die Aktivierung von Willenskraft: Als oberster Leiter müssen Sie in Ihren Managern die Fähigkeit zu träumen wecken. Viele Manager sind Gefangene ihrer Alltagsroutine. Sie haben keine Zeit zum Träumen. Einigen fehlt auch die geistige Offenheit, die erforderlich ist, um sich eine aufregende Zukunft mit endlosen Möglichkeiten vorzustellen. Andere träumen vielleicht, unterdrücken aber ihre Träume sofort wieder, weil sie sich nicht vorstellen können, aus ihren täglichen Gewohnheiten auszubrechen. Tatsächlich sorgen die obersten Führungskräfte durch ihre eigene Anstrengung, die Dinge zu systematisieren, häufig für eine Verstärkung der Arbeitsgewohnheiten. Dadurch hindern sie ihre Mitarbeiter daran, neue Ideen zu entwickeln und zu träumen und damit die ersten Schritte in Richtung eines gemeinsamen Engagements und des Aufbaus organisationaler Energie zu machen.

Es gibt kein allgemein gültiges Rezept, wie man Menschen zum Träumen bringt. Wie könnte man eine Formel aufstellen, mit der sich verführerische Bilder und ein Freiraum für abenteuerliches Forschen in Managern erzeugen lassen? Gleichzeitig gibt es jedoch einige allgemeine Grundregeln, wie man Träumen die Möglichkeit geben kann, an die Oberfläche zu kommen.

Die erste Voraussetzung ist, ihnen Raum zu geben. Wie wir bereits erläutert haben, müssen Manager, um kreativ zu sein und – wichtiger noch – ihre Willenskraft einsetzen zu können, nicht nur Handlungsfreiheit haben, sondern auch das *Gefühl*, dass sie diese Freiheit tatsächlich besitzen. Führungskräfte müssen daher Managern nicht nur entsprechenden Freiraum und Handlungsfreiheit geben, sondern sie auch davon überzeugen, dass sie diese Freiheit wirklich *nutzen* können.

Eine zweite Voraussetzung ist die Konfrontation mit einer Herausforderung – einer schwierigen und anspruchsvollen Aufgabe. Einfache Probleme haben nicht die Kraft, Menschen zu fesseln oder zu stimulieren. Sie aktivieren weder den intellektuellen noch den emotionalen Hebel der Willenskraft. Nur schwierige Herausforderungen sind dazu in der Lage.

Schließlich müssen die Führungskräfte auch dafür sorgen, dass die Ziele und Projekte für die Manager persönlich von Bedeutung sind. Das ist der Grund, warum Vorgaben wie „Maximierung des Shareholder Value" niemals zu willensbestimmtem Handeln führen. Um Manager zu inspirieren, darf die „Sehnsucht nach dem Meer" nicht abstrakt oder alltäglich sein, vielmehr muss die jeweilige Herausforderung sinnvoll und emotional fesselnd sein.

Nobuyaki Idei gelang es beispielsweise, die Herausforderung an seine Mitarbeiter entsprechend zu gestalten, als er seine Vision von Sonys Zukunft in der webbasierten neuen Welt des frühen einundzwanzigsten Jahrhunderts entwarf. Statt eine Strategie oder einen Plan zu entwerfen, weckte er in seinen Mitarbeitern die Sehnsucht nach dem Meer durch die VAIO-World, eine virtuelle Organisation, die den Mitarbeitern in Sonys unterschiedlichen Produktlinien die Möglichkeit gab, sich von dem Konzept und der Vision verführen zu lassen.

Die Lust am Handeln wecken: Sechs Strategien für Führungskräfte

Abbildung 9-1

1. ***Klare Vorstellungen vom Ziel entwickeln lassen***. Ermutigen Sie Ihre Mitarbeiter, ihre Ideen in konkrete Intentionen umzusetzen – mit einem klaren und lebhaften Bild des Ziels, das sie erreichen möchten, und des Wegs dorthin.

2. ***Auf Hindernisse vorbereiten***. Statt Risiken herunterzuspielen, sollten Sie dafür sorgen, dass die Manager das Für und Wider eines Projekts in vollem Umfang kennen, bevor sie sich dazu verpflichten. Folgende Fragen sollten sie sich stellen: „Was würde es mich persönlich kosten, dieses Projekt durchzuführen? Was kann ich dann nicht mehr machen? Was würde ich machen, wenn ich dieses Projekt nicht übernehmen würde?" Anschließend sollten sie erklären, warum sie das Projekt trotz des persönlichen Aufwands in Angriff nehmen möchten.

3. ***Ambivalenz deutlich machen***. Echtes Engagement setzt voraus, dass Manager sich mit ihren Gefühlen auseinander setzen und darüber reflektieren, ob sie persönlich mit Herz und Verstand hinter einem Vorhaben stehen können. Sorgen Sie dafür, dass Ihre Mitarbeiter sich fragen: „Fühlt sich dieses Projekt für mich richtig an? Will ich das wirklich machen?"

4. ***Ein Klima der Wahlfreiheit schaffen***. Geben Sie Ihren Managern Wahlmöglichkeiten und ermutigen Sie sie, diese Freiheit zu nutzen. Und dann treten Sie einen Schritt zurück. Finden Sie neue Wege, das Handeln Ihrer Manager zu unterstützen, ohne vorab zu definieren und zu bestimmen, was sie tun müssen. Gleichzeitig sollten Sie in Bezug auf Ziele und Leistungsstandards keine Kompromisse eingehen. Machen Sie deutlich, dass Wahlfreiheit unvermeidlich mit Verantwortung verbunden ist – und sorgen Sie dafür, dass Ihre Mitarbeiter regelmäßig Rechenschaft ablegen.

5. ***Ein sich selbst regulierendes System aufbauen***. Manager mit Entscheidungsfreiheit müssen auch über ausreichend Disziplin verfügen, um anzuhalten und eine falsche Entscheidung zu korrigieren. Ein Regulationssystem, das ohne willkürliche hierarchische Autorität auskommt, entsteht dadurch, dass jeder Manager, der ein Projekt initiiert, auch für seine Beendigung verantwortlich ist. Bestehen Sie darauf, dass die jeweiligen Manager bereits zu Beginn ihre eigenen Regeln für einen Abbruch festlegen: bestimmte kritische Ereignisse oder Zwischenergebnisse, deren Eintreten den Abbruch des Projekts nach sich zieht. Bei sehr innovativen Projekten, bei denen die Definition solcher Kriterien schwierig ist, sollten Sie soziale Abbruchmechanismen einsetzen, die dieselbe Schutzwirkung besitzen, aber flexibler sind.

6. ***Die Sehnsucht nach dem Meer wecken***. Geben Sie Freiraum. Um ihre Willenskraft zu aktivieren, müssen Manager nicht nur Handlungsfreiheit haben, sondern auch das *Gefühl*, dass sie tatsächlich darüber verfügen. Außerdem brauchen Ihre Mitarbeiter eine Herausforderung – eine schwierige und anspruchsvolle Aufgabe. Schließlich sollten alle Ziele und Projekte für die Manager auch persönlich von Bedeutung sein. Die „Sehnsucht nach dem Meer" darf weder zu abstrakt noch zu alltäglich sein, um Menschen wirklich zu inspirieren. Vielmehr müssen Sie Wege finden, um die Herausforderung emotional fesselnd zu gestalten.

9.2 Die Grundlage für dauerhaft entschlossenes Handeln

Kreative Verbesserungsstrategien, revolutionäre Veränderungen, extreme Flexibilität und Wendigkeit – das alles sind aufregende Vorstellungen, die die Fantasie von Unternehmensleitungen ansprechen. Doch so wichtig sie gelegentlich auch sind, um ein Unternehmen in kurzer Zeit an die Spitze zu katapultieren, so basiert ein dauerhafter und nachhaltiger Unternehmenserfolg doch auf der disziplinierten und konsequenten Durchführung bestimmter Projekte und Aufgaben. Leider zeigen Unternehmensführungen selbst nur allzu selten solches Verhalten – und sind daher erst recht nicht in der Lage, es bei ihren Mitarbeitern zu induzieren.

Konsequentes zielgerichtetes Handeln erfordert, dass sich Menschen auf tiefer und persönlicher Ebene für bestimmte Projekte und Ziele verpflichten und entschlossen und konzentriert handeln, um diese Ziele zu erreichen. Das ist also die Aufgabe der Führung: die Manager zu dieser Art von Engagement zu inspirieren, die dazu beiträgt, dass das Unternehmen ausreichend Energie besitzt, um sich ständig wandeln und wachsen zu können.

Doch wirft dies gleich die nächste grundlegende Frage auf: Sollten Führungskräfte bei den Mitarbeitern Engagement für die Firma insgesamt oder nur für bestimmte Projekte und Ziele aufbauen? Wir haben festgestellt, dass grundlegende Loyalität zu einer Organisation zunehmend schwierig herzustellen und aufrechtzuerhalten ist. Außerdem führt solch ein allgemeines Engagement, selbst wenn es hergestellt werden kann, nicht unbedingt zu zielgerichtetem Handeln in Bezug auf bestimmte Aufgabenbereiche. Ein diffuses Gefühl von Loyalität dem Unternehmen gegenüber führt vielmehr häufig zu einer als selbstverständlich betrachteten Beziehung zwischen den Managern und dem Unternehmen, die ihre Tatkraft tatsächlich eher schwächt.

Die beste Art und Weise, effektives Commitment zum Unternehmen aufzubauen, ist daher von unten nach oben, auf der Basis persönlicher Verantwortung und Verpflichtung für spezifische Projekte und Ziele. Auf diese Weise engagierte sich Thomas Sattelberger bei Lufthansa, und auf dieser Basis blieb Matthias Mölleney bei der Swissair, selbst als das Unternehmen vor dem Bankrott stand. So blieb auch Dan Andersson zu hundert Prozent bei Conoco engagiert, selbst nach dem Merger des Unternehmens mit der Phillips Petroleum Company – einfach aufgrund seiner persönlichen Leidenschaft für bestimmte Kernprojekte, sei es nun das Durchbrechen des alten Monopols in Finnland oder sein neuestes Projekt, bei dem es um den Markteintritt und die Expansion in Europa geht. In der neuen Welt mobiler Angestellter müssen Unternehmensleiter sich darum bemühen, genau diese Art von Engagement aufzubauen, das Unternehmertum an vorderster Front verkörpert und ständige organisationale Umstrukturierung ermöglicht.[152]

In diesem Buch haben wir das Thema zielgerichteten Handelns auf mehreren unterschiedlichen Ebenen erforscht. Zunächst untersuchten wir, wie individuelle Manager ihre eigenen ineffizienten Verhaltensweisen identifizieren und ihre Willenskraft aktivieren können, um zu zielgerichtet Handelnden zu werden. Dann stellten wir dar, wie eine zielgerichtete Führung die Struktur und Kultur einer Organisation so formen kann, dass sie zielgerichtetes Handeln der Manager unterstützt und fördert. Und in diesem Abschlusskapitel riefen wir schließlich alle Führungskräfte dazu auf, die von uns vorgestellten Werkzeuge zu nutzen, um die Willenskraft ihrer Mitarbeiter zu aktivieren und damit zielgerichtetes und entschlossenes Handeln zu ermöglichen.

Was den Menschen von allen anderen Lebewesen unterscheidet, sind zwei Dinge: Vorstellungskraft und Willenskraft. Diese beiden wunderbaren Fähigkeiten haben die enormen Fortschritte ermöglicht, die die menschliche Gesellschaft über Jahrhunderte hinweg erzielt hat. Unternehmensleitern stehen zahlreiche Ressourcen zur Verfügung – Kapital, Technologien, Arbeitskräfte –, doch keine dieser Ressourcen ist so wertvoll wie ihre eigene Fähigkeit zu zielgerichtetem und entschlossenem Handeln. Führungskräfte müssen

152 Zur Unterscheidung von Engagement für eine Organisation und für ein Ziel vgl. Becker (1992).

diese Fähigkeit bei ihren Mitarbeitern fördern und in ihren Organisationen die Lust am Handeln wecken. Auf dem Weg in die Zukunft ist das *die* Hauptaufgabe jeder zielgerichteten Führung.

Unser Forschungsvorhaben zur Willenskraft

Unser Forschungsvorhaben, das wir im Zeitraum von 1993 bis 2003 durchführten, konzentrierte sich auf zwei Themenbereiche. Zunächst ging es um das Handlungsverhalten von Managern auf individueller Ebene, dann aber auch um das Handlungsverhalten auf Organisationsebene – wie Organisationen das Handeln von Individuen fördern können und wie sie kollektives Handeln formen. Wir untersuchten diese beiden Themenbereiche getrennt, wenn auch aufeinander bezogen.

Für die Untersuchung des individuellen Handlungsverhaltens wählten wir aus verschiedenen Gründen die deutsche Fluggesellschaft Lufthansa als primäres Forschungsfeld. Erstens kannten wir das Unternehmen gut und hatten bereits zu zahlreichen Mitarbeitern dort langfristige Beziehungen (zurückgehend auf drei Fallstudien, die wir in den Jahren 1996, 2000 und 2003 über die Herausforderungen und Aktivitäten des Unternehmens während der 90er Jahre und zu Beginn des neuen Jahrtausends verfasst hatten; außerdem hatten zahlreiche Lufthansa-Manager an unseren Ausbildungsprogrammen an der London Business School sowie der Universität St. Gallen teilgenommen).

Zweitens war Lufthansa während des vergangenen Jahrzehnts der führende Motor der Restrukturierung in der Luftfahrtindustrie, zum Beispiel durch den Aufbau der Star Alliance, durch den sich die Wettbewerbslandschaft der Luftfahrtindustrie von einzelnen Luftlinien auf strategische Netzwerke verlagerte. Aufgrund solcher Innovationen war Lufthansa ein guter Ausgangspunkt, um zu beobachten, was Manager mit Lust am zielgerichteten Handeln leisten können, wenn keine äußeren Bedrohungen vorliegen, die unmittelbares Reagieren erfordern.

Drittens – und dies war der entscheidende Punkt – ging die Luftfahrtgesellschaft in den 90er Jahren durch einen radikalen Turnaround von einer drohenden Insolvenz im Jahr 1991 zu Rekordgewinnen von 1 Milliarde DM im Jahr 1997 – was uns eine exzellente Möglichkeit bot, Extreme im Bereich des Managementverhaltens zu beobachten. Im Jahr 1991 erklärte Jürgen Weber, Lufthansas charismatischer und angesehener neuer Vorstandsvorsitzender, der traditionellen bürokratischen Kultur der Lufthansa den Krieg und sorgte für eine neue Handlungsfreiheit der Manager auf operationaler Ebene. Tatsächlich stellten wir fest, dass Jürgen Webers Fähigkeit, das Handlungspotenzial seiner Manager zu mobilisieren, die entscheidende Ursache für Lufthansas erfolgreiche Umstrukturierung war. Dementsprechend war das Unternehmen in der Lage, erfolgreich mit der Krise der Luftfahrt seit dem Terroranschlag auf das World Trade Center am 11. September 2001 umzugehen – vorwiegend aufgrund seiner Kompetenz im Bereich Innovation und Change Management.

Im Jahr 1998 initiierte die Lufthansa School of Business ein Programm namens Climb 99, das Managern der mittleren Führungsebene die Möglichkeit gab, ein Projekt zu definieren und durchzuführen, das sie als wichtig für das Unternehmen betrachteten. Wir verfolgten achtundvierzig Teilnehmer dieses Programms über einen Zeitraum von zwei Jahren, beobachteten ihre Aktivitäten, führten detaillierte Interviews und analysierten diese Informationen anschließend mithilfe eines komplexen computerbasierten Programms. Eines der Hauptergebnisse dieser Auswertung war, dass zielgerichtetes Handeln individueller Manager durch die beiden Faktoren Energie und Fokus gekennzeichnet ist. Dieses Rahmenmodell testeten wir anschließend, indem wir denselben Managern einen Fragebogen vorlegten, der prüfen sollte, ob unsere Interpretation ihres Verhaltens mit den von ihnen auf der Likert-Skala erzielten Werten übereinstimmte. Dies war der Fall. Außerdem fanden wir dabei einige Faktoren bestätigt, die wir als Hauptquelle von Energie und Fokus identifiziert hatten: ehrgeizige Ziele, das Vertrauen in die eigene Fähigkeit, diese Ziele zu erreichen, positive Gefühle in Bezug auf die Arbeit und der Einsatz von Willenskraft. In dieser Lufthansa-Studie untersuchten wir außerdem, welche Umstände eine Ausrichtung auf zielgerichtetes Handeln fördern können. Wir überprüften den Einfluss verschiedener organisationaler Faktoren auf das individuelle Handlungsverhalten von Managern. Die Ergebnisse unterstrichen die entscheidende Rolle, die Freiraum für autonomes Handeln und die Verfügbarkeit sozialer, emotionaler und Führungsunterstützung dabei spielen.[153]

Doch basierte diese gesamte Arbeit bisher nur auf den Daten eines einzigen Unternehmens. Um die Verallgemeinerbarkeit zu prüfen, wiederholten wir die Fragebogenaktion beim amerikanischen Öl-

---

153 Vgl. Bruch (2003a).

konzern Conoco. Hier stand uns ein weitaus größerer Teilnehmerkreis – 250 Manager – aus einem ganz anderen nationalen, fachlichen und organisatorischen Kontext zur Verfügung. Die Ergebnisse dieser Untersuchung stimmten vollkommen mit denen bei der Lufthansa überein.[154]

In der letzten Phase unserer Untersuchung ging es darum, offene Fragen zu beantworten, die sich aus unserer Analyse und Interpretation der Daten ergeben hatten. Beispielsweise die Frage, wie der Einzelne Fokus entwickeln oder persönliche Energie aufbauen kann. Wir interviewten zwanzig Manager – Menschen, von denen wir wussten, dass sie Energie, Fokus oder beides verloren und wieder gewonnen hatten – und verfassten dazu Fallbeispiele, von denen einige in Teil I aufgeführt sind. Dieses Konzept entwickelten wir weiter durch zusätzliche Feldforschung bei verschiedenen Unternehmen weltweit, denen der Ruf vorauseilte, dass sie einen Kontext für eigeninitiatives Handeln ihrer Manager geschaffen hatten: Goldman Sachs, Sun Microsystems und Oracle in den USA, British Petroleum, Hilti, McKinsey, Micro Mobility Systems, namics, Siemens Nixdorf Informationssysteme und Swissair in Europa, die LG-Gruppe, Sony und Infosys in Asien sowie Natura und WEG in Lateinamerika. Bei all diesen Studien tauchte das Thema Willenskraft als klarer und entscheidender Faktor für die effektive Implementierung von Veränderungsmaßnahmen auf.

In dieser Phase des Forschungsvorhabens konzentrierten wir uns weniger auf das Was und Warum als vielmehr auf das Wie. Wie können Unternehmen ihren Managern das Vertrauen geben, dass sie über persönliche Kontrolle, Unterstützung und Freiheit verfügen – Faktoren, die unsere empirische Untersuchung als wichtige Qualitäten einer Organisation ausgewiesen hatte, die die individuelle Handlungsfähigkeit fördern? Welche Strukturen, Prozesse oder Mechanismen können leitende Führungskräfte einsetzen, um diesen Kontext in einem Unternehmen zu schaffen? Wie können sie die Art von Managern aufbauen, die solche Unternehmen benötigen? Die Ergebnisse dieser Untersuchung organisationaler Strukturen beschreiben wir in Teil II des Buches.

---

154 Vgl. Bruch/Ghoshal (2005).

Als wir unser ursprüngliches Forschungsvorhaben formulierten, hatten wir das Thema kollektiven Handelns nicht mit einbezogen; dies tauchte vielmehr im Verlauf der Studie auf. Ganz offensichtlich war innerhalb der Lufthansa während der unruhigen Phase zwischen 1992 und 1996 und ebenso zwischen 2001 und 2003 etwas Besonderes am Werk. Die Manager, die diese Zeiträume erlebt hatten, erzählten uns von intensiven Gefühlen und außergewöhnlichen Erfahrungen, ohne dass sie genau definieren konnten, was diese Phasen eigentlich so besonders gemacht hatte. Wir kamen schließlich zu der Schlussfolgerung, dass alle innerhalb der Organisation von einer bestimmten Energie getragen worden waren und gleichzeitig zu ihr beitrugen – eine Energie, die nicht individuell, sondern kollektiv war. Ein ähnliches Phänomen konnten wir bei Sony beobachten, und als wir diesen Fall mit dem der Lufthansa und unseren früheren Beobachtungen an Unternehmen wie Old Mutual in Südafrika oder SKF und ABB in Europa verglichen, führte uns dies zu dem Rahmenmodell für die Mobilisierung organisationaler Energie, das in Teil II beschrieben ist. Unsere Erforschung organisationaler Energie ist jedoch noch nicht abgeschlossen. Inzwischen sind wir dabei, empirische Längsschnittuntersuchungen in verschiedenen global agierenden Unternehmen einzusetzen.

Auch wenn unsere Ergebnisse größtenteils induktiv und von unserer Beobachtung von Managern in zahlreichen unterschiedlichen Firmen abgeleitet sind, haben wir doch auch von der Arbeit zahlreicher anderer Forscher profitiert. Dies spiegelt sich in den Fußnoten und im Literaturverzeichnis, das unseren akademisch interessierten Lesern hoffentlich helfen wird, die Wurzeln und Querverbindungen unserer Argumente innerhalb der existierenden Literatur zu finden.

Insbesondere möchten wir hier jedoch auf eine Quelle hinweisen, der wir besonders verpflichtet sind. Einst war die Bedeutung von Volition (in unserem Buch meist als Willenskraft bezeichnet) in der akademischen Welt weitgehend anerkannt. In den sechs Jahrzehnten seit dem Zweiten Weltkrieg ist dieses Thema jedoch in Vergessenheit geraten, da die akademische Forschung sich zunehmend auf das Thema Motivation konzentrierte. Erst vor einiger Zeit haben verschiedene Forscher aus dem Bereich der Psychologie – insbesondere Peter Gollwitzer, Heinz Heckhausen, Hugo Kehr und Julius Kuhl – die Bedeutung und das Potenzial von Willenskraft durch ihre umfangreiche und sorgfältige theoretische und empirische Arbeit wieder aufgezeigt. Ihre Erkenntnisse waren für uns äußerst wertvoll bei der Interpretation und Auswertung unserer Daten, und wir hoffen, dass dieses Buch dazu beitragen wird, dass Akademiker und Manager der Willenskraft als wichtigster Quelle individuellen Handelns – und damit auch der Leistungskraft von Unternehmen – wieder mehr Aufmerksamkeit schenken.

Literaturverzeichnis

Ach, Narziss (1910). Über den Willensakt und das Temperament: Eine experimentelle Untersuchung. Quelle & Meyer, Leipzig.

Ach, Narziss (1935). Analyse des Willens. Urban & Schwarzenberg, Berlin.

Ajzen, Icek (1988). Attitudes, Personality, and Behavior. Open University Press, Milton Keynes, California.

Ajzen, Icek/Fishbein, Martin (1977). Attitude-Behavior Relations: A Theoretical Analysis and Review of Empirical Research. Psychological Bulletin 84, 888-918.

Argyris, Chris (1982). Reasoning, Learning and Action: Individual and Organizational. Jossey-Bass, San Francisco.

Atkinson, R.L. (1996). Emotions, in: Atkinson, R.L. et al. (Eds.), Hilgard's Introduction to Psychology, 12th Ed. Harcourt Brace College Publisher, Fort Worth, TX, S. 378-407.

Bandura, Albert (1982). Self-Efficacy Mechanisms in Human Agency. American Psychologist 38, 122-147.

Bandura, Albert (1989). Human Agency in Social Cognitive Theory. American Psychologist 9, 1175-1184.

Bandura, Albert (1997). Self-Efficacy: The Expertise of Control. Freeman, New York.

Bass, Bernard M. (1990). Bass and Stogdill's Handbook of Leadership: Theory, Research and Managerial Applications, 3rd Ed. The Free Press, New York.

Bass, Bernard M./Avolio, Bruce J. (1994). Improving Organizational Leadership Through Transformational Leadership. Sage, Thousand Oaks, CA.

Bateman, Thomas/Crant, J. Michael (1993). The Proactive Component of Organizational Behavior. Journal of Organizational Behavior 14, 103-118.

Batson, C.D./Shaw, L.L./Oleson, K.C. (1992). Differentiating Affect, Mood, and Emotion: Toward Functionally Based Distinctions, in: Clark, M.S. (Ed.), Emotion. Sage, Newbury Park, CA, S. 294-326.

Becker, T.E. (1992). Foci and Bases of Commitment: Are the Distinctions Worth Making? Academy of Management Journal 35, 232-244.

Beckmann, Jürgen (1994). Volition Correlates of Action Versus State Orientation, in: Kuhl, J./Beckmann, J. (Eds.), Volition and Personality: Action Versus State Orientation. Hogrefe, Göttingen, S. 155-166.

Beckmann, Jürgen/Kazén, Miguel (1994). Action and State Orientation and the Performance of Top Athletes, in: Kuhl, J./Beckmann, J. (Eds.), Volition and Personality: Action Versus State Orientation. Hogrefe, Göttingen, S. 439-451.

Bennis, W. (2000). Leadership of Change, in: Beer, M./Nohria, N. (Eds.), Breaking the Code of Change. Harvard Business School, Boston, S. 113-122.

Bibeault, Donald B. (1982). Corporate Turnaround: How Managers Turn Losers into Winners. McGraw-Hill, New York.

Binswanger, Harry (1991). Volition and Cognitive Self-Regulation. Organizational Behavior and Human Decision Processes 50, 154-178.

Brandstätter, Veronika/Lengfelder, Angelika/Gollwitzer, Peter M. (2001). Implementation Intentions and Efficient Action Initiation. Journal of Personality and Social Psychology 81, 946-960.

Bruch, Heike (2003a). Leaders' Action: Model Development and Testing. Hampp, München.

Bruch, Heike (2003b). Lufthansa 2003: Energising a Decade of Change. Case Study, Universität St. Gallen, Schweiz.

Bruch, Heike/Bieri, Sabine (2003). Hilti 2003: Maintaining a Proactive Sense of Urgency. Case Study, Universität St. Gallen, Schweiz.

Bruch, Heike/Ghoshal, Sumantra (2000). Lufthansa 2000: Maintaining the Change Momentum. Case Study, London Business School, London.

Bruch, Heike/Ghoshal, Sumantra (2003). Unleashing Organizational Energy. Sloan Management Review 45 (1), 45-51.

Bruch, Heike/Ghoshal, Sumantra (2005). Managerial Action: Construct Definition, Model Development and Testing. Zeitschrift für Betriebswirtschaft 2, 105-133.

Bruch, Heike/Heim, Beatrice/Hofer, Matthias/Keibach, Daniel/Rist, Michael (2002). Micro Mobility Systems: Realizing the Scooter Deram. University of St. Gallen, St. Gallen.

Bruch, Heike/Sattelberger, Thomas (2001). Lufthansa's Transformation Marathon – A Process of Liberating & Focusing Change Energy. Human Resources Management 40, 249-259.

Chatman, Jennifer A./Polzer, Jeffrey T./Barsade, Sigal G./Neale, Margaret A. (1998). Being Different Yet Feeling Similar: The Influence of Demographic Composition and Organizational Culture on Work Processes and Outcomes. Administrative Science Quarterly 43, 749-780.

Collins, Jim (2001). From Good to Great: Why Some Companies Make the Leap and Others Do Not. HarperCollins Publishers, New York.

Crant, J. Michael (1996). The Proactive Personality Scale As a Predictor of Entrepreneurial Intentions. Journal of Small Business Management 34, 42-49.

Cross, Rob/Baker, Wayne/Parker, Andrew (2003). What Creates Energy in Organizations? Sloan Management Review 44 (4), 51-57.

Csikszentmihalyi, Mihaly (1990). Flow: The Psychology of Optimal Experience. Harper & Row, New York.

Csikszentmihalyi, Mihaly (1999). If We Are So Rich, Why Aren't We Happy? American Psychologist 54, 821-827.

Csikszentmihalyi, Mihaly/LeFevre, Judith (1989). Optimal Experience in Work and Leisure. Journal of Personality and Social Psychology 56, 815-822.

Davenport, Thomas C./Beck, John C. (2000). Getting the Attention You Need. Harvard Business Review, September/October Issue.

Dean, James W. Jr./Brandes, Pamela/Dharwadkar, Ravi (1998). Organizational Cynicism. Academy of Management Review 23, 341-352.

Deci, Edward L. (1995). Why We Do What We Do: Understanding Self-Motivation. Putnam, New York.

Deci, Edward L./Ryan, Richard M. (1988). The Support of Autonomy and the Control of Behavior. Journal of Personality and Social Psychology 53, 1024-1037.

Dörner, Dietrich (1998). Emotion, kognitive Prozesse und der Gebrauch von Wissen, in: Enzyklopädie der Psychologie C/II/6, hrsg. von F. Kix und H. Spada. Hogrefe, Göttingen.

Dörner, Dietrich/Stäudel, Thea (1990). Emotion und Kognition, in: Scherer, K. (Hrsg.), Enzyklopädie der Psychologie C/IV/3. Hogrefe, Göttingen, S. 293-343.

Dörner, Dietrich, et al. (1989). Ein System zur Handlungsregulation oder: Die Interaktion von Emotion, Kognition und Motivation, in: Roth, E. (Hrsg.), Denken und Fühlen: Aspekte kognitiv-emotionaler Wechselwirkung. Springer, Berlin.

Eccles, Robert G./Nohria, Nitin (1992). Beyond the Hype. Harvard Business School Press, Boston.

Emmons, Robert. A./King, Laura A. (1988). Conflict Among Personal Strivings: Immediate and Long-Term Implications for Psychological and Physical Well-Being. Journal of Personality and Social Psychology 54, 1040-1048.

Erber, Ralf/Wang Erber, Maureen (2000). The Self-Regulation of Moods: Second Thoughts on the Importance of Happiness in Everyday Life. Psychological Inquiry 11, 142-148.

Ferrari, Joseph R./Emmons, Robert A. (1995). Methods of Procrastination and Their Relation to Self Control and Self Reinforcement. Journal of Social Behavior and Personality 10, 135-141.

Filippone, Daniele/Gastando, Riccardo/Protogirou, Dimitrios (1997). Managing Change in the Computer Industry: The Case of Siemens Nixdorf International. Case Study, London Business School, London.

Frese, Michael (1989). Theoretical Models of Control and Health, in: Sauter, S.L./Hurrel, J.J./Cooper, C.L. (Eds.), Job Control and Worker Health. Wiley, Chichester, England, pp. 107-108.

Frese, Michael, et al. (1996). Personal Initiative at Work: Differences Between East and West Germany. Academy of Management Journal 39, 37-63.

Frese, Michael/van Gelderen, Marco/Ombach, Michael (2000). How to Plan As a Small Scale Business Owner: Psychological Process Characteristics of Action Strategies and Success. Journal of Small Business Management 38, 1-18.

Frese, Michael/Zapf, Dieter (1994). Action As the Core of Work Psychology: A German Approach, in: Triandis, H.C./Dunnette, M.D./Hough, L.M. (Eds.), Handbook of Industrial and Organizational Psychology, 2nd Ed. Consulting Psychologists Press, Palo Alto, CA, S. 271-340.

George, J.M./ Brief, A.P. (1996). Motivational Agendas in the Workplace: The Effects of Feelings on Focus of Attention and Work Motivation. Research on Organizational Behavior 18, 75-109.

Ghoshal, Sumantra/Bruch, Heike (2003). Beyond Motivation to Volition: Unleashing the Power of the Human Will. Sloan Management Review 44 (Spring).

Ghoshal, Sumantra/Huard, Francois-Xavier/Butler, Charlotte (1992). Cartier: A Legend of Luxury. Case Study, INSEAD-CEDEP, Fontainebleau, France.

Gollwitzer, Peter M. (1993). Goal achievement: The Role of Intentions. European Review of Social Psychology 4, 141-185.

Gollwitzer, Peter M. (1996). The Volitional Benefits of Planning, in: Gollwitzer, P.M./Bargh, J.A. (Eds.), The Psychology of Action. The Guilford Press, New York.

Gollwitzer, Peter M./Heckhausen, Heinz/Ratajczak, Heike (1990). From Weighing to Willing: Approaching a Change Decision Through Pre- or Postdecisional Mentation. Organizational Behavior and Human Decision Processes 45, 41-65.

Greenwood, James W. III/Greenwood, James W. Jr. (1979). Managing Executive Stress. Wiley, New York.

Hales, Colin P. (1986). What Do Managers Do? A Critical Review of the Evidence. Journal of Management Studies 23, 88-115.

Hallsten, Lennart (1993). Burning Out: A Framework, in: Schaufeli, W.B./Maslach, C./Marek, T. (Eds.), Professional Burnout: Recent Developments in Theory and Research. Taylor & Francis, London, S. 95-113.

Hambrick, Donald C./D'Aveni, Richard A. (1988). Large Corporate Failures As Downward Spirals. Administrative Science Quarterly 33, 1-22.

Heckhausen, Heinz (1987). Perspektiven der Psychologie des Wollens, in: Heckhausen, H./Gollwitzer, P.M./Weinert, F.E. (Hrsg.), Jenseits des Rubikon: Der Wille in der Humanwissenschaft. Springer, Berlin und Heidelberg, S. 143-175.

Heckhausen, Heinz (1991). Motivation and Action, 2nd Ed. Springer, Berlin.

Heckhausen, Heinz/Gollwitzer, Peter M. (1987). Thought Content and Cognitive Functioning in Motivational Versus Volitional States of Mind. Motivation and Emotion 11, 101-120.

Heckhausen, Heinz/Kuhl, Julius (1985). From Wishes to Action: The Dead Ends and Short Cuts on the Long Way to Action, in: Frese, M./Sabini, J. (Eds.), Goal Directed Behavior: The Concept of Action in Psychology. Erlbaum, Hillsdale, NJ, S. 134-159.

Hockey, Robert (1996). Skilled Performance and Mental Workload, in: Warr, P. (Ed.), Psychology at Work. Penguin, London, S. 13-39.

House, James B. (1981). Work, Stress, and Social Support. Addison-Wesley, Reading, Massachusetts.

House, James S./Umberson, Debra/Landis, Karl (1988). Structures and Processes of Social Support. Annual Review of Psychology 14, 293-318.

Huy, Quy Nguyen (2002). Emotional Balancing of Organizational Continuity and Radical Change: The Contribution of Middle Managers. Administrative Science Quarterly 47, 31-69.

Isen, Alice M./Baron, Robert A. (1991). Positive Affect As a Factor in Organizational Behavior. Research in Organizational Behavior 13, 1-53.

Janis, Irving L./Mann, Leon (1977). Decision Making: A Psychological Analysis of Conflict, Choice, and Commitment. The Free Press, New York.

Kehr, Hugo M. (2002). Souveränes Selbstmanagement. Beltz, Weinheim.

Kehr, Hugo M. (2004). Integrating Implicit Motives, Explicit Motives, and Perceived Abilities: The Compensatory Model of Work Motivation and Volition. Academy of Management Review 29, 479-499.

Kelly, Janice R./Barsade, Segal (2001). Emotions in Small Groups and Work Teams. Organizational Behavior and Human Decision Processes 86, 99-130.

Kida, Tomohiro/Yamaguchi, Hidehiko (2002). Sony: Regeneration (A and B). Case Study, London Business School, London.

Kipnis, David/Schmidt, Stuart M. (1988). Upward-Influence Styles: Relationship With Performance Evaluations, Salary, and Stress. Administrative Science Quarterly 33, 528-542.

Kipnis, David/Schmidt, Stuart M./Wilkinson, Ian (1980). Intraorganizational Influence Tactics: Explorations in Getting One's Way. Journal of Applied Psychology 65, 440-452.

Kotter, John P. (1982). The General Managers. The Free Press, New York.

Kotter, John P. (1995). Leading Change: Why Transformation Efforts Fail. Harvard Business Review, March/April, 59-67.

Kuhl, Julius (1983). Motivation, Conflict, and Action Control. Springer, Berlin.

Kuhl, Julius (1985). Volitional Mediators of Cognition Behaviour Consistency: Self-Regulatory Processes and Action Versus State Orientation, in: Kuhl, J./Beckmann, J. (Eds.), Action Control: From Cognition to Behaviour. Springer, Berlin, S. 101-128.

Kuhl, Julius (1987). Action Control: The Maintenance of Motivational States, in: Halish, F./Kuhl, J. (Eds.), Motivation, Intention, and Volition. Springer, Berlin und Heidelberg, S. 279-291.

Kuhl, Julius (1992). A Theory of Self-Regulation: Action Versus State Orientation, Self-Discrimination, and Some Applications. Applied Psychology 41, 97-129.

Kuhl, Julius/Eisenbeiser, T. (1986). Mediating Versus Meditating Cognitions in Human Motivation: Action Control, Inertial Motivation, and the Alienation Effect, in: Kuhl, J./Atkinson, J.W. (Eds.), Motivation, Thoughts, and Action. Praeger, New York, S. 288-306.

Kuhl, Julius/Fuhrmann, Arno (1998). Decomposing Self-Regulation and Self-Control: The Volitional Components Inventory, in: Heckhausen, J./Dweck, C.S. (Eds.), Motivation and Self-Regulation Across the Life Span. Cambridge University Press, Cambridge, S. 15-49.

Kuhl, Julius/Goschke, Thomas (1994). A Theory of Action Control: Mental Subsystems, Modes of Control, and Volitional Conflict Resolution Strategies, in: Kuhl, J./Beckmann, J. (Eds.), Volition and Personality: Action Versus State Orientation. Hogrefe & Huber, Seattle und Bern, Schweiz, S.93-124.

Kuhl, Julius/Kazén, Miguel (1999). Volitional Facilitation of Difficult Intentions: Joint Activation of Intention Memory and Positive Affect Removes Stroop Interference. Journal of Experimental Psychology 128, 382-399.

Kurke, Lance B./Aldrich, Howard E. (1983). Mintzberg Was Right! A Replication and Extension of the ‚Nature of Managerial Work'. Management Science 29, 975-984.

Lazarus, Richard S. (1993). From Psychological Stress to Emotions: A History of Changing Outlooks. Annual Review of Psychology 44, 1-21.

Lazarus, Richard S./Folkman, Susan (1984). Stress, Appraisal and Coping. Springer, New York.

Leventhal, Howard/Scherer, Klaus R. (1987). The Relationship of Emotion to Cognition: A Functional Approach to a Semantic Controversy. Cognition and Emotion 1, 3-28.

Levy, Amir/Merry, Uri (1986). Organizational Transformation. Praeger, New York.

Lewin, Kurt (1947). Frontiers in Group Dynamics. Human Relations 1, 5-41.

Lewin, Kurt (1951). Field Theory in Social Science, in: Cartwright, D. (Ed.), Selected Theoretical Papers. Harper, New York.

Locke, Edwin A. (1984). Effect of Self-Efficacy, Goal, and Task Strategies on Task Performance. Organizational Behavior and Human Performance 19, 135-158.

Locke, Edwin A. (1991). The Motivation Sequence, the Motivation Hub, and the Motivation Core. Organizational Behavior and Human Decision Processes 50, 288-299.

Locke, Edwin A./Latham, Gary P. (1990). A Theory of Goal Setting and Task Performance. Prentice-Hall, Englewood Cliffs, NJ.

Luthans, F./Larsen, J.K. (1986). How Managers Really Communicate. Human Relations 39, 161-178.

Miller, Danny/Friesen, Peter H. (1980). Archetypes of Organizational Transition. Administrative Science Quarterly 25, 263-299.

Mintzberg, Henry (1973). The Nature of Managerial Work. Harper-Collins Publishers, New York.

Mintzberg, Henry (1991). Managerial Work: Forty Years Later, in: Carlson, E. (Ed.), Executive Behaviour. Acta Universitatis Upsatensis, Uppsala, Sweden.

Mischel, Walter N./Cantor, Nancy/Feldman, Shel (1996). Principles of Self-Regulation: The Nature of Willpower and Self-Control, in: Kruglanski, A. (Ed.), Social Psychology: Handbook of Basic Principles. The Guildford Press, New York, S. 329-360.

Morris, William N./Reilly, Nora P. (1987). Toward the Self-Regulation of Mood: Theory and Research. Motivation and Emotion 11, 215-249.

Morrison, Elizabeth Wolfe/Phelps, Corey C. (1999). Taking Charge at Work: Extrarole Efforts to Initiate Workplace Change. Academy of Management Review 42, 403-419.

Nietzsche, Friedrich (1899). Der Wille zur Macht. Aktuelle Ausgabe: Kröner, Stuttgart 1996.

Oullette, J.A./Wood, W. (1998). Habit and Intention in Everyday Life: The Multiple Processes by Which Past Behavior Predicts Future Behavior. Psychological Bulletin 124, 54-74.

Parkinson, Brian (1996). Emotions Are Social. British Journal of Psychology 87, 663-684.

Peters, Thomas J./Waterman, Robert H. Jr. (1982). In Search of Excellence. Harper & Row, New York.

Pettigrew, Andrew/Whipp, Richard (1991). Managing Change for Competitive Success. Blackwell, Oxford and Cambridge, England.

Pfeffer, Jeffrey/Sutton, Robert I. (2000). The Knowing-Doing Gap. Harvard Business School Press, Boston.

Phillips, Jean M./Gully, Stanley M. (1997). Role of Goal Orientation, Ability, Need for Achievement, and Locus of Control in the Self-Efficacy and Goal-Setting Process. Journal of Applied Psychology 82, 792-802.

Pinchot, Gifford (1985). Intrapreneuring: Why You Don't Have to Leave the Corporation to Become an Entrepreneur. Harper & Row, New York.

Rogan, Michelle/Gratton, Lynda/Ghoshal, Sumantra (2001). The Transformation of BP: From a Divided Past to a Shared Future. Case study, London Business School, London.

Rosegrant, Susan (1990). John Smither: Change Agent. Case Study, Harvard Business School, Boston.

Rousseau, Denise M./Tijoriwala, Snehal A. (1998). Assessing Psychological Contracts: Issues, Alternatives and Measures. Journal of Organizational Behavior 19, 679-695.

Salovey, Peter/Mayer, John D. (1990). Emotional Intelligence. Imagination, Cognition, and Personality 9, 185-211.

Schein, Edgar (1992). Organizational Culture and Leadership, 2nd Ed. Jossey-Bass, San Francisco.

Schopenhauer, Arthur (1819/1844). Die Welt als Wille und Vorstellung. Aktuelle Ausgabe: Könemann, Köln 1997.

Schumpeter, Joseph A. (1912). Theorie der wirtschaftlichen Entwicklung. Duncker & Humblot, Leipzig, S. 110.

Seligman, Martin (1975). Learned Helplessness. Freeman, San Francisco.

Senge, Peter (1990). The Fifth Discipline: The Art & Practice of the Learning Organisation. Doubleday, New York.

Shamir, Boas/House, Robert J./Arthur, Michael B. (1993). The Motivational Effects of Charismatic Leadership: A Self-Concept-Based Theory. Organizational Science 4, 577-594.

Spencer, Lyle M./Spencer, Signe M. (1994). Competence at Work. Hay McBer Research Press, London.

Stewart, Rosemary (1967). Managers and Their Jobs. Macmillan, London.

Stewart, Rosemary (1976). Contrasts in Management. McGraw-Hill, Maidenhead, England.

Stewart, Rosemary (1982). Choices for the Manager. Prentice Hall, London.

Sull, Donald N. (1999). Why Good Companies Go Bad. Harvard Business Review. July/August Issue.

Taylor, S.E./Schneider, S.K. (1989). Coping and the Simulation of Events. Social Cognition 7, 174-194.

Thomas, Kenneth W. (2000). Intrinsic Motivation at Work: Building Energy & Commitment. Berrett-Koehler, San Francisco.

Tuckman, Bruce W. (1991). The Development and Concurrent Validity of the Procrastination Scale. Educational and Psychological Measurement 51, 473-480.

Tushman, Michael/O'Reilly, Charles O. III (1996). Ambidextrous Organization: Managing Evolutionary and Revolutionary Change. California Management Review 38, 8-30.

Watson, David/Clark, Lee Anna/Tellegen, Auke (1988). Development and Validation of Brief Measures of Positive and Negative Affect: The PANAS Scales. Journal of Personality and Social Psychology 54, 1063-1070.

Weber, Max (1922). Wirtschaft und Gesellschaft. Mohr, Tübingen.

Weick, K. (2000). Emergent Change as a Universal in Organizations, in: Beer, M./Nohria, N. (Eds.), Breaking the Code of Change. Harvard Business School, Boston, S. 223-242.

Welch, Jack (2001). Jack: Straight from the Gut. With John A. Byrne. Warner Books, New York.

Whitley, Richard (1989). On the Nature of Managerial Tasks and Skills: Their Distinguishing Characteristics and Organization. Journal of Management Studies 26, 209-224.

Wrzesniewski, Amy/Dutton, Jane E. (2001). Crafting a Job: Revisioning Employees As Active Crafters of Their Work. The Academy of Management Review 26, 179-201.

Zaugg, Robert J./Thom, Norbert (2003). Excellence Through Implicit Competencies: Human Resource Management – Organizational Development – Knowledge Creation. Journal of Change Management 3, No. 3, 1-21.